河出文庫

歴史を変えた気候大変動

中世ヨーロッパを襲った小氷河期

B・フェイガン
東郷えりか／桃井緑美子 訳

河出書房新社

目次

歴史を変えた気候大変動

歴史を変えた気候大変動

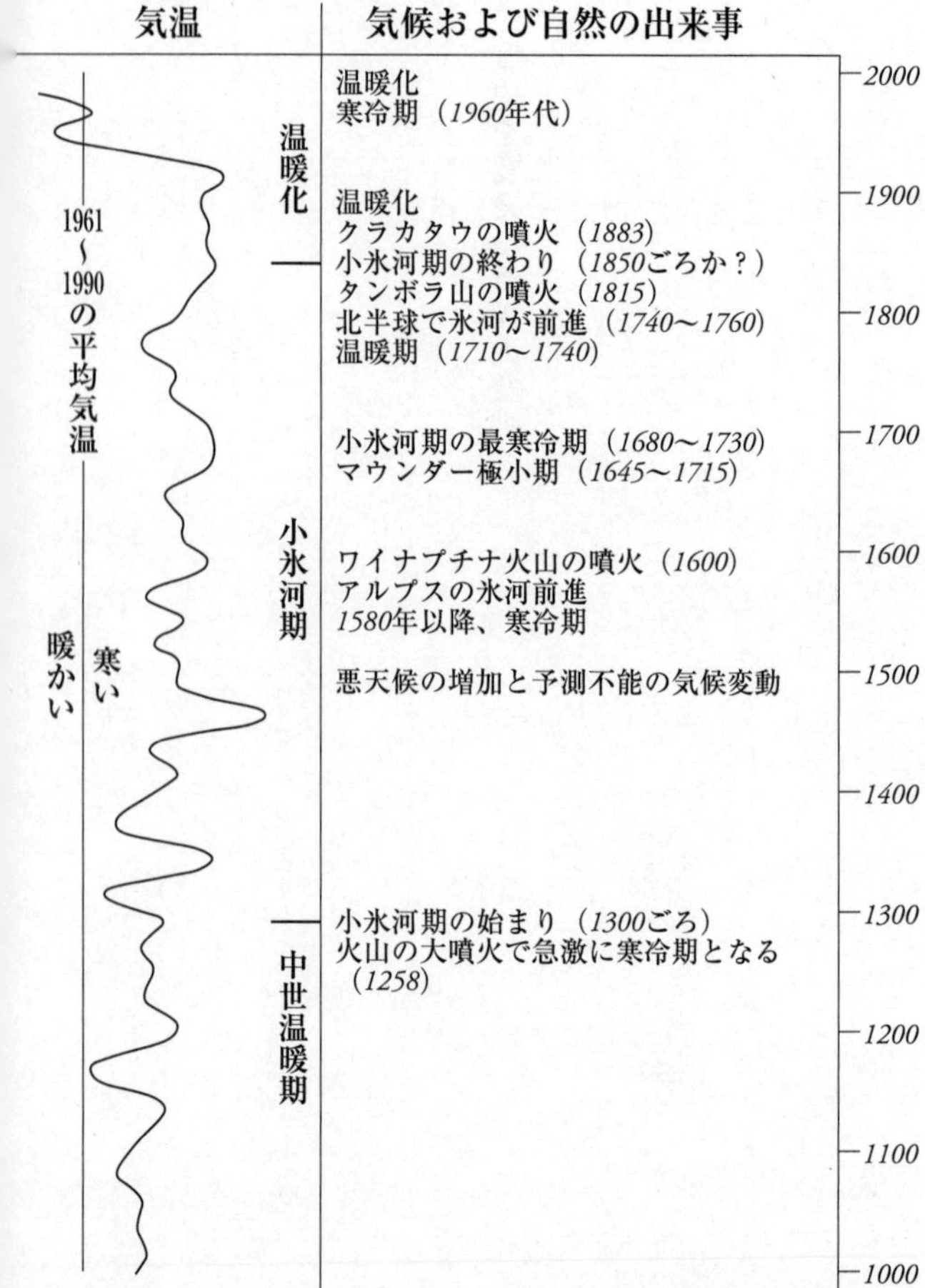

気温
気候および自然の出来事
1961〜1990の平均気温
暖かい
寒い
温暖化
小氷河期
中世温暖期
温暖化
寒冷期（1960年代）
温暖化
クラカタウの噴火（1883）
小氷河期の終わり（1850ごろか？）
タンボラ山の噴火（1815）
北半球で氷河が前進（1740〜1760）
温暖期（1710〜1740）
小氷河期の最寒冷期（1680〜1730）
マウンダー極小期（1645〜1715）
ワイナプチナ火山の噴火（1600）
アルプスの氷河前進
1580年以降、寒冷期
悪天候の増加と予測不能の気候変動
小氷河期の始まり（1300ごろ）
火山の大噴火で急激に寒冷期となる（1258）
2000
1900
1800
1700
1600
1500
1400
1300
1200
1100
1000

歴史上の出来事

2000
第二次世界大戦（*1939〜1945*）
第一次世界大戦（*1914〜1918*）

1900
ヨーロッパから大量移民
アイルランドのジャガイモ飢饉（*1845〜1849*）

1800
ナポレオン戦争（*1798〜1815*）
産業革命
*1703*年の大嵐

1700
フェロー諸島のタラ漁衰退
三十年戦争（*1618〜1648*）
ジェームズタウンの植民地建設（*1607*）

1600
スペインの無敵艦隊（*1588*）
ロアノーク植民地（*1587*）
諸聖人の洪水（*1570*）
サンタ・エレナにスペインの植民地（*1565*）

1500
コロンブス、バハマ諸島に上陸（*1492*）
イングランドでブドウの栽培が断念される（*1469*）

1400
スカンディナヴィア人のグリーンランド西部植民地が放棄される（*1350*ごろ）
ペスト禍（*1348*ごろ）
百年戦争（*1337〜1453*）
大飢饉（*1315〜1319*）

1300
ハンザ同盟の台頭
モンゴル軍の侵略

1200
聖地への十字軍遠征
大聖堂の建設

1100
ウィリアム征服王がイングランドを征服（*1066*）

1000
スカンディナヴィア人がグリーンランドに植民地建設（*980*年代）

はじめに

われわれはいかだに乗って川を下り、滝に向かっている。地図はあっても自分たちの正確な位置はわからず、滝までどのくらいの距離があるのかさだかではない。数人は不安になってきて、すぐにも上陸したがっている。いや、あと数時間はこのまま無事に行かれると反対する者もいる。地図の上ではたしかに滝があるというのに、川下りが楽しくて、危険など迫っていないと言い張る者も若干いる……。どうすれば惨事は防げるだろうか。

——ジョージ・S・フィランダー『気温は上がっているのか』

一九六三年四月。イングランド東部のブラックウォーター川の水は青みがかった灰色で、北極からの北東風に吹かれてさざなみを立てていた。北海には雪雲が厚く垂れこめている。われわれは強まってきた風に船体を傾かせながら、引き潮に乗って川を下った。船にもちこんだ服を手あたりしだいに着込み、耳まですっぽりおおう。ブラセーズ号はさざなみ立つ河口域を冷たい水しぶきをあげながら進んだ。甲板に飛んだしぶきはたちまち凍りつく。まもなく甲板は薄い氷でおおわれた。針路を変えて川をさかのぼると、ありがたいことに、ブライトリングシー・クリークの近くに停泊地が見つかった。温かいラム酒で冷えた身体を温めているうちに、大雪が降りだした。翌朝、目が覚めてみると、そこは見慣れない北極の世界に変わっていた。物音ひとつしない一面の銀世界。甲板には雪が一五センチ積もっていた。

それから三五年後に、私はまたブラックウォーター川をほぼ同じ季節に下った。気温は一八度、濁った緑色の水が、午後の日射しを受けてきらめいている。頭上には薄い青空が広がっている。われわれは穏やかな南西風を受けて、潮に乗って船を進めた。着ているのは薄手のセーターだけだ。北ヨーロッパの四月というよりは、カリフォルニアの春のような陽気で、暖かい日射しを浴びてくつろぎながら、私は三十数年前の冷えびえとした航海を思いだして身震いした。私は仲間の船乗りに、地球温暖化にもいい面があるではないかと言ってみた。彼らも同感だった……。

人類は地球に誕生して以来、気候の変化にずっと翻弄されてきた。過去七三万年間に、人間はかぎりなく創意工夫を凝らしながら、少なくとも八回、おそらくは九回の氷期〔氷河期のなかでとくに氷河作用の進んだ時期〕をくぐりぬけてきた。氷河期が終わり、一様にではないものの地球が全体的に温暖化してくると、われわれの祖先は巧みに機に乗ずることでそれに適応した。厳しい干ばつに襲われても、豪雨や異常な寒さに何十年間も見舞われても、彼らはそのなかで生き残る方法を見出してきた。農耕と牧畜を始めて、人類の生活はがらりと変わった。エジプトやメソポタミア、アメリカ大陸には、世界最初の古代文明が生まれた。しかし、突然の気候の変化は飢饉や疫病をもたらして人びとを苦しめ、しばしば甚大な被害をおよぼした。

小氷河期《リトル・アイス・エイジ》の記憶は漠然としか残っていない。たとえば、チャールズ二世が統治した明るい時代、凍結したロンドンのテムズ川の氷上縁日で市民が踊る図が教科書に載っている。あるいは一七七七年から翌七八年にかけての冬に、ジョージ・ワシントンの率いる寄せ集めの大陸会議軍がフォージ渓谷で越冬した逸話などもある。わずか二世紀前まで、ヨーロッパが厳冬に見舞われたり、スイス・アルプスの山岳氷河がこれまでにないほど前進したり、アイスランドが一年の大半を流氷に囲まれていたりしたことを、われわれは忘れてしまっている。ロンドンでは、一八八〇年代の厳寒の冬に多くの貧しい人びとが凍え死んだ。一九一六年には西部戦線で兵士たちが凍死した。気候にまつわる出来事の記憶は、たとえそれがまれに見る大嵐や異常な寒さであっても、世代の移り変わりとともにすぐに忘れ去られてしまう。気温や降水量の無味乾燥な統計値など、自分の肌で冷気を感じたり、雨にやられた小麦畑で長靴に泥をこびりつかせたりしなければ、ほとんど意味をもたない。

現在、われわれは過去一〇〇〇年間には見られなかった長期にわたる地球温暖化の時代にいる。森林を無差別に伐採し、大規模な農業を営み、石炭や石油などの化石燃料を使用することで、人類はいま初めて大気中の温室効果ガスの濃度をかつてない高さにまで押しあげ、世界の気候を変えているのである。この温暖化の時代に、イギリスでは一九九五年に六五種の鳥が一九七一年よりも平均で八・八日早く卵を産んだ。一九九八年には干ばつに襲われたメキシコで、火災によって五〇万ヘクタールの森林が焼失した。またフィジーでは、過去九〇年間に海面が年平均一・五センチも上昇している。こんな時代にあっては、小氷河期の異常気象などひどく遠い出来事のように思われるかもしれない。しかし、われわれは小氷河期の気候変動が、過去五〇〇年の重要な時代にヨーロッパをいかに根底から揺るがしたかをよく理解する必要がある。こうした気候変動が現代社会の形成におよぼした影響はかぎりない。この事実はないがしろにされがちだが、今日の前代未聞の地球温暖化にきわめて深くかかわっている。将来の気候を予測するうえで、先例を提供してくれるからだ。

「氷河期」という言葉を聞くと、樹木のない吹きさらしのヨーロッパの平原で、クロマニヨン人がマンモス狩りをしている光景が思い浮かぶ。しかし、小氷河期はそのような完全に凍結した時代ではない。むしろ気候が不規則に急変化した時代なのである。気候の急変は大気と海洋が複雑にかかわりあうことで引き起こされたものだが、その仕組みはいまだによく解明されていない。この変動によって、厳冬と東風がつづいたかと思うと、ふいに春から初夏にかけて豪雨が降り、暖冬が訪れ、大西洋でしばしば嵐が起こる時代に変わる。あるいは干ばつがつづき、弱い北東風が吹き、夏の熱波で穀類の畑が焼けつくようになる。小氷河期には気候がたえず変動し、同じ気候が四半世紀としてつづくことはなかった。今日のように長期にわたって温暖化がつづくほうが異例なのである。

過去の気候の変化を再現するのは、きわめて困難な作業だ。計器によるきちんとした記録が残されるようになったのはわずか数世紀前からで、それですらヨーロッパと北アメリカでしか実施されていなかったからである。インドで系統だった気象観測が始まったのは十九世紀のことだ。アフリカの熱帯地方で正確な気象観測の記録が残されはじめたのは、わずか七五年ほど前である。それ以前の時代については、いわば代用の記録しかない。不完全な記述や樹木年輪や雪氷《アイス》コア〔柱状試料〕をもとに再現されたものである。田舎の聖職者や有閑階級の科学者のように、時間に余裕のある人びとが、長い期間にわたって気象記録をつけてきたことはある。しかし、十八世紀の日記作者ジョン・イーヴリンや修道院の書記が残したような年代記は、異常気象の記述としては貴重な価値があるが、比較をするうえではあまり役に立たない。「記憶にあるかぎり最悪の雨嵐」とか「高波に多くの漁船がのみこまれた」といった記述は、当時の状況を彷彿とさせはしても、正確な気象記録とは言えない。異常気象による災害の後遺症は人間の意識から急速に消えてしまう。一九九九年の夏の大熱波は、まだ多くのニューヨーク市民が鮮明に憶えているが、これもやがて人びとの記憶から消えてしまうだろう。それはちょうど、一八八八年にニューヨークが猛吹雪に見舞われてグランド・セントラル駅に何百人もの人が立往生し、雪の吹き溜まりのなかで凍死した事件が忘れ去られているのと同じだ。

三〇年ほど前まで、小氷河期の気候については一般的な傾向しかわかっていなかった。それらは多種多様な歴史上の記録を丹念に拾い集め、若干の樹木年輪記録とともに割りだしたものだった。今日では、年輪からのデータは北半球のいたるところから集められ、赤道以南のものも多数ある。さらに、南極大陸やグリーンランドの氷床、ペルーのアンデス山脈の氷冠などを掘削して採取された雪氷コアからの気温データもますます増えている。北半球の大半の場所では、年ごとの夏と冬の気温の変化を西暦一四〇〇年ごろまでほぼたどることができる。あと数年もすれば、これらの記録は中世はおろか、ローマ時代にまでもさかのぼれるようになるだろう。われわれはいまでは小氷河期をたどり、そこに短期間の気候変動の精密なタペストリーを見出すことができるのである。それはヨーロッパが大きな変革をとげた時代、すなわち中世の封建時代に始まり、ルネサンス期から大航海時代、啓蒙思想とフランス革命および産業革命の時代を経て、さらに近代ヨーロッパの誕生にいたる七世紀のあいだ、ヨーロッパ社会に影響をおよぼしてきたのである。

こうした気候の変化は、ヨーロッパの歴史の進路をどの程度変えてきたのだろうか。多くの考古学者や歴史家は、気候の変化が人間の社会を変えるほど重要な役割を担ったという考えには賛意を示さない。彼らにはそれだけの理由がある。環境決定論、つまり気候の変化が農耕の始まりのような大進歩を促した主たる要因だったという見方は、長いあいだ学問の世界では異端視されてきたのだ。たしかに、気候が直接の原因となって歴史を変え、それが政府を転覆させたとは主張できない。しかし、そうであっても、気候の変動などまったく無視してもかまわないとも言い切れない。小氷河期だけでなく、十九世紀になってさえも、ヨーロッパの多くの農民は食うや食わずの生活を送っていた。生き延びられるか否かは作物の出来しだいだった。豊作と凶作のサイクルや春の気温や降水量で、飢えるかどうかが決まり、それが生死を分けた。食べものが豊富にあるかないかが人間の行動を左右する強力な要因だったのである。ときにはそれが国中の人びとを動かし、ヨーロッパ全土に広がる規模にもなったし、その結果が現われるのに何十年とかかることもあった。気候に関するこの事実は、今日でも世界の低開発地域に住む多くの人びとにあてはまる。

本書『歴史を変えた気候大変動』では、自然環境および短期の気候変動と人間との関係が、たえず複雑に変化してきたことを語りたい。それらを無視すれば、人類の歴史を動かした背景のひとつを見逃すことになる。たとえば、小氷河期にヨーロッパを襲った食糧危機を考えてみよう。一三一五年から一三一九年の大飢饉では何万人もの人びとが死亡した。一七四一年には食糧不足に陥ったし、一八一六年は「夏が来ない年」になった。これらはほんの数例にすぎない。こうした危機そのものが西洋文化の存続を脅かすことはなかったが、近代ヨーロッパの形成に重要な役割をはたしたことは否めない。われわれはときとして、ヨーロッパの人びとがつい最近まで凶作のために飢えていたことを忘れてしまう。こうした危機のなかには気候変動によって起こったものもあれば、人間の愚かな行為や、お粗末な経済政策や政治体制によって引き起こされたものもある。その三つが重なって起こったものも多い。一〇〇万人の死者をだした一八四〇年代のアイルランドのジャガイモ飢饉はその一例である。この大災害のもつ政治的な重大性は、現在も変わっていない。

環境決定論は学問として見れば破綻しているかもしれない。だが、気候の変動こそ、歴史の舞台でこれまで注目されることのなかった重要な役者なのだ。それがこのような憂き目にあった原因のひとつは、過去一〇〇〇年間に人間社会に大きな影響をおよぼすような重大な気候変動はほとんど起こらなかったと、長年、誤って考えられていたためである。また、考古学者や歴史家のなかに、古気候学が過去二五年間にとげた画期的な進歩を把握している人がほとんどいなかったせいでもある。いまでは、小氷河期の短期の気候異変が北ヨーロッパの社会に大きな影響をおよぼしていたことがわかっているし、特定の気候変動と、経済、社会、政治上の変化の関係を調べて、気候が実際にどれだけの衝撃をあたえたかを探ることもできる（本書では北ヨーロッパを中心に考える。小氷河期に大気と海洋の相互作用の影響をじかにこうむったのはこの地域であり、気象データも豊富にあるからだ。地中海沿岸地域への影響についてはまだあまり解明されていない）。

『歴史を変えた気候大変動』は、過去一〇〇〇年間に起こった気候変動の歴史物語であり、そうした変化にヨーロッパ人がどのように適応してきたかを描いたものだ。

本書は四部構成になっている。第1部「温暖期とその影響」では、西暦九〇〇年ごろから一二〇〇年ごろまでの中世温暖期について述べる。この三世紀のあいだに、古代スカンディナヴィアの探検者たちは北方の海に乗りだし、グリーンランドに定住したり、北アメリカに到達したりした。ウィリアム征服王はイングランドを征服し、敬虔な人びとは大聖堂の建設に熱心になった。ひと口に中世温暖期とは言っても、いつも一様に温暖だったわけではない。大氷河期以来つねにそうだったように、降水量や気温はたえず変化しつづけた。そのうちの少なくとも一回は、一二五八年に熱帯で起こった火山の大噴火による変動である。それでも、ヨーロッパの平均気温は今日とほぼ同じか、おそらくやや低めだっただろう。

樹木年輪や雪氷コアを調べると、一二〇〇年ごろからグリーンランドと北極地方で小氷河期の寒冷化が始まったことがわかる。北極海の流氷が南に広がるにつれて、西に向かうスカンディナヴィアの探検者たちは、針路を大西洋の氷結していない海域へと変えざるをえず、やがて活動はぱったりと途絶えた。北大西洋や北海では荒天がつづくようになった。ヨーロッパでは一三一五年から一三一九年にかけて気温が下がって雨ばかり降るようになり、大陸全土を襲った飢饉で多くの人が生命を落とした。

一四〇〇年ごろには、天候はいっそう予測不能で荒れやすくなり、ふいに天気がくずれたり、気温が低くなったりした。それが頂点に達したのが十六世紀末の寒冷期である。人口が増加しつづける町や都市では、食糧の供給がつねに問題となり、魚介類は生活に欠かせなかった。干しダラやニシンはすでにヨーロッパの海産物貿易における主要な商品になっていたが、海水温の変化とともに、漁船団はさらに沖合で操業しなくてはならなくなった。第2部「寒冷化の始まり」では、バスク人、オランダ人、イングランド人が、しけ《ヽヽ》の多い寒い大西洋に乗りだせる沖合漁船をどのように開発したかを述べる。たとえばイングランドのドッガー船は、二月の強風のなかでもはるか沖合まででかけてアイスランド近海で漁をすることができ、のちにはニューファンドランドのグランド・バンクスにまで進出するようになった。タラ漁船は船団を組んで大西洋を渡り、北アメリカへの最初の植民者の生活を支えた。

十六世紀になってもヨーロッパは農業中心の大陸であり、ごく基本的な社会基盤しかなく、農民はその年の収穫に左右されながら生活していた。自然災害は人間がおかした罪にたいする天罰だと考えられていた時代に、どの国の君主も、国民をどうやって養うかで頭を悩ませていた。十六世紀末に気候が寒冷化すると、アルプス地方の集落はとくに被害を受けた。谷間の氷河が前進して村全体をのみこみ、耕作地をおおいつくしたからである。北ヨーロッパでは猛烈な嵐が吹き荒れた。一五八八年八月の大暴風は、スペインの無敵艦隊にたいし、イングランドの軍艦による砲撃以上に大きな被害をあたえた。

第3部「『満ちたりた世界』の終焉」では、人口が増加し、食糧問題が深刻になったことから、北ヨーロッパで徐々に農業革命が進行した様子を描く。この改革によって集約農業で商品作物がつくられるようになり、休閑地は飼料づくりに利用されるようになった。この動きはまず十五世紀から十六世紀にフランドルとオランダで始まり、スチュアート朝の時代にイングランドにも広がった。この時代は気候がつねに変動し、しばしば厳しい寒さに見舞われた。イングランドの地主の多くはこうした新しい農法を受け入れた。大規模な囲い込み農地は土地の景観を変え、カブなどの新しい作物が食糧の乏しい冬のあいだも家畜や人間を支えるようになった。農地の生産性が上がるにつれて、イギリスは穀物や家畜を自給自足し、飢饉にも充分に対応できるようになった。

一方、フランスでは、貴族階級が農業の生産性に関心を示すことはほとんどなかった。農業改革が進んだ地域もあったが、フランスは悪化する気候のなかで、農業面では立ち後れたままになり、凶作に苦しむことがより多くなった。十八世紀半ばから末期になると、ヨーロッパの大半の国々では農業生産高を伸ばしていたが、フランスの農民の多くは、短期の気候変動による食糧不足から大きな損害をこうむりつづけた。何百万人もの貧しい農民や都市生活者が餓死寸前の状態で生活し、小氷河期に翻弄されるさまは中世と変わりなかった。しかし、一七八八年の凶作後に農村地帯の貧民が政治に参加し、フランス革命が勃発すると、ようやく農業改革が始まった。

一八一五年に東南アジアのタンボラ山が噴火し、有名な「夏が来ない年」が訪れて世界各地に飢えが広がった。予測のできない寒冷気候は一八二〇年代から一八三〇年代になってもつづき、アイルランドの農業に問題が生じはじめた。十七世紀から十八世紀に、アイルランド人はジャガイモを主食にするようになっていた。十九世紀初めには、アイルランドはオート麦をイングランドに輸出し、貧農はほぼジャガイモのみで生活していた。しかし、ギリシャ悲劇に見られる必然の運命のごとく、一八四五年からジャガイモの疫病が広がり、収穫は激減した。

第4部「現代の温暖期」では、小氷河期が終わり、温暖化がつづく現代について述べる。大飢饉に誘発されたアイルランドからの大量移民は、ヨーロッパから農民などが土地を求めて大移動した一環であり、彼らの移住先は北米だけでなく、さらに遠いオーストラリアやニュージーランド、南アフリカにまでおよんだ。一八五〇年から一八九〇年のあいだには、広大な森林が新しい移住者の斧で伐採され、ヨーロッパの集約農業は世界各地に広まっていった。かつてない勢いで土地が開拓されると、大量の二酸化炭素が大気中に放出され、地球の温暖化が初めて人為的に引き起こされるようになる。アメリカの産業革命の初期段階では、薪が燃料として使われ、これもまた温室効果ガスの濃度を上昇させることにつながった。一八五〇年以降、世界の気温は徐々に上がりはじめた。二十世紀になって化石燃料が大量に使われ、温室効果ガスの濃度が上がりつづけると、気温はいっそう急速に上昇し、一九八〇年代に入るとますます加速し、一九九〇年代には記録破りの猛暑と暖冬が訪れた。小氷河期はいまや新しい気候の時代にとってかわられたのだ。長期にわたって温暖化が着実に進み、寒くなる気配が一向にない時代になったのである。それと同時に、最大級のハリケーンや、特大規模のエルニーニョ現象がより頻繁に起こるようになっている。

われわれは小氷河期から二重の教訓を学ぶことができる。ひとつは、気候の変動はゆっくりと穏やかに起こるわけではないということだ。ある時代から別の時代に突如として変化する。その原因は不明であり、人間にはその進路を変えることはとうていできない。ふたつ目は、気候は人類の歴史を左右するということである。その影響力は大きく、ときにはそれが決定的な要因になることもある。小氷河期は、急激な気候変動にたいして人間がいかに脆弱かを如実に物語っている。自動車にはエアコンが付き、コンピューターで制御された灌漑設備があっても、今日のわれわれもその変動に翻弄されることに変わりはない。人類がふたたびそれに適応していくことは間違いない。そして、その代償はこれまでと同様に高いものになるだろう。

謝辞

かつて、フランスの偉大な歴史家エマニュエル・ル・ロワ・ラデュリが、歴史家にはふたつのタイプがあると語っている。落下傘兵タイプと、トリュフ狩りタイプである。落下傘兵タイプは過去をはるか彼方から眺め、ゆっくりと地上に舞い降りてくる。一方、トリュフ狩りタイプは土中に埋もれた宝に魅せられ、地面から鼻を離そうとしない。日常の生活においても、落下傘兵タイプの気質の人もいるし、細々としたことに心を砕くトリュフ狩りタイプの人も大勢いる。われわれは過去を研究する際にも、この気質の重荷をつねに背負っている。本書において、私は落下傘兵タイプならではの欠点ゆえに、歴史上の激しい争点の多くを見落としていた。本書を執筆するにあたり、私は歴史の分野ではるかに学識の深い多くの同僚たちの助言に支えられてきた。力を貸していただいたすべての人にここで礼を述べることは不可能だが、ここで名前を挙げられなかった人たちにも、歴史分野における新米落下傘兵から感謝の意をお伝えしたい。

本書の執筆に際しては、さまざまな分野の複雑きわまる文献にあたり、多岐にわたる専門分野の学者にインタビューを重ねた。まさか自分がハドソン湾会社の隠された歴史を調べたり、ヨーロッパの絵画や北大西洋振動（NAO）や、オランダの護岸対策まで研究するとは思いもよらなかったが、それらはきわめてやりがいのある作業だった。カリフォルニア大学サンタ・バーバラ校の同僚で歴史家のシアーズ・マッギーにはとくにお礼を申しあげたい。彼はヨーロッパ史の複雑な文献に私を向きあわせ、いろいろと賢明な助言をしてくれた。シーオドア・ラブ教授は本書の草稿を読んで貴重な提案をしてくれた。デーヴィッド・アンダーソン、ウィリアム・カルヴィン、ヤン・ドゥ・フリース、ピーター・グラントファトック、ジョン・ハースト、フィル・ジョーンズ、テリー・ジョーンズ、ウィリアム・チェスター・ジョーダン、ジョージ・マイケルズ、トム・オズボーン、クリスチャン・プフィスター、プルーデンス・ライス、クリス・スカー、アレクサ・シュロー、アンドルー・セルカーク、クリスペン・ティックル、ウィリアム・トラックハウス、リチャード・アンガー、チャーリー・ワードほか多くの人びとには、助言や励ましをくれ、参考資料を提供してくれたことを感謝する。いつもながら、スティーヴ・クックとシェリー・ローウェンコップは、作業が順調に進まず、学問上の壁にぶつかったときに力強い激励の言葉をかけてくれた。彼らとの週に一度のコーヒータイムは、じつに有意義な時間だった。最も世話になったのは、ベーシック・ブックスの編集者のウィリアム・フラットである。彼はすばらしい相談相手になってくれたばかりか、忌憚ない意見も聞かせてくれ、じつに手間隙のかかるものになったこの仕事のまとめ役として欠かせない存在だった。彼の鑑識眼とすぐれた編集能力に敬服する。ジャック・スコットはいつもながらみごとな才能で地図や図表のデザインを担当してくれた。エージェントであるスーザン・レイビナーはことあるごとに励ましてくれた。そして、最後になったが、辛抱強くつきあってくれた私の家族と、よりにもよってタイミングの悪いときにキーボードの上に乗ってくれた猫たちにもひとこと礼を述べたい。あれは賛同の意を示してくれたのだと思いたい。尻尾を振っていたのは別の意味だったのかもしれないが。

著者注

本書ではすべてメートル単位を使用し、温度は摂氏で表わしている。

地名の表記は最も一般的な呼称に従った。考古学上の遺跡や史跡の名称は、本書を書くうえで参考にした文献のなかで最もよく使われている呼び名を採用した。

気象学や航海術に詳しくない読者はつぎの点にご留意いただきたい。風の方角を指す言葉は、船乗りの慣習に従って、風の吹いてくる方向で表わされる。西風は西から吹いてくる。一方、海流は流れていく方向で名称が決まる。したがって、西風と西の海流は逆の方向に流れることになる。

本文中の＊印と番号は原注を示し、すべて巻末にまとめた。（訳者）

第1部 温暖期とその影響

四月になって心地よい雨が降り
三月の乾きを根元まで潤すと、
血管のすみずみまで力強い酒に満たされ
花が咲きはじめる……
すると人は巡礼の旅にでたくなる。

――ジェフリー・チョーサー『カンタベリー物語』

そしてなんということか！　みごとな馬具をつけた馬にまたがった数人の騎士が、
安いワインのために馬と武器を手放した。彼らはそれほど飢えていたのだ。

――一三一五年、ドイツの年代記作者

	気候	出来事
1500		
		イングランドでブドウの栽培が断念される
1400		スカンディナヴィア人のグリーンランド西部植民地が放棄される（*1350*ごろ）
		ペスト禍（*1348*ごろ）
		百年戦争（*1337〜1453*）
	低温で湿潤	大飢饉（*1315〜1319*）
1300		ハンザ同盟の台頭
		火山の大噴火で冷夏になる（*1258*）
1200		十字軍遠征
	中世温暖期	大聖堂の建設
1100		
1050		ウィリアム征服王がイングランドを征服
		スカンディナヴィア人がランス・オー・メドウズに定住
		スカンディナヴィア人がグリーンランドに定住（*980*ごろ）
900		

歴史上および気候上のおもな出来事　900〜1500年

1章　中世温暖期

完全無欠の修道士の師に、
旅をお導きくださるようお願いする。
はるか彼方の天上におられる主《しゅ》が
私の上に力強い御手をかざしてくださるように。

——作者不詳『破壊者の詩』

霧は低く立ちこめ、滑らかに上下に揺れる水は、北から凍てつくような空気が流れこむと、ゆっくりと渦を巻く。なにも見えない世界を眺めながらすわっていると、帆がばたばたと意味もなくはためく。索具から水が垂れてくる。水平線は見えず、海と空の境目がどこにあるかわからない。ただ、灰色に包まれた舳先《へさき》が前方を指している。コンパスを見ると、船はまだ西に向かっているのがわかるが、凍るような寒さのなかで、ほとんど動いていない。こんな霧が何日間も垂れこめると、急速に流氷が形成されていく徴候や氷山がおおい隠されてしまう。あるいは、数時間もすれば冷たい北東風が吹いてきて霧を追い散らし、あとには真っ青な空がのぞくかもしれない。すると、水平線は塩のこびりついたナイフの刃のようにくっきりと見え、群青色の海に白い波頭が一面に立つようになる。帆を縮めてゆっくり航行していくと、西の水平線上の彼方に雪をかぶった山頂が見えてくる。風がこのままつづけば、半日で着ける距離だ。だが、陸地が近づくにつれて、山頂には雲がかかり、風は凪《な》ぎ、いまのところ穏やかな海上にも小さな氷が漂ってくる。賢明な船乗りなら船をとめ、天候が回復して風がでてくるまで待つ。さもないと氷に行く手を阻まれ、船が木っ端微塵《こっぱみじん》になってしまうからだ。

北の海では氷山が思いもよらぬ動きをする。はてしなくつづく波間のあちこちに流氷が漂っている。北の彼方を見ると、水平線の上のほうに薄い灰色の帯状の光が輝いている。塊になった流氷の氷映だ。そこから先は北極の世界である。流氷群のそばを航行するのは、見慣れた世界とその先の世界との境界線をめぐることなのだ。陸と空がまぶしいほど鮮明に見えると、未知の世界への恐怖感が胸にひしひしと押しよせてくる。

ヨーロッパの北の果てには、人びとの記憶にあるかぎり昔から、氷の要塞がそびえていた。その恐ろしい未知の世界から、猛々しい獣や奇怪な景観のお伽噺《ときばなし》が生みだされてきた。北方の海は吹きすさぶ風や激しい嵐や想像を絶する寒い冬をもたらし、人の生命を奪ってきた。その昔、この氷の世界まで航海しようと考えたのは、ごく少数のアイルランドの修道士と、勇猛な古代スカンディナヴィア人だけだった。ノルウェーに君臨し、イングランドの王位をもねらった苛烈王ハーラルは、一〇四〇年ごろに船団を率いて「北の海域」を探検したと言われている。ハーラルは「陸地の限界を越えて」さらに北に向かい、三メートルの厚さの海氷にまで達し、こう書いた。「われわれの目の前には、滅びつつある世界の陰気な境界線が延々とつづいていた」[*1]。しかし、そのころには、同じスカンディナヴィア人が北方の海をさらに遠くまで探検し、アイスランドとグリーンランド、さらにはその先にまで到達していたのである。彼らが冒険を試みたのは、それ以前の八〇〇〇年間でもとくに暑い夏がめぐってきた年だった。

　私は北の果てを航海したことはあまりないが、天候の予測がまったくつかないその体験は恐ろしく思われる。午前中、船はどこまでも見わたせる穏やかな海の上を、総帆を揚げて進んでいる。荒天用の服を脱ぎ、セーター一枚くらいになって、明るい太陽のもとで日向ぼっこをする。昼ごろに空は灰色になり、風は二五ノット（一ノットは時速約一・八五キロ）にまで上がってさらに強まり、風上には一筋の濃い霧が見えてくる。風がひんやりしてきたので、風除けのための服を着込む。夕暮れには船首を風上に向け、三角帆《ストームジブ》を裏帆にし、主帆《メーンスル》を三ポイント縮帆して船をとめる。唸る強風に身体が上下する。暗くなってきた暖かい船室で横になり、索具をたえまなくきしませている南西風に耳をすませながら、万一の場合に備えて嵐が静まるのをあてもなく待つ。翌日には、前の晩の強風は嘘のようにおさまるが、灰色の水面はまだ寒々しく、いまにも氷が張りそうだ。

アマチュアの船乗りで、北極の海に小型船で乗りだそうとするのは、よほどタフな人間だけであり、それも現代の電子機器を万全に備えている場合のみである。ファックスによる気象情報や通信衛星から送られる氷の状態の画像、無線で始終入ってくる天気予報が頼りだ。それでも、アイスランドやグリーンランド近海、デーヴィス海峡、ラブラドル沿岸海域の流氷の状態はたえず変化するから、数時間単位で針路を変えるか、氷のない海域を何日間も探すはめになる。たとえば一九九一年には、ラブラドル沿岸海域の氷は二十世紀で最悪の状態になり、小型船で沿岸を北上することはできなかった。北への航海は海氷の状態で決まる。凍結がひどい場合には、小型船の船長は陸にとどまる。電子計器を使えば船の位置はわかるし、船の前方や付近にあるものについて、もてあますほど大量の情報を入手することもできる。しかし、それが船乗りの勘にとってかわることはない。気まぐれな北方の海についての詳しい知識は、長い年月にわたって小型船で航海することで得られるものだ。それはとくに、外洋を航海する老練な船乗りにだけときおり見られる。

古代スカンディナヴィア人にはその勘があった。彼らは航海術を他人に口外せず、学んだ知識を家族から家族へ、父から子へ、ひとつの世代からつぎの世代へと伝えていった。彼らの海の知識は文書として残されることはなく、記憶のなかに蓄積され、日々それを使うことで洗練されていった。スカンディナヴィアの航海者は風や波と密接にかかわりながら暮らしていた。彼らは海や空を眺め、氷の反射による氷映をもとに遠くからでも高い氷河を見つけ、流氷の近くを長く航海してきた経験から氷の状態を予測した。スカンディナヴィアの船長はみな、どの海流が船を針路からそらし、どれが目的地まで運んでくれるかを知っていたし、渡り鳥や海獣がいつ移動するかを学び、天気がくずれたり、霧がでたり、氷結したりする徴候を海や空から見抜くすべを身につけていた。彼らの身体は波のうねりや風とともに動き、なんでもないように見える変化を足の裏で感じとった。スカンディナヴィア人は、機に乗じようとする大胆な日和見主義とひどく現実的な警戒心を併せもった、タフで不屈な海の男たちであり、水平線の向こうにあるものにつねに好奇心を抱きつづけ、新しい交易のチャンスを虎視眈々とうかがっていた。潮流や風のパターンや、氷のない海域を注意深く観察することで、彼らは逸《はや》る心を抑え、その知恵を一族の秘密として何世代にもわたって守ってきたのである。

スカンディナヴィア人は陸地から遠く離れても、充分な食糧を手に入れることができた。彼らの祖先は何世紀も前から、無甲板船で大量のタラを獲る方法を学んでいた。彼らは何千という魚をさばいて吊るし、北方の冷気にさらして乾燥させた。やがて魚はすっかり干からびて板のようになり、保存しやすくなる。タラはスカンディナヴィア人の堅パンのようなもので、彼らはそれをしけの海の上で小さく割ってゆっくり噛んで食べた。スカンディナヴィア人の船乗りたちが、ノルウェーからアイスランド、グリーンランド、そして北米へと、北大西洋のタラの生息域に沿って移動したのは偶然ではない。タラとスカンディナヴィア人は切っても切れぬ縁だったのだ。

ヴァイキング、あるいは「ノースマン」としても知られる古代スカンディナヴィア人が海に乗りだしていったのは、作物の生育する期間の短いスカンディナヴィアのフィヨルドのやせた土地が人口過剰になったためだった。毎年夏になると若い「漕ぎ手《ロウマン》」たちは、略奪する相手や交易の機会や冒険を求めてロングシップででかけた。七世紀に入ると、彼らは荒れた北海をものともせずに渡って、イングランド東部の町や村を襲撃し、片田舎のキリスト教徒の集落を荒しまわり、毎年冬に戦利品を積んで故郷に戻った。スカンディナヴィア人は徐々に活動範囲を広げていき、北方の広大な地域で交易をした。東方にも遠征し、ヴィスワ川やドニエプル川、ヴォルガ川を下って黒海やカスピ海まで到達し、コンスタンティノープルを一度ならず包囲し、キエフからダブリンにいたるまでさまざまな都市を建設した。

スカンディナヴィア人の活動は、八〇〇年以降さらに勢いづいた。襲撃を重ねるうちに、当然そこに定住地を築くようになる。フランス北部のセーヌ川の河口につくられたデーン人の野営地もそのひとつで、彼らは大軍を率いて無防備な都市をたびたび襲った。デーン人はルーアンやナントを占領し、南はバレアレス諸島やプロヴァンス、トスカナまで勢力を広げた。八五一年にはイングランドに侵攻し、東部一帯を荒しまわった。八六六年にはイングランドの大半がデーン人の法と慣習によって支配される地、すなわちデーンローになった。一方、ノルウェーのヴァイキングはオークニー諸島とシェトランド諸島を占領し、さらにスコットランドの北西沖にあるヘブリディーズ諸島にも進出した。八七四年には、スカンディナヴィアの植民地開拓者たちは、北方の海が凍結していないときをねらって、北極地方の入口にあるアイスランドに定住地を築いていた。

古代スカンディナヴィア人の活動の最盛期は、八〇〇年ごろから一二〇〇年ごろまでつづいた。それは技術の進歩や人口過剰、日和見主義といった社会的な要因のみが生みだした副産物ではない。彼らの壮大な冒険や征服活動が活発になったのは、北ヨーロッパにめずらしく温暖で安定した気候がつづいた中世温暖期と呼ばれる時期だったのである。これはそれ以前の八〇〇〇年間のなかでもきわめて温暖な四世紀間だった。この暖かい気候はヨーロッパの大半と北アメリカの一部に影響をおよぼしたが、この温暖期が地球全体で見るとどれほど大きな現象だったかは議論の余地がある。しかし、暖かい世紀が歴史にもたらした影響は、とくに北方の地域では計り知れない。八〇〇年から一二〇〇年のあいだに大気と海面の温度が上昇したせいで、その前後の世紀とくらべて海氷が減った。ラブラドルからアイスランドまでの氷の状態はいつになく良好で、遠方までの航海も可能になった。

じつは、アイスランドを最初に訪れたのは、スカンディナヴィア人ではない。アイルランドの修道士たちが政治と社会の混乱する祖国を逃れ、静かな避難場所を求めて、先にこの地にやってきていたのだ。大海原に乗りだした高位の聖職者たちは、七〇〇年にはフェロー諸島に定住し、七九〇年にはさらに北のアイスランドまで航海している。伝説によれば、修道士たちは春に渡るガンのあとを追ってこの地に上陸したという。しかし、これらのすぐれた海の男たちも、そこに定住地を築くことはできなかった（あるいは、そうしなかった）。スカンディナヴィア人の船がやってきたのは、それから七五年ほどのちのことである。その年は、一月になっても流氷が島の北岸に到達する日がほとんどなく、冬も夏も気温は今日よりも高かった。

アイスランド付近の海流や大気の状態は、ヨーロッパ北西部一帯の気温と降水量に大きく関係している。大西洋からの暖流と北極海からの寒流は、ともにアイスランドの沖に流れこむ。冷たい東グリーンランド海流の支流は島の北岸と東岸沿いに流れる。

温かいイルミンガー海流は南岸沿いを洗う。これは北大西洋海流の支流でもあり、もとはメキシコ湾流に端を発し、北大西洋まで流れこんでいるものだ。現在、一月から四月の流氷の南端は、平均的な年でアイスランドの北西端沖九〇キロから一〇〇キロに位置している。暖冬の年には、流氷の南端は二〇〇キロから二四〇キロ先まで遠のき、反対に寒さがとくに厳しい年には流氷が北岸にまで達し、島の東側や南岸をぐるりとおおうこともある。八二五年にディクイルという名のアイルランドの修道士が書き残したところによれば、アイスランドに住む修道士たちは南岸では流氷を見ていないが、北岸から一日ほど航海したところででくわしている。そのあたりは二十世紀を通じてほぼずっと流氷があった海域だ。一方、一三五〇年から一三八〇年のひどく寒い時代には、海氷は陸地のすぐ近くまで押しよせ、グリーンランドのホッキョクグマが上陸してきた。

新しく築かれた植民地は、冬の寒さがそれ以前の数世紀より穏やかでなければ存続できなかっただろう。天候のよい年であっても、アイスランドの人びとはやせた土地と極寒の海で、かろうじて生活の糧を得ていた。天候に恵まれない年は悲惨な目にあった。一五八〇年にオドゥール・エイネルソンがこう記録している。「アイスランドの北岸に定住した人びとは、つねにこの狂暴な訪問者の脅威にさらされている……アイスランドの沖に何年間も現われないこともあれば……一〇年以上ほとんど見られな

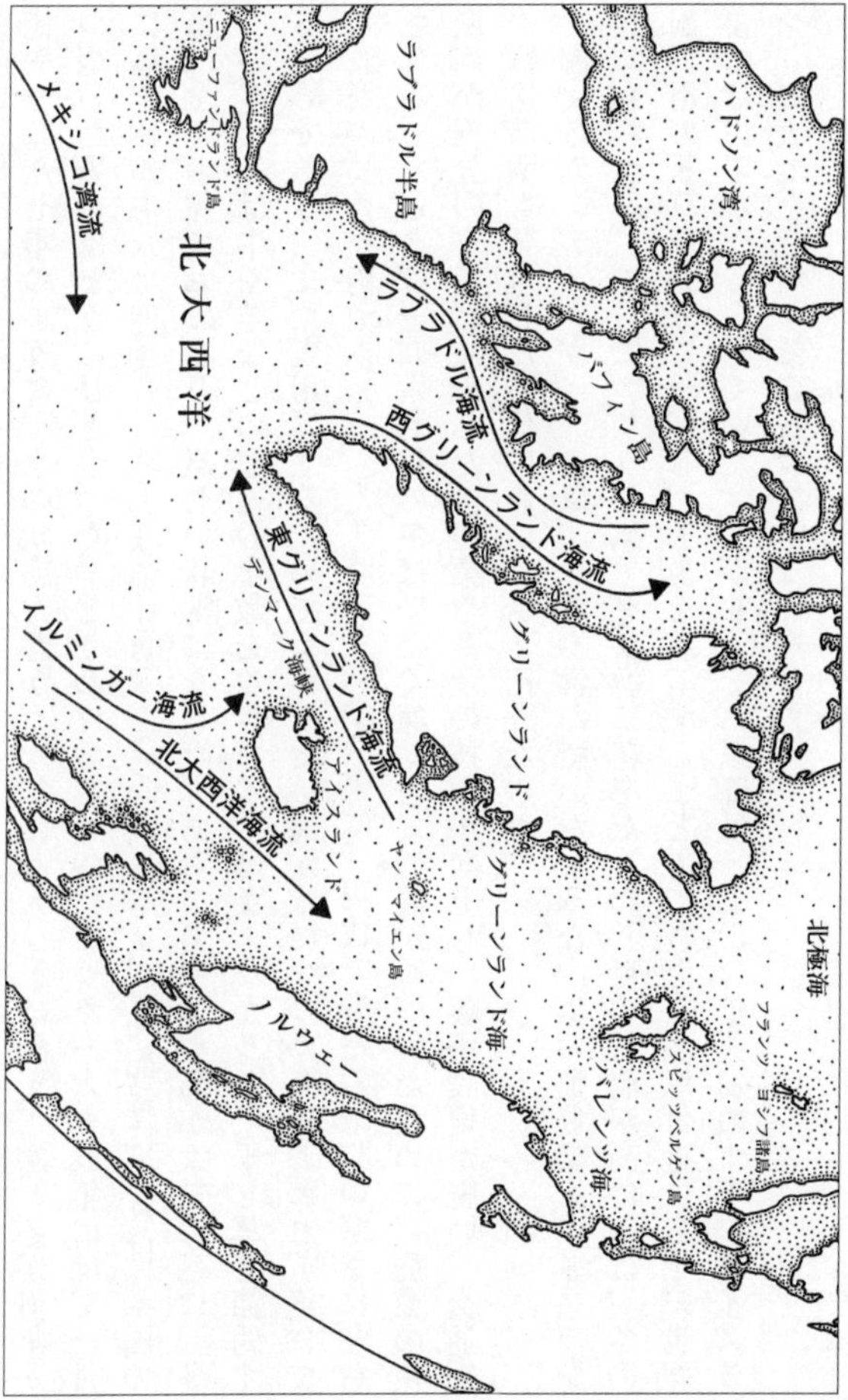
ハドソン湾
ラブラドル半島
ニューファンドランド島
メキシコ湾流
北大西洋
ラブラドル海流
バフィン島
西グリーンランド海流
東グリーンランド海流
デンマーク海峡
グリーンランド
イルミンガー海流
アイスランド
北大西洋海流
ヤンマイエン島
グリーンランド海
ノルウェー
バレンツ海
スピッツベルゲン島
フランツヨシフ諸島
北極海

北大西洋のおもな海流

いこともあり……そうかと思うと毎年のようにやってくることもある」。一一八〇年代や一二八七年のように、氷の状態が悪かった年には人びとは飢え、寒い冬が何年かつづいた場合はとくにひどかった。とりわけ厳しい冬になった一六九五年には、一月に島全体が海氷に囲まれ、その状態が夏までつづいた。当時の記録によれば、「国のほぼ全土が霜でおおわれ、厳しい状況になった。あちこちで羊や馬が大量に死に、多くの人びとは牛や羊などの家畜の半数を殺さなくてはならなかった。干し草を節約するためであり、また食用にするためでもあった。海が氷にすっかりおおわれ、漁にでられなかったからである」[*2]。アイスランドの農業は、現代でも冬の厳しい寒さに左右される。たとえば一九六七年の冬はひどく凍結し、低温がつづいたために、農業の生産高が五分の一ほど減少した。農業や畜産の技術が向上し、暖房設備が整い、交通網や輸送機関も発達した時代においてさえそうなのだ。

古代スカンディナヴィア人は、故郷で営んでいたような中世の酪農業をアイスランドにもちこみ、さらにアザラシ猟やタラ漁に精をだした。夏の気温が高ければ、冬の飼料用の牧草を充分に収穫し、大麦を栽培することもできた。北岸付近でも十二世紀までは大麦がつくられていた。しかし、それ以降は一九〇〇年代初めまで、アイスランドで大麦を栽培することはできなくなった。

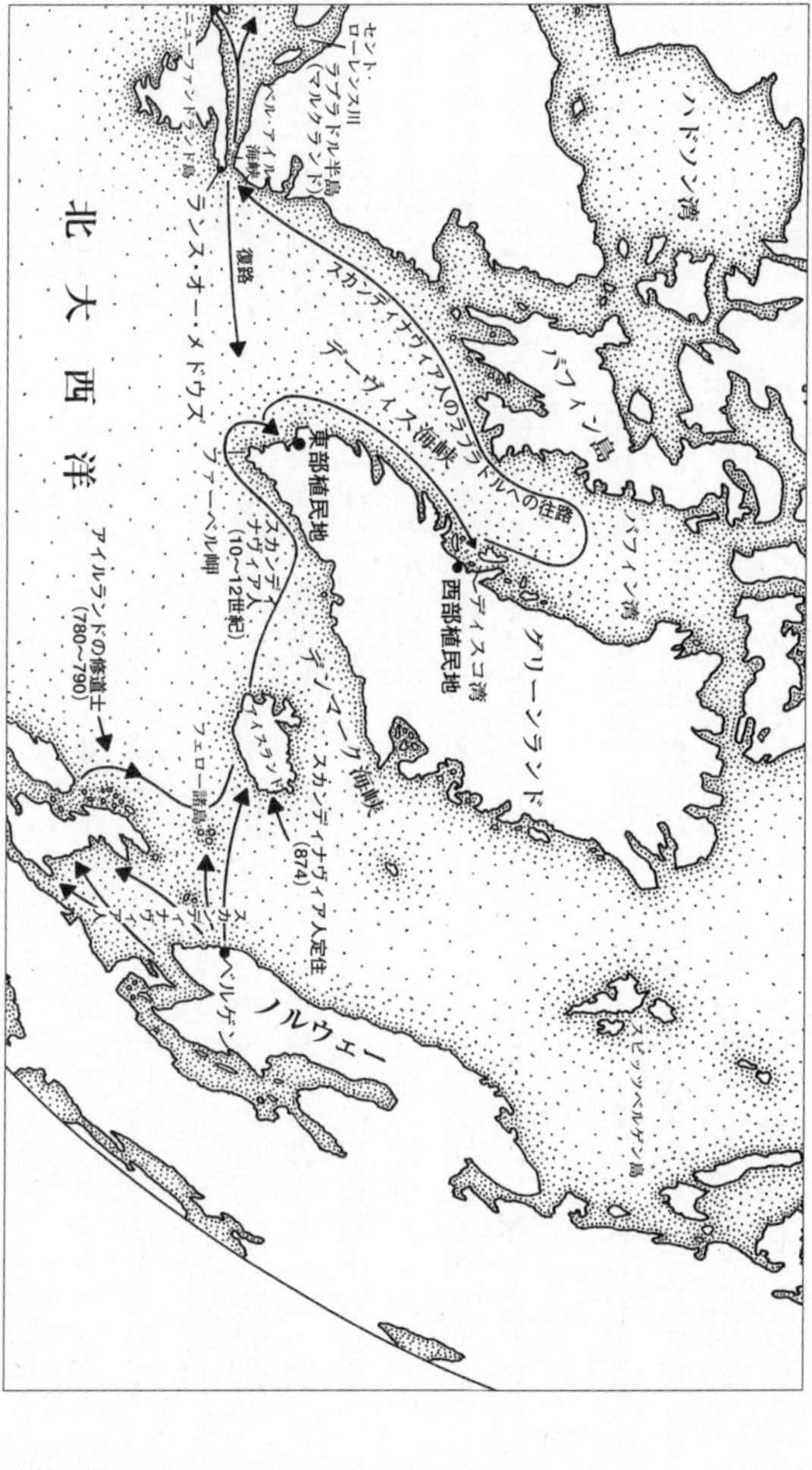

アイスランド、グリーンランド、ヴィンランドへの初期の航路

＊

十世紀末期に、赤毛のエイリークとその父親トールヴァルド・アスヴァルドソンが「人殺しをしたため」にノルウェー南西部の故郷を離れた。彼らは西へと船を進めてアイスランドに行ったが、およそ肥沃とはいえない土地で苦しい生活を送らなくてはならなかった。エイリークは喧嘩っ早く、赤毛の男ならではの気性の持ち主だった。アイスランドの有力者の家の女性と結婚したものの、またもや殺人事件を起こし、吹きさらしの島の農場に追放された。エイリークはそこでも装飾つきの高い椅子の脚を貸した相手のトールゲストという男と言い争いになり、それが流血の惨事となって、三年間姿を消さなくてはならなくなった。エイリークは船に乗って大胆にも西へ向かい、謎の島を捜しにでかけた。半世紀ほど前に親族の船が漂流した際に目撃したという島である。

一族のあいだに昔から伝わる貴重な航海術を身につけたエイリークは、新しい土地はかならず発見できると信じて、未知の海に乗りだしていった。古代スカンディナヴィアの船乗りはみなそうだが、エイリークも緯度による航海の達人で、太陽と北極星を利用して針路を見極めた。また「太陽の石《ソーラルステイン》」、つまり石や木でつくられた方位のわかる日時計の太陽コンパスを持参していた。太陽の位置に関する知識があれば、羅針盤を水平にもち、薄い影が放射状に射す位置で方位を見定め、船を操縦することができる。西に向かったエイリークはアイスランドを出航してまもなく、水平線の彼方に雪をかぶった高い山を見つけ、それを目ざしていった。一行は陸地に近づくと沿岸を航行して南へ西へとまわり、沖合の島が風除けになり、海岸線の奥深くまでフィヨルドが入りこんでいるところに達した。グリーンランドの南西部に到達したのである。

島には彼らのほかには誰もいなかった。そこには牧草にできる草が生い茂り、燃料になる柳が鬱蒼と生えていた。夏は短かったがかなり暖かく、アイスランドよりも昼が長い。冬は長く厳しかったが、スカンディナヴィア人は厳しい気候には慣れていた。そこには故郷よりもはるかによい牧草地があり、魚や海獣が豊富に獲れ、食用にできる鳥もたくさんいた。エイリークは肥沃な土地を見つけたという吉報をもってアイスランドに戻り、その島を「緑の地《グリーンランド》」と名づけた。「魅力的な名前がついていたほうが、そこへ行ってみたいと人に思わせることができるからだ」[*3]

エイリークの説得力はかなりのものだったにちがいない。移住を希望する人びとが二五隻の船に乗って、彼とともにグリーンランドに渡ったのである。そのうち一四隻が、やがて東部植民地と呼ばれるようになる場所に到達した。フィヨルドの入り組んだ南西の地域で、現在のユリアナホープ市とナルサーク市にあたる。エイリークは最も肥沃な農地の中心にあるブラッタフリド（「急な斜面」の意味）に、族長としての自分の領地を築いた。ちょうど同じころ、別の入植者の一団がさらに北を目ざして進み、今日のゴットホープ〔ヌーク〕市のサンドネス・ファーム（キラールサルフィック）を中心に西部植民地をつくった。深く入り組んだアメラリク・フィヨルドの入口のあたりである。グリーンランドの暮らしは、人口が多く土地のやせたアイスランドでの生活よりも楽だった。当時はまだ土着のイヌイットとの争いもなく、食べるものは豊富にあり、海の状態は厳しいけれども通常は耐えられる程度だった。

スカンディナヴィア人はまもなく西岸のフィヨルドや島々の探検に乗りだした。この海岸線は、夏のあいだはほとんど氷が張ることがない。西岸伝いに北上してバフィン湾に注ぐ西グリーンランド海流のおかげである。この海流に乗って、入植者の船はディスコ湾周辺の島やフィヨルドの入り組んだ海域の中心まで到達した。当時ノルドルセトゥールと呼ばれたこのあたりには、タラやアザラシやセイウチが豊富にいた。ノルドルセトゥールは重要な漁場になり、入植者は冬のための食糧や貴重な交易品を手に入れ、イッカクやセイウチの牙はとりわけ重宝された。管区を統括するノルウェーの司教にたいしてグリーンランドの教会が支払う十分の一税の一部は、長年セイウチの牙で支払われていた。

＊

ノルドルセトゥールに向かって航海するグリーンランドの人びとは、西方に別の陸地があることにすぐに気づいたにちがいない。北方の漁場を流れる強い海流が、そちらの方向に向かっていたからだ。デーヴィス海峡の幅は、いちばん狭いところでは三二五キロ強しかない。沖合に少し船をだせば、視界のいいときならバフィン島の高い山並みが見えただろう。スカンディナヴィア人が北アメリカを見つけたのは、偶然と必然が重なりあった結果である。北極地方の島々や北米大陸は、彼らがグリーンランド西岸に上陸するはるか以前に目撃されていたからだ。スカンディナヴィア人がノルドルセトゥールにやってきたのは、夏の氷の状態がのちの世紀ほど悪くない時代だった。ということは、海流を利用してデーヴィス海峡のアメリカ側沿いに航行することもできたのである。

西グリーンランド海流はバフィン湾に、そしてノルドルセトゥールの中心部に流れこみ、そこではるかに冷たい南への海流にとってかわられる。この冷たい海流はバフィン島からラブラドル、そしてニューファンドランド東部沿いに南に進む。この流れのパターンが氷の形成に影響をあたえるのだ。バフィン島とラブラドルの沿岸では氷は厚く、海氷のある時期も長いが、グリーンランドの沿岸では海氷が形成されるのはずっと遅く、また早い時期に解けてしまう。デーヴィス海峡の東岸沿いには、凍結していない一筋の海域が北極圏までつづいていることがよくある。中世温暖期には、バフィン島とラブラドルのあいだを夏に航海するのは、長いあいだ容易だったのかもしれない。

もっとも、北アメリカが最初に目撃されたのは、そのような北方の沿岸伝いの航海の最中ではなかった。ビヤルニ・ヘルヨルフソンという若い商人が、九八五年ごろに船でノルウェーからアイスランドにやってきた。彼は見知らぬ土地を探検することを夢みる「前途有望な男」だった。ビヤルニはその地で自分の父親がほんの少し前に、赤毛のエイリークとともにグリーンランドに移住してしまったことを知り、衝撃を受けた。そこで船荷も降ろさずに、追い風を利用してすぐにグリーンランドに向けて出発した。ところが風が凪《な》いだ。ビヤルニと船員たちは何日間も北風と霧のなかを航行し、現在位置がわからなくなっていた。やがて見えてきたのは、目的地とは似ても似つかない、木の生い茂った低い海岸線だった。「グリーンランドには巨大な氷河があると聞いていたからである」。ビヤルニは陸地には近づかず、海岸線に沿って南下し、そうこうするうちに、ときおりまた陸地を目撃した。それから四日間、一行は南西の強風に乗って沖合を進んだ。夕闇の迫るころ、一艘の船が引き揚げられている岬に上陸した。こうしてようやく当初の目的地であるグリーンランドに到達したのである。

慎重なビヤルニは、その謎の海岸に上陸しなかったことをひどく責められた。赤毛のエイリークの息子であるレイフ・エリクソンはビヤルニの船を買いとり、三五人の船員を雇って西のバフィン島に向けて出発した。エイリーク自身は船に向かう途中で負傷し、しぶしぶあとに残った。レイフは氷河でおおわれた岩だらけの海岸沖に錨を下ろし、それから南下して木が生い茂った平らな砂浜を見つけ、そこを「その地に有利なように」マルクランド（森の国）と名づけた。レイフは今日のラブラドルの一部、ハミルトン湾に近い森林の北限の南に到達したのである。北東の追い風に乗って、一行はさらに南のセント・ローレンス川の河口と、ヴィンランド（ブドウの国）と名づけた地域まで下った。おそらくそこに野生のブドウが生えていたからだろう。

ニューファンドランドの最北端にある有名な遺跡ランス・オー・メドウズは、レイフ・エリクソンと乗組員たちが越冬し、船荷の積み換え拠点を築いた場所だったかもしれない。材木や毛皮はそこで加工されてからグリーンランドに運ばれた。考古学者のヘルゲ・イングスタッドとアン・スタインは、浅い湾を見おろす高台で、壁を芝土でおおった八つの遺構を発掘している。この居住地には作業場と鍛冶《かじ》場と倉庫、および芝土でつくった四つの艇庫があった。スカンディナヴィア人は、越冬地の選び方をよく知っていた。ランス・オー・メドウズは、セント・ローレンス川の河口にあるベル・アイル海峡の好立地に位置し、三方を水で囲まれ、夏のあいだは充分な牧草がある。スカンディナヴィア人はランス・オー・メドウズや、おそらくはそのほかの野営地を拠点に活動範囲を広げたが、彼らがアメリカ大陸の海岸沿いをどこまで南下したかはまだ解明されていない。

マルクランドとヴィンランドについての情報はすべて、グリーンランドに移住した人びとが身内だけでにぎっていた。彼らはその地に関する情報や、そこへの行き方をほかに口外することはなかったが、それは十五世紀から十六世紀に大西洋を航海した人びとのやり方とまさに同じだった。のちにこの地を訪れた人びとは多数の土着民に遭遇し、激しく攻撃された。そのため、スカンディナヴィア人が西の地に定住地を築くことはなかった。しかし、彼らは木材を求めて定期的にこの地を訪れた。グリーンランドの開拓地には木材がほとんどなく、はるばるノルウェーから運ぶよりは、西の地からのほうが手に入れやすかったからだ。二世紀以上にわたって、グリーンランドの船は北アメリカまで渡っていた。彼らはまず北に向かってから西へ進み、それから南への海流に乗って目的地へ向かった。帰路は強い南西風に乗ってまっすぐに戻ることができた。

　スカンディナヴィア人の航海は、他民族による攻撃や自然がもたらす災害に悩まされた。非友好的な土着民やホッキョクグマや氷山だけでなく、はるか沖合で突如として嵐に襲われることもあった。舵手が危険な海域を避ける間もなく、大揺れの船を激しい波が襲って浸水させた。しかし、最大の危険はふいに凍結しはじめる海氷である。そうなると、頑丈なスカンディナヴィアの商船もものの数分で破壊された。夏のあいだも船乗りたちは斧を手放さず、索具にこびりつく氷を砕き、船の上部が重くならないようにした。慎重な航海者なら流氷の近くには寄らず、語り継がれてきた知恵や長年の経験を活かして、グリーンランドの海域を進んだ。口承によるこれらの航海術の一部は『王の鏡』で知ることができる。これはグリーンランドやその近辺の島々に関する情報を集めて、賢人が息子に語る助言のかたちで一二六〇年に書かれたものだ。作者は不詳だが、こう記されている。「海氷は……［グリーンランドの］南、南西、西側にくらべて北東や北側に多い。したがって、上陸しようと思う者はぐるりとまわって南西側や西側にでて、海氷が待ち受けていそうな場所を避けたあと、そこから陸地に近づくとよい」*4

タラが豊富に獲れ、いつになく温暖な気候が何世紀もつづいたおかげで、グリーンランドの人びとは北アメリカまで航海し、アイスランドやノルウェーを相手にセイウチの牙や羊毛ばかりか、ハヤブサまで自由に交易してきた。彼らの船はしばしば異国の高価な荷を運んできた。一〇七五年には、アウドゥンという名の商人がグリーンランドから生きたホッキョクグマを運んできて、デンマークのウルヴソン王に献上した。それから四世紀のちには、そのような荷を東方に運ぼうとする者は誰もいなくなった。中世温暖期がなければ、グリーンランドへの植民やフィヨルドの先への航海は、何百年ものちのことになっただろう。

＊

中世温暖期が始まり、ヴァイキングがグリーンランドや北アメリカに渡ったころのヨーロッパは封建国家の寄せ集めであり、君主同士の争いが絶えず、キリスト教によってのみ統一が保たれていた。八〇〇年にはフランク王国のカール一世が帝国を築いた。九六二年には神聖ローマ帝国が誕生するが、それによって治安がよくなることはほとんどなかった。ヴァイキングは北部の沿岸を二〇〇年以上にわたって襲撃しつづけ、定住するとその土地の文化をかたちだけは学ぶようになった。デンマークのクヌット二世〔イングランド王としてはクヌート一世。在位一〇一六～一〇三五年〕は、潮流を支配しようと試みたことで有名で、グレートブリテン島とデンマークを結んだ北海の帝国に君臨した。ノルマンディ公ウィリアムは一〇六六年にイングランド王国を征服した。彼は新たに獲得した領土を、ノルマン人の領主に分けあたえて封建国家をつくりあげた。これは緻密に張りめぐらされた契約関係で、領土内の人びとを最も高い身分から低い身分まで結びつけていた。不順な天候は別にウィリアムに有利にはたらいたわけではない。北西風がいつまでも吹きつづけたため、イギリス海峡を越えるのは十月まで待たなければならなかった。そのうえ、二世紀にわたって暖かい気候がつづいていたので、海面水位がいちじるしく上昇していた。イングランド東部ではノリッジまで浅いフィヨルドが入り組んでいた。イングランドの低い沼沢地は浅い水路と島の迷路となり、外からの侵略者にはとても近づけないものだった。そのため、イーリー市に住むアングロ・デーン人は、ウェイク家のヘリウォードに率いられ、一〇六六年以降も一〇年にわたってノルマン人に抵抗をつづけた。

数々の征服や冒険が行なわれたが、ヨーロッパはやはり農業中心の大陸だった。いまから二〇〇〇年前にローマ人がブリタニアとガリア地方を征服するはるか昔から、ヨーロッパの経済は土地と海に深く結びついていたため、洪水や干ばつや厳冬にひとたび見舞われると、誰もが経済的に打撃を受けた。春に雨が多く冷夏の年が何年もつづく、あるいは、大西洋の冬の大嵐と洪水に見舞われる、もしくは、二年つづきの干ばつになるといったように、気候が短期間に変動すると、人びとは生命の危険にさらされた。毎年の収穫高によって、君主も貴族も、小さな町の職人も農民も、みな運命を左右された。中世温暖期のほぼ安定した気候は、田舎に住む貧農や小農には何よりの恵みだったのである。*5

くる夏もくる夏も、六月には暖かい安定した陽気になり、七月、八月になっても、夏の終わりの忙しい時期になっても、それがつづいた。中世の絵画を見ると、豊作の年がどんな様子だったかがよくわかる。フランスのある歳時記には、三月に堅固な城壁の陰にある畑で、男女が働いている姿が描かれている。畑は小さく、細長く区分けされているところが多い。耕された畑に女や子供がしゃがみこみ、種まきを始める前の雑草とりをしている。画面の手前では、革の帽子をかぶって脚絆《きゃはん》をつけたひげの男が、先端に鉄をつけた犂《すき》をおとなしい二頭の雄牛に引かせながら畝《うね》をつくっている。羊飼いと犬が羊の群れを城のほうの休閑地に追いたて、城壁の下にある塀で囲まれた畑では、葉のないブドウの木が早春の日射しを浴びてひっそりと立っている。下のほうの隅では、農夫がこれからまく種を、用意した袋のなかに流し入れているところだ。

貧しい人びとは土地でできたものを食べ、魚を釣ったり、森の奥で狩りをしたりして食糧を補った。しかし、裕福な階級にとっては、狩猟は娯楽だった。一三八七年にフランスで書かれたガストン・フェビュの『狩りの本』を見ると、この著者が狩猟犬を使った鹿狩りに熟練していたことがよくわかる。挿絵には、領主たちが森のなかで獲物を追いかけ、犬が獲物に跳びついている光景が描かれている。また、フェビュがどのように網を使って野ウサギやキツネを捕まえていたかを描いた挿絵もある。そこでは、男たちが細いロープを一心に縒《よ》り、さまざまな大きさの目の網をつくっている。いちばん細かい目の網はハトや小鳥を捕獲するのに使われた。狩猟が終わると、ハンターたちは集まって戸外で盛大な祝宴を催す。馬たちはそばで草を食み、犬は残りものをあさる。貴族は鷹狩りに夢中になった。十三世紀半ばにシチリアで発行された鷹狩りの本では、厚い革の籠手《こて》をはめたふたりの鷹匠が鳥を見せ、片方の鷹は足緒をくちばしで突ついている。

戦争や十字軍遠征や教会の分裂など、いろいろな争いはあったものの、中世温暖期はヨーロッパでは豊かな時代だった。片田舎では、のどかな農村の暮らしが毎年つづいていた。つぎつぎと季節がめぐるなかで、人びとは種まきと収穫を繰り返し、豊作の年と不作の年を周期的に迎えながら暮らし、領主と農奴のあいだには終生変わることのない関係が築かれていた。山奥の谷間や鬱蒼と茂った森林地帯のはずれに、ほぼ自給自足の小さな集落がいくつも出現し、そこに住む人びとは土に密着した生活を送っていた。すべては夏の収穫しだいであり、人びとは土地からできるかぎりのものを得て暮らしていた。

大半の年は豊作で、食糧は充分にあった。夏の平均気温は二十世紀の平均よりも〇・七度から一・〇度高めである。中央ヨーロッパの夏はさらに暑く、現在の平均気温よりも一・四度高かった。五月に霜が降りると、寒さに弱い作物はやられてしまうが、一一〇〇年から一三〇〇年にかけては、そのような霜害もほとんど見られなかった。夏は暑く乾燥した日々がつづき、イングランドでは南部や中央部でもブドウ畑がつくられ、ヘレフォードやウェールズとの国境地帯のような北の地域にまで広がっていた。市場向けのブドウの畑は、二十世紀の北限よりも三〇〇キロから五〇〇キロ先まで広がっていた。いちばんの温暖期には、多くの領主がイングランド産の極上ワインを通飲したので、フランス人は貿易上の取り決めを結んで、イングランド産ワインが大陸に流入するのを防ごうとした。

中世のあいだに、人口は田舎でも都市でも急増した。それまで開墾されていなかった土地に新しい村が出現した。「アサーティング（開墾）」と呼ばれた中世の活動のなかで、広大な森林が農夫の斧で切り拓かれた。暑夏と暖冬のおかげで、小さな村落のごくわずかな土地や、以前よりも高地で作物を育てることができた。イングランド南西部のダートムーアの丘陵地帯や、北東部のペナイン・ムアーズの海抜三五〇メートルの土地、さらにスコットランド南東部のラマーミュア丘陵では海抜三二〇メートルの頂上部で耕作できた。ペナイン・ムアーズでは、十三世紀に羊飼いたちが貴重な牧草地に農地が迫っていると苦情を述べている。今日では、ダートムーアでもペナイン・ムアーズでも作物はつくられておらず、ラマーミュアで穀物を栽培しているのは、一二五〇年当時よりもはるかに低い地域である。一三〇〇年にスコットランド南部のケルソー修道院が所有していた農場では、一〇〇ヘクタールを超える土地が耕作され、羊一四〇〇頭を養い、羊飼いの一六家族を支えていた。そのすべてが、今日の限界をはるかに超える海抜三〇〇メートル以上の土地である。同じころ、たくさんの農民がイングランドやスコットランドの高地や生産性の低い限界耕作地に定住したが、そのような土地では不作の危険があった。

スカンディナヴィアでは、植民や森林伐採や農耕などの活動が、ノルウェー中部の標高一〇〇メートルから二〇〇メートルの谷間や山腹にまで広がった。それまで一〇〇〇年以上、まったく開墾されなかった地帯である。トロンヘイム周辺では小麦が栽培され、オート麦のような寒さに強い穀物は北緯六二・五度のマラガンのような北の地域でもつくられていた。耕作地の標高が上がったということは、夏の平均気温が一度ほど上昇したからだろう。スコットランドの北海沿岸でも同じような傾向が見られる。その結果、スコットランドの高地では農耕がきわめて楽になり、森林もそれまで木の生えていなかった地域にまで広がっていった。ずっと南のアルプス山脈でも、森林限界は急激に高くなり、農民は山のさらに奥深くまで農地をつくるようになった。先史時代の末期には、アルプス山脈のあちこちに銅鉱山があって利用されていたが、その後、氷河が前進したために閉ざされてしまっていた。しかし、中世末期に氷河が後退すると、鉱山のいくつかが再開された。南ヨーロッパと地中海西部地方の大半では降水量が多くなり、それによってシチリア島のいくつかの河川では、今日では考えられないところまで船が航行できるようになった。中世にかけられた橋はいまも各地に残っており、パレルモの橋もそのひとつだ。この橋が必要以上に長いのは、たんに九〇〇年前には川幅がずっと広かったためである。

＊

理論上は、ヨーロッパ社会は秩序が保たれていた。「人はみな主人に仕えなくてはならない」と八四三年のヴェルダン条約は謳《うた》っている。この制約を受けないのは、ローマ教皇とコンスタンティノープルの神聖ローマ皇帝だけであり、彼らは神の僕《しもべ》だった。だが実際には、封建社会は階級の差がはっきりした社会だった。従属と忠節が複雑に入り交じった社会制度にはさまざまな例外や免除があり、訴訟が絶えなかった。地方の荘園では、領主が農奴に一区画の土地をあたえ、そのかわりに直属地で労働奉仕をさせた。農奴になるということは、土地と引き換えに労働を提供し、保護してもらうかわりに忠誠を誓う契約を意味していた。ヨーロッパの田舎の住民は、ほとんど誰もが複雑な社会制度のなかで自分の地位を位置づけられ、法的にも経済的にも従属関係で縛られていたのである。それによって人びとはいくらか保護はされたものの、個人としての自由はなかった。しかし、その土地に住む人は領主も平民もみな同様に、よい天候がつづいていたいていは豊作であるのをありがたく思い、それを神の恵みだと考えていた。

人びとの信仰心が厚かったこの時代には、人間の運命は神の手ににぎられていた。人びとは神の慈悲によって生かされ、敬虔な心のみが彼らを神にとりなしてくれる。

そして、信仰心は祈りとモルタルで表わされるのだった。感謝の念は聖歌や祈り、多額の献金となったが、それ以上にあいつぐ大聖堂の建設というかたちで表現された。サン・ドニ修道院長のシュジェ（一一五一年没）は精力的な人物で、ヨーロッパの政治をかたちづくり、君主たちに助言をあたえ、ルイ七世が第二回十字軍に参加しているあいだはフランスを統治しさえした。さらに、高くそびえるゴシック建築様式の発達の後押しもした。骨組みだけでできたような大聖堂の構造は、それ以前のがっしりしたノルマン様式の教会とくらべて窓の開口部が大きくとられて、より高く、より明るい建物になった。*6 ゴシック教会は高くそびえる石柱からなり、外側から飛梁《フライング・バットレス》で支えられている。これらの教会をつくった建築家たちは、ステンドグラスを巧みに使って物語やキリスト教世界を表現し、大聖堂の正面の壁の上方には大きなばら窓をつけた。バラのかたちをしたこの石の狭間飾《トレーサリー》は、情熱を超えた人間愛を示す古くからのシンボルで、色あざやかなガラスが鉛で固定されている。大聖堂の外壁や内壁の彫刻は聖書の物語を伝え、四つの福音書の内容や最後の審判など、キリスト教信仰を表わすものが描かれた。シュジェ修道院長も、それ自体がゴシック芸術の傑作であるサン・ドニ修道院のステンドグラスの片隅に、ひざまずいて祈る小さな姿で登場している。

十二世紀から十三世紀は建築家や石工や大工が活躍した黄金期で、彼らは新しいアイデアを発展させながら、つぎつぎと大聖堂の建築にたずさわった。できあがった建造物はあたかも天才の手になるもののようだ。パリの中心のシテ島にあるノートル・ダム大聖堂は、一一五九年にモーリス・ドゥ・シュリ司教がつくらせたもので、二世紀以上にまたがって建設された。ランスとサンスには、天上の祈禱所と見まごうような教会がある。一一七〇年代に建てられたイングランド南部のカンタベリー大聖堂の聖歌隊席や、北部のリンカンで一一九二年に着工された教会の丸天井も傑作だ。なかでも美的効果が最高に発揮されたのは、一二四八年四月二十五日に完成したパリのサント・シャペル礼拝堂である。いわゆる大聖堂よりも小さいこの教会は「みごとに洗練された光の殿堂であり、高く細長い窓にはあざやかなステンドグラスがちりばめられている」*7。大聖堂はけっして完成することがない。建設されては再建され、修復され、増築され、ときにはのちの世代に見捨てられたり、戦争で破壊されたりすることもあった。しかし、ありあまる資源と労働力と財力を投入することでまかなわれたゴシック様式大聖堂のあいつぐ建設が、のちの世紀にふたたび繰り返されることはなかった。

どんな文明も巨大な建造物によってみずからを表現する。それらの建造物は、希少な資源が惜しみなく投じられることによって、その社会にとって重要なものがなんであるかを端的に表わしている。エジプトのギザのピラミッドは、そこに埋葬された神聖なファラオたちが天国へ昇るための象徴的な階段として、四五〇〇年前に巨額の費用をかけて建設された。古代メキシコのアステカ族の支配者は、十五世紀に広大な帝国の中心に首都テノチティトラン（ヒラウチワサボテンの土地という意味）をおき、彼らの世界を石と漆喰《しっくい》で表わした。工業や商業の発達した現代は、大学や博物館、巨大なコンサート・ホール、スタジアム、鉄道、ハイウェイが建設され、さらにワールド・ワイド・ウェブもつくられている。そして、中世のヨーロッパ人は大聖堂を建てたのである。大聖堂は敬虔な行為の象徴であり、すばらしい記念碑であり、博物館だったのだ。聖遺物や奇跡をもたらす像がおさめられ、殉教の痕跡が残るカンタベリーやヨークやシャルトルの大聖堂は、神の存在を身近に感じさせるシンボルだったのだろう。豊作の年でも、中世のキリスト教徒たちは収穫や土地の生産性や暮らしそのものを持続できるかどうかを心配した。十字架とキリストの身体をイメージして建てられた大聖堂は、読み書きのできない貧しい人びとには聖書そのものだった。それぞれの教会は、神の国の一隅を表わしていた。それらは神への惜しみない愛を示したものであり、神の恩恵を得ようとして捧げられた石や物による生け贄《いにえ》なのである。

一一九五年に北フランスのシャルトルで、六つの教会があった神聖な場所にノートル・ダム大聖堂が建立された。わずか四半世紀のあいだに建てられたこの教会はゴシック建築の傑作で、キリスト教世界が石やガラスでみごとに表わされている。全面が窓になっていて、西の正面の大きなばら窓は聖母マリアを象徴し、魂や永遠、太陽、そして宇宙を再現している。ほかのばら窓には、聖母子像や神の言葉や新約聖書を広めた殉教者たちが描かれ、西の窓には最後の審判の図柄の中央に、傷ついたキリストの姿が表現されている。どの窓も色、形式、幾何学模様、シンボルの点で、同じ表現技法を使っている。大聖堂の窓から射しこむ光は、宝石のように変貌してこの世のものとは思われない効果を生み、天井の高い身廊をつぎつぎと訪れる参拝者の心を癒し、元気づける。身廊の床は中央にバラを配置して丸く並べられたタイルの迷路になっている。現世において人間の心が通る道を表現した迷路だ。中央にいたる道はひとつしかない。その迷路を通る人の戸惑いは、収穫に左右されたり戦争や疫病に悩まされたりしながら、子供時代から成人して老年にいたるあいだにたどる現世の複雑な旅路そのものなのである。

大聖堂はいずれもそうだが、シャルトルの大聖堂もまた中世の暮らしにおける磁石の役割をはたしていた。シャルトルの地には一五〇〇人ほどの住民しかいなかったが、大きな祭りのときは一万人もの訪問者が大聖堂につめかけた。大きな鐘は祝いごとや弔いがあるたびに鳴らされた。警鐘が鳴ることもあれば、勝利の喜びや危機を知らせて鳴り響くこともあった。毎年復活祭がくるたびに、新しい明かりが灯されてキリストの復活と新しい農耕の季節の始まりを祝った。信心深い人びとは一〇〇〇本の蠟燭を灯して村から村をまわり、家々を訪ねて生命の復活を祝った。秋になると、暖かく実りの多かった夏の収穫を満載したたくさんの荷車が運びこまれ、神への捧げものになった。古代スカンディナヴィア人の領土征服と同様に、大聖堂もまた地球の気候現象の産物だったのだ。中世温暖期がもたらした永遠の遺産である。

＊

五世紀にわたって、ヨーロッパは暖かく安定した天候に恵まれ、厳冬や冷夏や記録的な嵐に見舞われることはまれだった。たとえば、一二五八年に遠方で火山が噴火し、その細かい灰が大気を冷やして寒い年になったことはあった。しかし、毎年夏になると、黄金色の日射しが降りそそぐ長い夢のような日々がつづき、豊かな実りがもたらされた。このあとの時代とくらべれば、この数世紀は気候のうえでは黄金期だった。たしかに地域によっては食糧不足に苦しむ人びともいたし、農村の人びとの平均寿命は短く、日々の重労働はたえまなくつづいた。それでも不作の年はそれほど多くなく、農民も領主も、神は自分たちにほほえみかけていると心から信じていただろう。

この先の大惨事に向けて人びとを備えさせるものはなにもなかった。だが、十三世紀の暖かい夏に人びとが精をだして働いているあいだにも、中世の世界の周辺の地域では、急速に寒冷化が始まっていた。

2章　大飢饉

いまから五〇〇年ほど前の世界では、あらゆる出来事がもっと鮮明に分かれていた。悲しみと喜びの違いも、幸運と不運の差も、われわれが感じるより大きかったようだ……。不運や病気に見舞われると、そこから抜けだすのは難しく、それらはいまよりもずっと恐ろしく苦痛なものとして訪れた。病気と健康の違いは歴然としていた。冬の身を切るような寒さや陰鬱な暗さは、実際に悪いものとして感じられた……。

しかし、あわただしい生活の喧騒のなかでも、いつもある音が聞こえていた。カランカランとなるその響きはどれだけ小さくても、ほかの騒音と混ざることはなく、すべての人びとをつかのま秩序ある世界に連れ戻した。教会の鐘の音である。鐘は日々の暮らしのなかで、人びとを案ずる善良な霊のようなはたらきをし、聞きなれた声で悲しみや喜びを、平穏や不穏を表わし、集まりを呼びかけ、教え諭した。

——ヨハン・ホイジンガ『中世の秋』

大気と海洋は複雑にかかわりあい、それがヨーロッパの気候を支配している。北大西洋とヨーロッパの大半の気候は、つねに変動しつづける気圧傾度に左右され、その影響力は北部では絶大なものになる。エルニーニョや熱帯地方の気象の多くを支配する太平洋南西部の有名な南方振動にも劣らないほどだ。北大西洋振動（ＮＡＯ）とは、アゾレス諸島上空の強い高気圧と、同じくらい強いアイスランド上空の低気圧のあいだで、気圧が変動を繰り返すことを指す。こう言われても難解な科学知識のように思われるだろうが、ＮＡＯによって大西洋の低気圧経路《ストームトラック》の位置と強さが決まり、そこからとくに冬期のヨーロッパの降水量に影響がでることがわかれば、その重要性が見えてくるだろう。

「ＮＡＯ指数」は、振動の変化を一年単位や一〇年単位で示すものである。ＮＡＯ指数が高いときには、アイスランド付近に低気圧が位置し、ポルトガル沖からアゾレス諸島には高気圧があり、つねに西風が吹く状態になる。この偏西風は大西洋の海面の熱をヨーロッパの中央部に運び、それとともに大嵐をもたらす。同じ風が冬の気温を穏やかに保ち、そうなると北ヨーロッパの農民は喜び、南ヨーロッパでは乾燥した日々がつづく。反対にＮＡＯ指数が低ければ気圧傾度は小さくなって偏西風が弱まり、ヨーロッパの気温はぐんと下がる。北と東から北極やシベリアの寒気が流れこみ、ヨーロッパは雪でおおわれ、アルプス山脈はスキーヤーの天下になる。ＮＡＯの冬の振動は、北ヨーロッパの冬の気温変動をもたらす要因の約半分を占め、夏の降水量にも大きな影響をあたえる。NAO指数が高いと夏の雨量が多くなるのだ。たとえば一三一四年以降がそうだった。

気圧のバランスはたえまなく変化し、そのサイクルは七年以上、あるいは一〇年のこともあるが、もっと短期間に変動することもある。変動がいつ起こるかは予測がつかず、唐突に始まる。NAO指数が極端に低くなると、ヨーロッパとグリーンランドの冬の気温が逆転する。ヨーロッパよりもグリーンランドの気圧のほうが高いと――「グリーンランド・アバヴ」（GA）効果――グリーンランドとスカンディナヴィアのあいだにブロッキング高気圧が居すわる。グリーンランド西部では気温は平均より高めになり、ヨーロッパ北西部では平年より低めになる（北アメリカ東部でも低くなる）。西ヨーロッパの冬は厳しい寒さに見舞われる。逆にグリーンランド上空の気圧がヨーロッパよりも低くなると――「グリーンランド・ビロウ」（GB）効果――気温はまた逆転し、ヨーロッパの冬は例年よりも暖かくなる。

NAOが極端に変動するのは、北大西洋の大気と海洋の複雑な力関係によるもので、それには海面水温偏差やメキシコ湾流の勢い、大気波の構造、海氷や氷山の分布具合などが関与している。これらの相関関係はほとんど解明されていないが、北大西洋でNAOが大きく変動するのは、海面水温の変化がおもな原因であるのはほぼ間違いないようだ。いずれ、海水の温度と大気の力関係をコンピューター・シミュレーションで解析できるようになれば、ヨーロッパの冬の降水量を数年先まで予測し、科学的にきわめて重大な進歩をとげられるかもしれない。

北大西洋上空の不安定な大気は、NAOが予測不能の動きをする大きな要因である。また、メキシコ湾流の温かい海水も影響をおよぼしている。この海流は北アメリカ沖を北東に流れたあと北大西洋海流となり、温かい海水をイギリス諸島からさらに北のアイスランドやノルウェーまで送りこんでいる。北方の温かい表層水は勢いよく流れ、大気中の空気や余分な塩分を運んで海中に沈んでいく。こうした沈降が起こるおもな場所が二カ所知られている。ひとつはアイスランドのすぐ北で、もうひとつはグリーンランドの南西にあるラブラドル海である。どちらの場所でも、海水面よりはるか下方に塩分の多い重い水が大量に沈み、それから海面下の深いところを流れる潮流が塩分を南に運ぶ。北方の海には大量の塩分が沈むので、たえず流れこむ暖流によって巨大な熱ポンプが形成され、それが海水を温める。その量は太陽でじかに熱せられる分を三〇パーセントも上まわる。この急な流れこみが弱まったらどうなるだろうか。ポンプの働きはにぶくなり、温かい北大西洋海流の流れは弱まり、ヨーロッパ北西部では気温が急速に下がるだろう。沈降がふたたび始まると海流は速くなり、気温はまた上昇する。これは、大気と海洋の相互作用によって引き起こされるスイッチのような

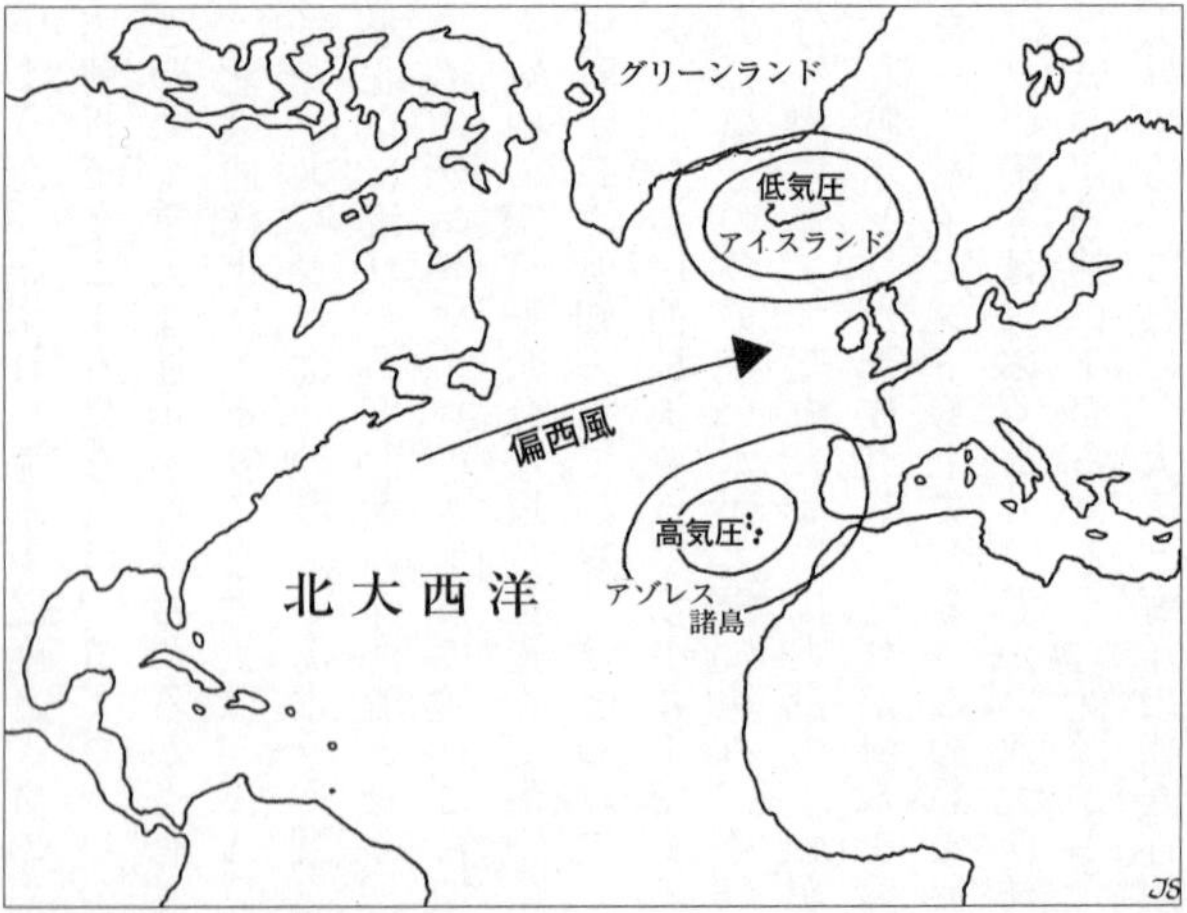

北大西洋振動（NAO）指数が高い場合

はたらきだ。たとえば一九九〇年代初め、ラブラドル海では沈降が活発に起こり、それによってヨーロッパは暖冬になった。一九九五年から九六年にかけては、高かったNAO指数が急激に下がり、それにつづいて寒い冬が訪れた。

NAOは数千年にわたってヨーロッパの気候に影響をおよぼしてきた。樹木年輪や雪氷コアや歴史の文献から得られる情報、それに今日の気象観測情報をつきあわせることで、現在ではNAOの記録を少なくとも一六七五年までたどることができる。それによると、NAO指数が低いときと、十七世紀後半に急激に寒くなった時代は一致するようだ。過去二

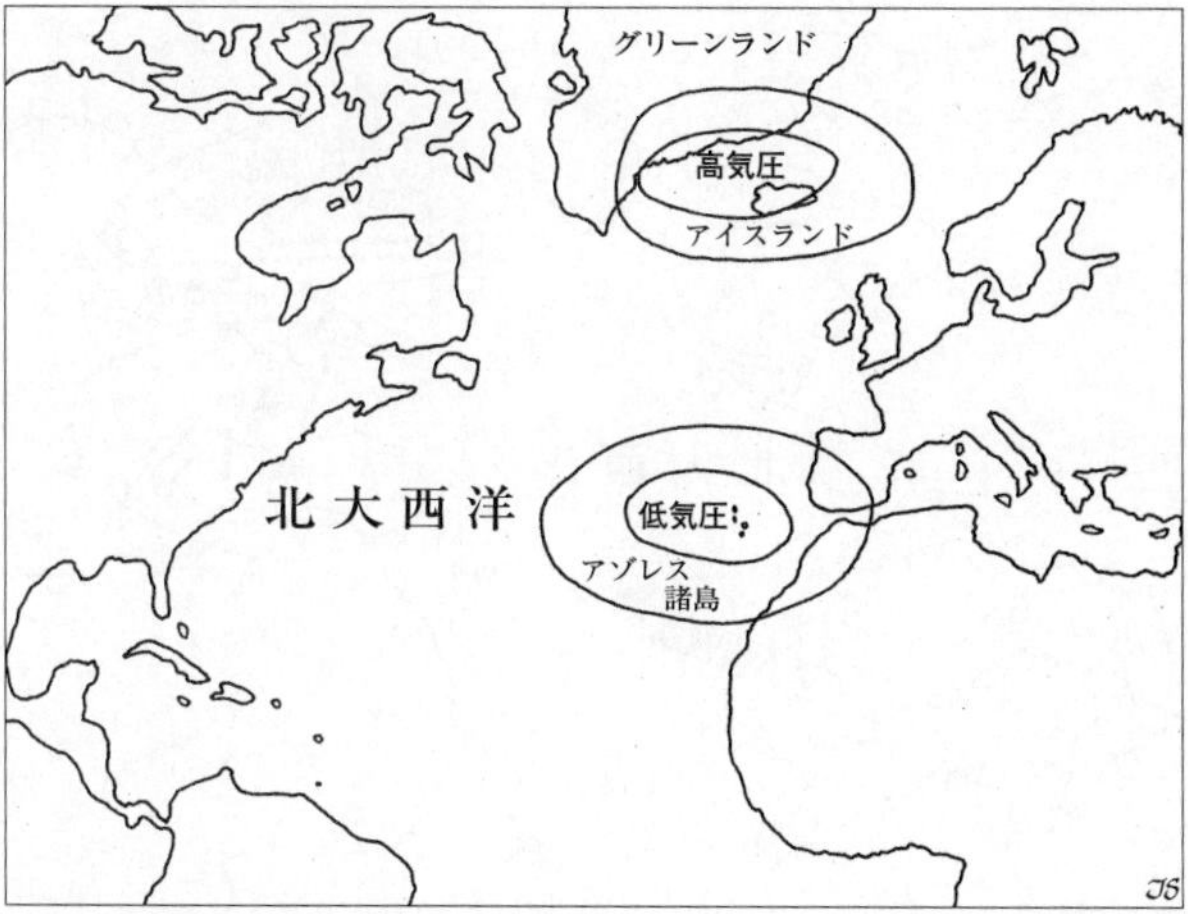

北大西洋振動（NAO）指数が低い場合

世紀のあいだに、NAOが極端に変動したときには記録的な気候になっている。たとえば一八八〇年代のヴィクトリア朝時代のイングランドでは、冬の寒さが異常に厳しかった。一九四〇年代にもやはり指数の低い時期があり、ちょうどヒトラーがソ連に侵攻したころ、ヨーロッパは猛烈な寒さに襲われていた。一九五〇年代はいくらか穏やかだったが、一九六〇年代には一八八〇年代以来の寒い冬が訪れた。過去四半世紀では、NAO指数の高いときに記録されたなかで最も顕著な偏差が見られ、北半球では大いに気温が上昇した。人類の引き起こした地球の温暖化の結果だろう。

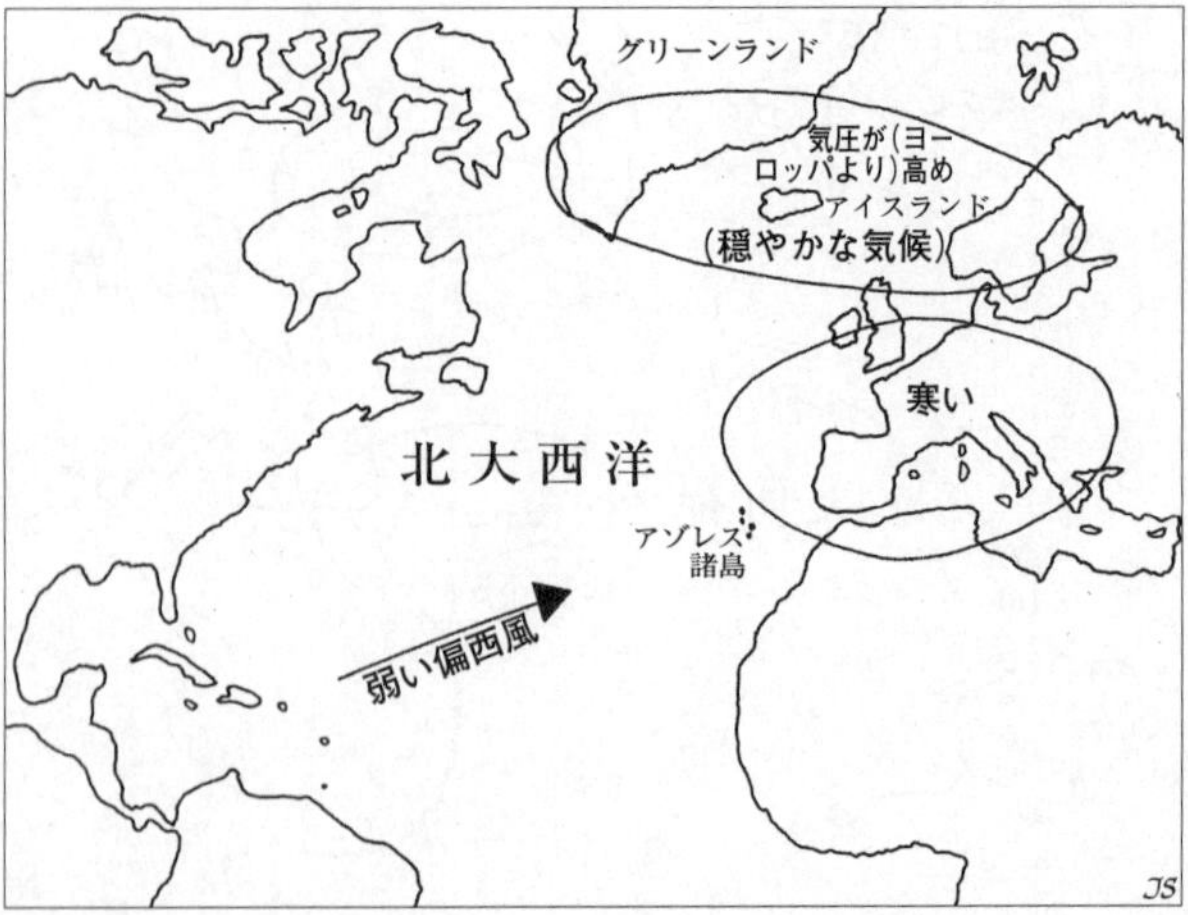

グリーンランド・アバヴ効果（GA）

ヨーロッパでは、何百年ものあいだＮＡＯ指数が気まぐれに変動し、北極地方で沈降が変化するたびに気候が左右されてきた。いまもわれわれはどんな原因で指数が上下するのかわからないし、極端な異常気象の引き金となる急な反転を予測することもできない。しかし、一三〇〇年以降、ヨーロッパを襲った予測不能の気候にＮＡＯが主要な役割をはたしたことは確かだ。それがしばしば極端な寒さをもたらし、天候をひどく不安定にさせたのである。

＊

十三世紀、グリーンランドとアイスランドでは寒さがますます厳しく

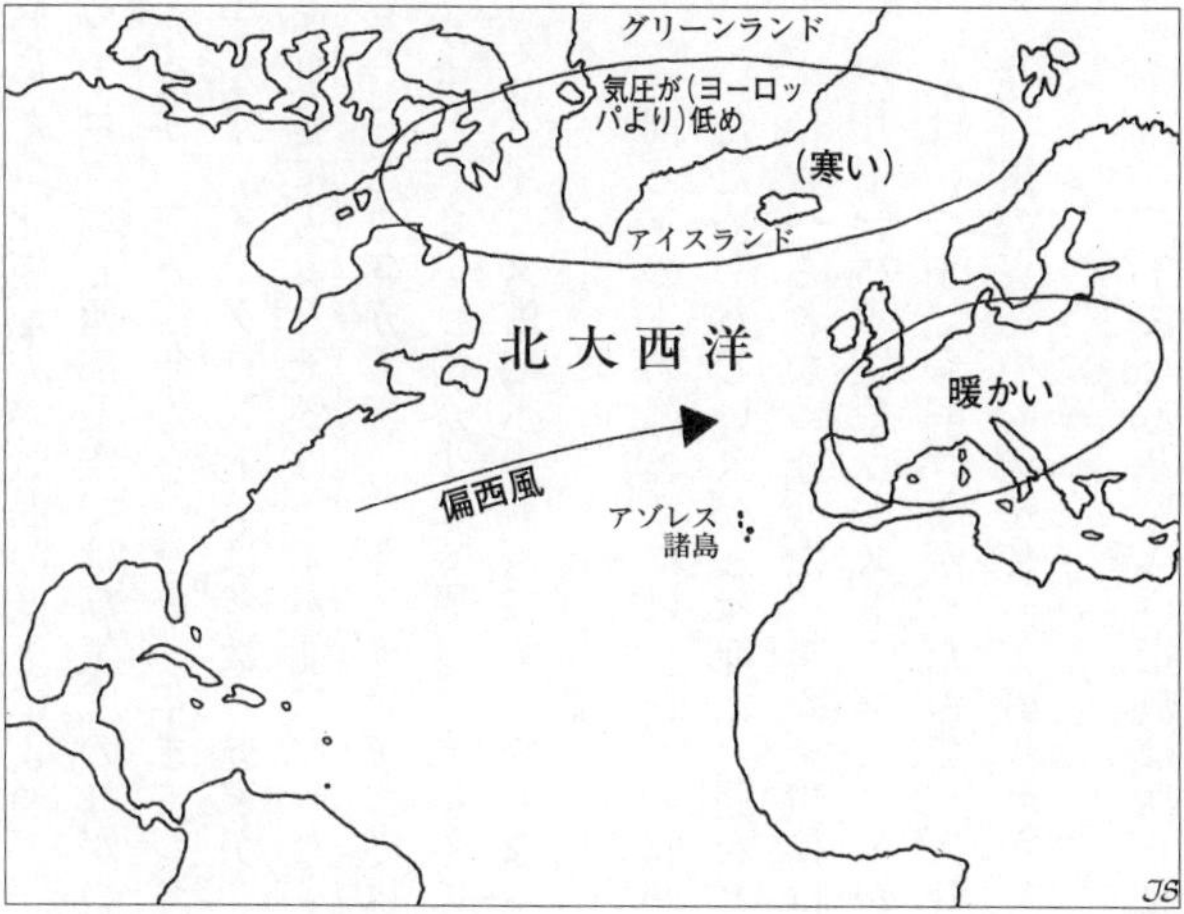

グリーンランド・ビロウ効果（GB）

なった。流氷が南下してグリーンランド一帯と大西洋の最北部をおおうようになり、スカンディナヴィアの船は一二〇三年にはすでにアイスランドからの航海が難しくなっていた。一二一五年には、異常な寒さのせいでポーランドやロシアの平原に早い時期から霜が降り、作物が実らず、飢饉のせいで人びとは子供を売り、松の樹皮を食べなくてはならなかった。十三世紀にはアルプス山脈の氷河が数世紀ぶりに前進し、高山の谷間では用水路が破壊され、カラマツの森がなぎ倒された。

気温が低下することで北部は被害を受けたものの、ヨーロッパ全体としてはむしろその変化の恩恵をこうむった。北極地方の気温の低下によって、グリーンランド上空に気圧の谷が停滞し、ヨーロッパ北西部上空では高気圧の峰がつづいた。例年になく暖かく、かなり乾燥した夏が一二八四年から一三一一年までつづき、その期間は五月に霜が降りることはまずなく、イングランドでは多数の農家がブドウを育てるようになった。ところが、十四世紀に入ると天候は予測不能になった。

一三〇九年から翌一〇年にかけての冬は「グリーンランド・アバヴ」の年だったのかもしれない。雨が少なく異常に寒い冬になったため、テムズ川は凍結し、バルト海からイギリス海峡への航行はできなくなった。作者不詳の年代記にこう書かれている。

同じ年の主の降誕祭には、ひどい霜が降りて、テムズ川もどこもかしこも凍りついたため、貧しい人びとは凍え、藁《わら》などに包まれたパンは凍ってしまって温めなくては食べられなくなった。テムズ川には氷が厚く張ったので、人びとはサザックのグリーンハイズやウェストミンスターから川の上を歩いてロンドンにやってきた。氷はいつまでも解けなかったので、人びとはその上で焚き火をしてダンスに興じたり、川の真ん中で犬を使って野ウサギ狩りをしたりした。[*1]

一三一二年になるとNAO指数は高くなり、大西洋の低気圧経路も南へと移って、冬はふたたび穏やかになった。三年後、雨が本格的に降りだした。

土砂降りは一三一五年の復活祭から七週間たったころに始まった。「この時期に[一三一五年春]雨はものすごい勢いで降り、しかも長いあいだつづいた」と、当時ジャン・デヌエルという人が書いている。北ヨーロッパでは水浸しの田園地帯に豪雨が波のように押しよせ、藁葺き屋根のひさしから雨が滴り落ち、ぬかるんだ田舎道のあちこちに小さな川ができた。年代記作者ベルナルド・ギドニスは「桁《けた》はずれの大雨が天から降ってきて、地上に大きな深い泥沼をつくった」と書いている。耕したばかりの畑は浅い湖になった。都市の通りや路地はぬかるみだらけになった。六月が過ぎ、七月になっても、天気はほとんど回復しなかった。ときおり曇り空から日が射すこともあったが、やがてまた雨が降りだした。ある人は「五月も、七月も、八月もほぼずっと雨はやまなかった」と不満を書き残している。*2 季節はずれの寒い八月が過ぎ、同じように肌寒い九月になった。なんとかもちこたえたオート麦などの穀類も、穂がまだやわらかく熟さないまま、ぐっしょり濡れて地面に倒れた。牧草は畑に横倒しになった。雄牛は膝まで泥につかりながら立ち、木の下に雨宿りして濡れないように頭をそむけた。堤防は押し流され、王室所有の荘園は水浸しになった。中央ヨーロッパでは、洪水で村がそっくり流され、一度に数百人が溺れることもあった。山腹の畑では薄い粘土層が、際限なく降る雨を吸収しきれなくなり、雨裂《ガリー》と呼ばれる深い溝ができた。それ以前の数年間も収穫が例年より少なく、物価が上がっていたが、一三一五年の収穫はそれよりもはるかに悲惨なものだった。『マームズベリー年代記』の著者は多くの人びとと同様に、地上に天罰が下されたのだろうかと不安を感じている。「主は民に激しくお怒りになったため、御手を伸ばして彼らを打たれた」[*3]。アイルランド北部の樹木年輪を見ると、一三一五年にはナラやカシが異常に生長していることがわかる。

ヨーロッパ大陸ではつねに紛争や騒動が起こり、殺しあいや襲撃や軍事遠征が絶えることがなかった。争いの多くは継承問題や個人的なもめごとに端を発しており、それもつまらない欲望や向こう見ずな野心から起こったものだった。戦争は天候にかかわらずつづけられた。照りつける日射しのなかでも、豪雨のときも、軍隊は村から食糧を調達したので、作物は奪われ、あとには空の穀物倉庫しか残らなかった。戦争はただでさえ食うや食わずの生活をしていた農民をいっそう苦しめた。しかし、一三一五年の雨には、さすがに軍事行動も中止せざるをえなかった。

フランドルは貿易と地理的な条件によって、十四世紀ヨーロッパの商業の中心地になっていた。イタリアのマーチャント・バンカー〔手形や証券を扱う銀行家〕や金貸し業者は、フランドルの織物業がもたらす巨大な富にひかれ、北部の拠点をここに設けた。フランドルの豊かな町は正式にはフランスの封土だったにもかかわらず、イング

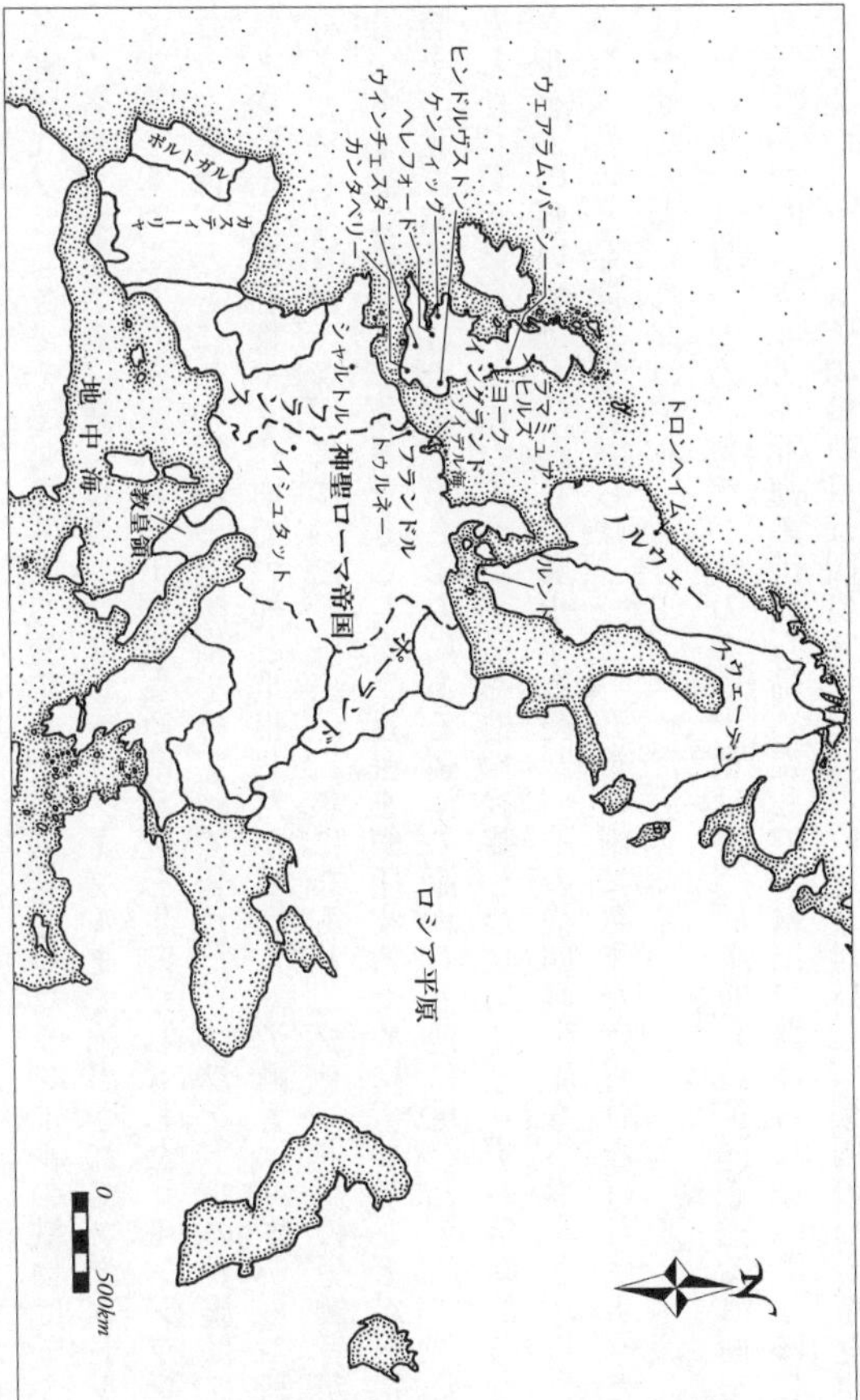

14世紀初頭のヨーロッパ

ランドとより密接に結びついていた。織物の原料となる羊毛がイングランドから北海を越えて入ってくるからである。良質で色合いの美しいフランドルの織物はヨーロッパの各地で珍重され、遠くはコンスタンティノープルまで輸出されてフランドルに多くの富をもたらしたが、同時に不安定な政治状況を生みだしもした。イングランドとフランスは、ともにこの地域の支配権をめぐって争った。フランドルの貴族はフランスとの政治的な利権や文化面での絆を重視したが、商人や労働者はみずからの利益を守るためにイングランドについた。一三〇二年になると、フランドルの労働者が裕福な支配階級にたいして反乱を起こした。反乱を鎮圧するために、フランスから精鋭の騎士が北に駆けつけたが、あちこちにある運河の流れる沼地に足をとられて生命を落とした。騎兵は哀れな魚のように、弓や槍で武装した兵にひとりずつ狙い撃ちされた。クルテーの戦いでは七〇〇人の騎士が戦死し、その後四半世紀も雪辱をとげられなかった。当然とも言える敵討ちは、一三一五年の雨にさまたげられなければもっと早くはたせたかもしれない。

その年の八月の初め、フランスのルイ十世はフランドルに遠征隊を送る計画を立て、反抗するフランドル人を北海の港から締めだして、輸出で儲けられないようにしようと考えた。フランスの侵略軍は国境でフランドル軍と対峙し、豪雨のなかを進軍しようとしていた。しかし、フランスの騎兵がぬかるんだ平原に走りだすと、馬は腹帯まで土中に沈んだ。四輪車は泥沼に深く入りこみ、七頭の馬で引いても動かせなくなった。歩兵は膝まで泥につかり、雨でずぶぬれになったテントのなかで震えた。ついに食糧が底をつくと、ルイ十世は無念ながらも退却した。喜んだフランドル人は、洪水は神による奇跡ではないかと考えた。しかし、その喜びも長つづきはしなかった。まもなくフランス軍よりも恐ろしい飢饉に襲われたからである。

この猛烈な大雨はアイルランドからドイツ、さらに北のスカンディナヴィアにいたるまで、北ヨーロッパの広大な地域に被害をもたらした。降りつづける雨は、はるか以前に森林を開拓したり沼地を干拓したりしてつくられた無数の小さな村の農地を水浸しにした。農民は重い土を深く耕して畑をつくり、多少の雨が降ろうと水はけの心配をせずにすむようにして、水を充分に吸収できるようにしていた。ところが、いまやその畑がぬかるみの荒地と化し、作物は植わったまま横倒しになっていた。多くの場所で粘土質の下層土がすっかり水に浸かったため、それ以降、何年にもわたって表土の養分がすっかり失われてしまった。

十三世紀のあいだに農村の人口が増えたため、多くの村落は周辺のより軽い砂地にどんどん広がっていたが、そのような土地では降りつづける雨を吸収できなかった。荒廃した農地では深い雨裂《ガリー》浸食が進み、そこを水が小川となって流れ、耕作地はわずかに残るばかりになった。イングランド北部のヨークシャーの南では、何千ヘクタールもの耕作地で薄い表土が深い雨裂に流れこみ、その下の岩盤が露出した。場所によっては、耕作地の半分以上が失われたところもあった。当然ながら穀物の収穫は激減した。刈り取れた穀物もやわらかく、乾燥させなければひいて粉にすることはできなかった。一三一五年の夏の終わりの低温と豪雨は、何千ヘクタール分もの穀物の実りをさまたげた。秋になっても小麦やライ麦はまったく植えられず、牧草をいつものように干し草にすることもできなかった。

そして、数カ月もしないうちに飢えが始まった。「小麦が貴重になりはじめた。……値段は日々、上がっていった」と、フランドルの年代記作者は嘆いている。[*4] 一三一五年のクリスマスには、すでにヨーロッパ北西部のあちこちの村が窮地に陥っていた。

この飢饉がどれほど広範にわたるものかを理解している人はほとんどなく、巡礼や商人や政府の使者から各地の同様に悲惨な話を聞かされて、初めてそれがわかった。被害を受けた地域の南端にあたるザルツブルクの年代記作者は「世界中が災難に見舞われていた」と書いている。[*5] イングランドのエドワード二世は家畜の価格統制をしようとしたが、うまくいかなかった。飢えがさらに深刻になると、国王はふたたび策を講じ、穀物からつくるエール〔ビールの一種〕などの製品の製造を制限した。また、司教たちを説得して、余剰の穀類を溜めこんでいる人に「言葉たくみに」それを売りにださせるようにし、穀物の輸入も奨励した。だが、誰もが充分な食べもののない時代とあっては、これらの方策はひとつとして効果がなかった。

飢饉がいっそう深刻化したのは、その前の世紀に人口が増加していたからである。十一世紀末に約一四〇〇万人だったイングランドの人口は、一三〇〇年には五〇〇〇万人にまで増えていた。フランス（すなわち現在のフランス領土となっているヨーロッパの一画）の居住者は、十一世紀末の約六二〇〇万人から約一七六〇万人、ないしそれ以上に増えていた。一三〇〇年には、これまでよりも高度や緯度の高い場所で穀物が栽培されるようになり、ノルウェーには五〇万人が暮らしていた。だが、経済の発展は人口増加と同じ速度では進まなかった。地方経済はすでに一二五〇年には停滞しはじめ、一二八五年以降はどこでも成長の速度がにぶった。農村でも都市でも人口が増えたばかりでなく、輸送に費用がかかり、交通網もかぎられていたため、北ヨーロッパ各地で生産と需要の格差がしだいに広がりはじめた。多くの町や都市が食糧不足によって大きな被害を受け、なかでも海岸やおもな河川や運河から遠く離れたところではとくに深刻だった。

田舎では、多くの農民がぎりぎりの生活水準で暮らしていた。穀物の蓄えは不作を一度だけ乗りきって翌年に種をまけるだけのものしかなかった。豊作の年でも、貧しい農民は冬のあいだ飢えに苦しむのではないかとつねに脅えていた。その引き金になる要因はいくらでもあった。船が海氷で動けなくなって補給線が途絶える、洪水で橋が崩壊する、家畜に疫病が広がって繁殖用の家畜や役畜までが死ぬ、雨が多すぎたり少なすぎたりする。こうしたことがひとつでも起これば、人びとは飢えた。

最も恵まれたときでさえも、農村の暮らしは苛酷だった。六〇年前の一二四五年には、ウィンチェスターの農場の働き手で、子供のころに疫病の犠牲にならずにすんだ人の平均寿命は二十四歳だった。中世の墓地を発掘すると、過酷な労働が健康にどれほど恐ろしい影響をおよぼしていたかがわかる。畑を耕し、重い穀物の袋をもちあげ、収穫するといった重労働で、背骨が変形している遺体はざらにある。大人はほぼ全員関節炎を患っていた。成人した漁民の大半は長年にわたって船を漕ぎ、岸で重労働をしたせいで、骨関節症に苦しめられていた。十四世紀の村人の日々の仕事は、季節ごとに決まりきったリズムで進み、種まきと収穫が繰り返される。暑く乾燥した夏の期間は、作物の生長を脅かす雑草とつねに闘わなければならない。収穫期の目のまわるような忙しい時期には、大鎌や小鎌をもって身を屈め、脱穀をする人びとは貴重な穀物をふるい分ける。中世の家庭や村での仕事ははてしなくつづき、人びとは遅々として進まない骨の折れる仕事にとてつもない犠牲を払っていた。だが、休みなく働きつづけても、村に充分な食糧があったためしはなく、年がら年中、栄養不良の状態がつづいた。村の食糧不足は生命さえも脅かす切実な問題であり、あとは親戚や荘園の領主に頼るか、修道院の慈善事業にすがるしかなかった。農民の大半はその年の収穫を頼りに暮らしていたが、その生産高は最も豊作の年でも現代のレベルをはるかに下まわっていたのである。

　中世の村人の生活は考古学的資料や歴史の文献からうかがえるが、それがとくに詳しくわかるのは、イングランド北東部の廃村ウェアラム・パーシーの記録である。四〇年にわたる研究から、長い歴史のあるこの村の実態が解明されているが、そこからこの時代の典型的な村の様子を知ることができる。ウェアラム・パーシーには二〇〇〇年以上前の鉄器時代から農民が住んでいた。ローマ時代には、少なくとも五つの農場があった。六世紀になると、サクソン人が住み着いた。農家が点在していたこの土地は、九世紀から十二世紀のあいだにさらに密集した村になり、少なくとも二度、村のつくりが大きく変わっている。中世温暖期は、ウェアラム・パーシーの人びとにとってよい時代で、この村が最も繁栄したときだった。人口はかなり増え、耕作地の面積も急激に拡大した。小さな村は大きな居住地に変わって、独自の教会とふたつの領主館と小作農の家が三列でき、それぞれが楔《くさび》形の草地のまわりに小作地（囲い地）をもっていた。小作人は藁葺きのロングハウスに住んでいた。屋根はクラックと呼ばれる一対の材木で支えられ、壁は薄く、定期的につくりかえられた。建物の内部はそれぞれ三つの部分に仕切られている。奥の部屋は寝る場所で、乳製品の加工場として使われることもあった。生活のための大きな部屋の中央には炉があり、三つ目の場所は牛小屋にしたり、農作業のために使われたりした（ロングハウスは中世のどこの村でも見られたが、スカンディナヴィアとアルプス地方では、その構造や村の構成が大きく異なっていた）。ウェアラム・パーシーではほぼ自給自足の暮らしができ、全盛期には繁栄した村になっていた。しかし、十三世紀の豊かな日々も、十六世紀にここが廃村になったころには、人びとの記憶からすっかり忘れ去られていた。

　ヨーロッパの村では、はるか昔から自給自足の生活をしていた。キリストが現われる少し前に、ローマ人がガリアとブリタニアに「ローマの平和《パクス・ロマーナ》」を押しつけた時代よりもずっと前のことである。それから一〇〇〇年のちにも、人びとの暮らしはまだ領主館と農場、修道院と小さな市場町を中心に動いていた。何万という教区教会がネットワークをつくって地域を村単位で管轄し、たとえそのなかで政治の変化や土地所有をめぐる争いがあっても、教区司祭は尊敬すべき人物としての地位を保っていた。しかし、商業や政治にかかわる利害関係が新たに生じるにつれて、時代は変わってきた。一二五〇年ごろには、道路や水路や通商路で結ばれて成長しつづける都市や町の織りなすタペストリーが、田園風景の上に広がっていった。重要な拠点には、城壁に囲まれた城や都市がつくられた。貴族同士のささいな争いの絶えない地方では、都市は人びとにとって逃げこむことのできる安全なオアシスになった。町や都市には五万人の

中世の農耕――クラック（大角材の梁）のあるロングハウスの内部。イングランドのウェアラム・パーシーをもとに再現。イングリッシュ・ヘリテッジの許可を得て掲載

人口を抱えるところさえあり、ほかとは異なる存在として、社会的にも政治的にも独自の立場を確立しようとした。都市の住民は、しだいに力をつけて封建制度の枠組みにおさまらなくなった商人や市民階級である。こうした都市の多くが位置していたのは主要な港や河口域、川を渡れる重要な地点、有力な領主や司教の館のまわりだった。とはいえ、陸上はとくに交通手段が発達していなかったので、大半の共同体はこれまでと同様に、基本的には自給自足の生活をしていた。飢饉や疫病の流行や戦争のときも、教区は農村の秩序ある生活を保つ要《かなめ》の役割をはたしつづけ、国民国家や強力な商業連合がヨーロッパの経済を変えたのちも、その役割はずっと変わらなかったのである。

当時のヨーロッパの商業は、ローマ時代によく知られていた通商路を基本に動いていた。羊毛は北海やイギリス海峡を渡り、地中海の産物はライン川などのおもな河川や、東地中海貿易の重要拠点であるロンバルディアとジェノヴァ、ヴェネツィアを結ぶ通商路に沿って陸路で運ばれた。スカンディナヴィアとドイツと北海沿岸低地帯を中心とする強力な商業連合であるハンザ同盟は、まだ揺籃《ようらん》期にあった。当時、ヨーロッパの初歩的な社会基盤は、遅くてあてにならない交通手段にまだ頼っており、しけの海を渡ったり、川や水路を利用したり、ひどい田舎道を使ったりするしかなかった。バルト海沿岸地域や地中海地方から輸入される穀物の量は、のちの世紀とくらべれば

中世の農耕——羊の毛の刈りこみと収穫。イングランドのウェアラム・パーシーをもとに再現。イングリッシュ・ヘリテッジの許可を得て掲載

まだ微々たるものだった。つまるところ、どの村や町も独立採算だったのだ。

中世の農民には、雨や寒さに対処するすべがわずかしかなかった。彼らにも日照りに強い品種や長雨にも負けない品種を植えるなど、多様な作物をつくることはできた。また、念のためにいろいろな土壌に作付けし、そのいずれかで収穫が多くなるよう期待することもできた。以前なら、もっと肥沃な土地にも移れただろうが、一三〇〇年にはヨーロッパの優良な農地の大半はすでに占有されていた。したがって、貯蔵はきわめて重要な問題だった。充分な量の穀物を蓄え、収穫期からつぎの収穫期かそれ以降まで村人が乗り切れるようにし、豊作の年と凶作の年の格差をならす必要があったのだ。とはいえ、納屋が軒までいっぱいになっても、中世の村では二年つづきの凶作にもちこたえられるところはまずなかった。たとえ裕福な領主や修道院の大きな穀物倉庫で、それが可能だったとしてもである。村人にできる最善の策は、せいぜい穀類やそのほかの必需品を近くの隣人や遠くの親戚と交換しておくことだった。しかし、このような飢饉への対策は小規模の災害では非常に役に立ったが、ヨーロッパ大陸中が同じ災害に見舞われた場合には焼け石に水だった。

＊

たいていの農村では村人の結束が固かったので、一三一五年の食糧不足はなんとか乗り切り、人びとは翌年の豊作を期待した。ところが、一三一六年の春は雨がつづき、オート麦や大麦やスペルト小麦はまともに作付けができなかった。したがって、その年もまた不作となり、雨は降りつづいた。一三一六年にザルツブルクの年代記作者はこう書いている。「どこもかしこも水浸しで、まるでノアの洪水のようだった」[*6]。激しい強風がイギリス海峡と北海に吹き荒れた。南ウェールズのポート・タルボットに近いケンフィッグにはよく栄えた港があったが、強風で巨大な砂丘が形成され、やむなく廃港になった。北ヨーロッパ各地の村では、二世紀にわたって広大な森林を伐採しつづけたつけを払うことになった。家畜は弱り、作物は稔れず、物価は上がり、人びとはそれを天罰だと考えた。苦しみはじわじわと襲ってきた。飢饉のせいで村人の体力は衰え、病気にかかりやすくなった。そして、疫病は飢饉のあとにほぼ間違いなく襲ってきた。災害が長引くところは、今日のアフリカやインドの飢饉と似ている。人びとは初めのうちは親戚や隣人に助けを求め、何世代も前からの血縁や地縁の絆に頼った。そのうち多くの人が土地を捨て、親戚の世話になったり、あてもなく田舎をさまよって食べものや救済を求めたりするようになった。乞食は村から村へ、町から町へと放浪しつづけ、村には人っ子ひとりいなくなったとか、牧草地や山腹の農地を手放したなどと話した（作り話も多かったが）。

一三一六年の終わりには、多くの小作農や農業労働者がどん底に陥った。貧困者は病死した家畜の屍肉を食べ、野草をあさった。北フランスの村人は、猫や犬、ハトの糞を食べたと言われている。イングランドの田舎では、農民はふだんなら口にしないものを食べて生きながらえていたが、その多くは栄養などありそうにないものだった。下痢と脱水症状で身体が弱り、あらゆる病気にかかりやすくなり、また無気力になってほとんど仕事をしなくなった。新生児と老人がまず死んでいった。

村はつぎつぎに見捨てられ、共同体は徐々に解体していった。まくべき種や役畜が不足し、村の人口が減少したために、多くの農地が放棄された。北海沿岸低地帯では、大嵐や長雨のあとに広大な土地が海の下に沈んだ。干拓は容易ではなかったので、有力な領主が浸水した土地にもう一度定住するように農民を説得しても、まず無駄だった。ここから北海をはさんだ対岸のヨークシャー北東部のビルズデイル一帯では、十三世紀末に開拓者が高地の森林を伐採して新しい村をつくっていた。数世代後には、多数の村落がそれぞれ大工や森林労働者や皮なめし業者を抱え、新たに開拓された土地で繁栄するようになった。ところが、気候と経済状態が悪化したことから、一三一六年には飢饉や疫病が発生し、さらにスコットランド人に襲撃されたこともあって、いずれも一三三〇年代には廃村となった。村落のあったところには、わずかに家が残るだけになり、共同体は離散した。北ヨーロッパの各地で、限界耕作地の小さな農村は見捨てられるか、そのなかでも最も肥沃で水はけのよい土地だけに縮小された。

低温や長雨は、たいていの地域で開拓者に深刻な被害をあたえた。自由土地所有者の多くは農地を売るか、抵当に入れざるをえなくなり、極貧の生活を強いられるようになった。多くの自作農が労働者になって農場に雇われた。とりわけロンドンなどの大都市の周辺では食糧の需要が高く、湿って固まった土地は、耕作作業などに多数の人手が必要になっていたからだ。土地台帳や地代の一覧を見ると、土地の売買の件数が激増していることがわかる。裕福な地主が貧しい隣人につけこむケースや、子供に農地を分けあたえて生活を支えてやる家が増えたためである。たとえば、一三一六年にノーフォークのヒンドルヴストンの荘園では、小作人が土地を引きわたしたケースが一三一五年の一六〇パーセント増になり、一三一七年には七〇パーセントの過剰供給になっている。たいていの場合、ひとにぎりの裕福な農場主が貧しい隣人の土地を買いあげている。アダム・カーペンターという男は、一三一五年だけで五カ所の土地を手に入れた。土地の大量取引が一段落したころには、彼は四七カ所の土地を獲得していた。

一三一六年は、中世を通じて穀物が最も不作の年だった。多くの土地では、作物がまったく実らなかった。小麦の収穫ができたところでも、うまく生長せず、わずかな量しか穫れなかった。イングランド南部のウィンチェスターの荘園では、十三世紀のあいだはずっと一度の作付けでおよそ三ブッシェルの収穫があった。ところが、一三一六年には通常の五五・九パーセントしか穫れず、一二七一年から一四一〇年のあいだで最低の収穫となったのである。この地所の損益計算書にはこう記録されている。「今年の羊毛からの収益は、夏の気候がひどく不安定で毛の刈り取りができなかったため、皆無だった」。「干し草の売上げは夏に大雨が降ったせいでまったくなかった」。ウィンチェスター司教の製粉所も、利益がなかった。「洪水のせいで半年間、製粉所が稼動しなかったためである」[*7]。小麦だけでなく、大麦や豆、オート麦、エンドウの収穫も、例年を一五パーセントから二〇パーセント下まわった。北ヨーロッパ全体が、同じような食糧不足に見舞われていたのである。

塩とワインの生産は激減した。フランスではブドウにべと病〔糸状菌の一種により葉に白カビと斑点がつく〕が発生し、実が完全に熟さず、「フランス王国中でワインが最悪の出来になった」。年代記作者はワインの不足と味の悪さに不満を述べている。ドイツのノイシュタットのブドウ畑は大きな打撃を受け、一三一六年の出来は「少々のワイン」、一三一七年には「ごくわずかなワイン」となった。また、一三一九年ものは「酸っぱく」、一三二三年は寒さがいちだんと厳しかったので、ブドウの台木が枯れてしまった。飢饉から六年後の一三二八年まで、「極上のワインが大量に」できることはなかった[*8]。

気候によって打撃を受けたのは作物だけでなく、動物も同様である。冬のあいだに餌をやるだけでも、ひどく頭の痛い問題になった。農地がじめじめしていたので、牧草を刈り取っても戸外で乾燥させることができなかった。保存処理をせずに納屋に貯蔵された干し草は腐って熱とメタンガスを発生させ、定期的にすき返さなければ発火した。乾燥用のオーブンや釜があったとしても、人間の食用に熟しきっていない穀類を乾かすので手いっぱいだった。家畜にとって最悪の事態は、飢饉が長引いたあとにやってきた。一三一七年から翌一八年にかけての厳冬期に、すでに不足していた飼料が底をついた。餌がなくなると、農民は家畜を放牧して、つかのまの暖かい時期に自分で餌を探させるしかなかった。たくさんの家畜が牧草地で餓死または凍死した。雪が降りつづいたり、霜が早く降りたりすると羊を飼うのは難しくなるため、羊はとくに寒さの影響を強く受けた。冷夏は悪性の牛疫をもたらし、牛は下痢や脱水症状や腸の機能不全を起こして死んだ。腐敗した牛の死骸が何千頭も焼かれるか、大きな穴に埋められた。肝吸虫という寄生虫の感染によって、羊やヤギが七割も減少したところもあった。

「動物の大量死」は一三二〇年代初めになってもつづき、家畜が不足しただけでなく、畑の肥料も足りなくなった。それによる打撃はたちまち現われた。雄牛や馬は農村経済の中心的な存在であり、とくに牛は畑を耕すのに広く使われていた。雄牛は数軒の家で共同所有されることが多く、数頭を組にして村中の重たい土を耕すなど、中世の荘園では大いに利用されていた。家畜の数が足りなくなれば、耕作できる面積も必然的に減り、農地は放棄され、収穫は減少する。豚だけは比較的、影響を受けなかった。豚は成長が早いため豊富にいたが、やがてパンや牛肉や羊肉が不足して人びとが豚肉を多く食べはじめると、その豚さえもどんどんつぶされた。

町では、貧困層はパンにはめったにありつけなかった。一三一六年に、あるフランドル人がこう記録している。「人びとは言葉では言いつくせないほど困窮している。貧しい人びとの悲鳴は石をも動かすほどで、彼らは通りに横たわり、悲痛なうめき声をあげながら不満を訴え、飢えに苦しんでいる」[*9]。フランドルでは、パンはもはや小麦粉からではなく、とにかくなんでも手に入るものでつくられた。パリでは一六人のパン屋が、豚の糞とワインのかすをパンに混ぜたことで捕まった。彼らは公共の広場で刑車に乗せられ、手に腐ったパンのかけらをもたされて、さらし者になった。人びとは何日間も食べるものがなく、木の葉や根を食べたり、ときおり川で魚を釣ったりして飢えをしのいだ。イングランド国王のエドワード二世ですら、宮廷用のパンを探すのに苦労した。飢饉は田舎よりも都市や町のほうが深刻なことが多く、下痢や「食べなれない食事」からくる無気力が蔓延した。飢えた者は厳しい冬の寒さにひどく苦しめられた。人びとの記憶にあるかぎり、これほど多くの人が病死し、都市がこれほど不穏になったのは初めてだった。押しこみ強盗が頻繁に出没し、泥棒は食べられるものや食べものと交換に売れるものは、干し草であろうと材木であろうと教会の屋根葺き用鉛板であろうと、なんでも盗んだ。すてばちになった者が漁船や穀物船を襲い、海賊行為が横行した。

墓荒しはそれまでもつねに現実問題としてあったが、食糧不足のときはとくに頻発した。泥棒は死者とともに埋められた硬貨や服や高級品をあさり、質に入れた。ドイツのマールブルクのような町では、墓地に小さな明かりを灯したため、いくらかは略奪を防げたが、農村では守るすべがなかった。田舎の墓地では、夜更けにこっそりカンテラが灯され、新しい墓が掘り返されていたことだろう。墓泥棒は遺体からすばやく衣服をはぎとり、銀の装身具を盗みだす。朝になれば、そこにあるのは散らばった骨と、おそらくは歯をむいた頭蓋骨と、指輪を抜いてもぎとられた指の骨ばかりとなる。ここまでくると、ひそかに人肉食が行なわれているとか、自分の子供を食べているといった噂が広まるのは時間の問題だった。ロンドンの居酒屋では、腹をすかせた村人が身内を食べているところを見たとか、飢えた囚人が仲間の囚人を食べたという噂がたったが、特定の事件として年代記に記されたものはひとつもない。

都市には、地方から乞食が集まってきた。北海沿岸低地帯では大勢の浮浪者が群れをなして町の城壁の外にあるごみをあさったり、畑で「牛のように草を食んだ」りした。耕作地に死体が散乱し、共同墓地に埋められた。物乞いは病気を蔓延させた。今日のベルギーにあるトゥルネーの町では、一三一六年は「大量死の年」だった。サン・マルタン・ドゥ・トゥルネー大修道院長のジル・ドゥ・ミュイジはこう記している。「有力者や中間層から身分の低い者まで、男も女も、老いも若きも、金持ちも貧乏人も、毎日とてつもない人数が死んでいったので、あたりには悪臭が漂った」[*10]。大きな共同墓地では、以前は別々に埋葬されていた死者が、金持ちも貧乏人もいっしょくたに埋められた。ルーヴェンでは、病院からの四輪車が「一日に二、三度、哀れな小さな遺体を六体から八体積んで、町の外に新しくできた墓地に毎日運んだ」。この大飢饉で、フランドルの都市部人口の五パーセントから一〇パーセントが死亡している。

一三一七年になっても、まだ夏のあいだは雨が降りつづけ、どこの人びとも追いつめられた。教会は長々しい祈禱をあげて儀式を行ない、神の救いを祈った。パリのギルドや修道会は通りを裸足で練り歩いた。シャルトルとルーアンの司教管区では、年代記作者のギヨーム・ドゥ・ナンギがこんな光景を見ている。「多数の男女が、近隣からだけでなく五リーグ〔約二四キロ〕も離れたところから裸足でやってきた。女性は別として、多くは素っ裸で、司祭とともに練り歩きながら聖なる殉教者の教会に集まった。そして、聖人の亡骸やそのほかの聖遺物をうやうやしく担ぎ、崇《あが》めた」[*11]。何世代ものあいだほぼ豊作がつづき、安定した天候に恵まれていた彼らは、戦争で分裂しているヨーロッパに天罰が下ったのだと信じていたのである。金持ちも貧者も同じように、神の裁きに耐えていた。

飢饉によって人びとの信仰心は一気に高まり、それによって潤ったところもある。裕福な小修道院のあるカンタベリー大聖堂には、多数の巡礼者が押しかけたが、その多くは巡礼する貧しい聖職者だった。この小修道院は昔から慈善事業でよく知られていた。気前がよすぎたために財政は赤字で、一三〇三年から一三一四年にかけては、わずかに黒字の年が四年あるだけだった。ところが、一三一五年は飢饉の年だったにもかかわらず、思いがけず五三四ポンドの利益があった。小修道院の小麦はほかと同様に最悪の出来だったが、オート麦はかなりの量が売れたからだ。しかし、本当の収益は、天候の回復を祈る巡礼者による五〇〇ポンド相当の寄進によるものである。一三一六年には、カンタベリーの修道士も一般の人びとと同じような境遇にあった。穀物は大いに不足していたし、自分たちでつくれないものは以前よりもはるかに高い値段を支払わなくては手に入らなかった。修道士たちは道徳的なジレンマにも陥っていた。小修道院には、救済を求める貧しい巡礼が殺到していたのに、献金は五〇パーセントに減っていたのだ。地所からの地代収入もほぼ半減していたが、小修道院としては慈善活動の質を下げて、信者の評判を落とすわけにはいかない。それと同時に、祈禱の回数が増えたために、聖体拝領に使うワインの量は二倍に脹《ふく》れあがった。そこで、修道士は現代を思わせるような経費削減の策を打ちだした。年金を減らし、建物の基本的な保守整備を遅らせ、費用のかかる訴訟を延期したのである。

小修道院の状況は、国王が税額を引きあげて、スコットランドとの戦費をまかなおうとしたためにいっそう悪化した。エドワード一世は一二七七年から一三〇一年にかけてウェールズを征服し、ハーレックからコンウェイまで一連の城を築いて守備を固めた。また、スコットランドにも侵攻して、継承権争いに介入しようとしたが失敗に終わった。エドワード一世の時機を逸したこの介入は、かえって完全な独立を求めてスコットランド人を蜂起させることになった。一三〇七年にはエドワード二世が王位を継いだが、彼の軍は一三一四年にバノックバーンの戦いでロバート一世に敗北した。戦争は一三二八年までつづき、最後にはスコットランド軍が勝利したのである。イングランド側の払った犠牲は、苦しい時代のなかで莫大なものになった。国王による課税は、飢えた国民にも、カンタベリーの小修道院にも重荷になった。修道士はまだオート麦を大量につくって高く売ることはできたが、彼らがやりくりして蓄えてきたものは、巡礼者への助けではなく、スコットランドとの戦費をまかなうための新たな税金によって食いつくされた。それでも、救済をやめようとしなかった小修道院の活動は、まもなく報われた。一三一九年に収穫が回復してくると、献金がたちまち五七七ポンドという記録的な数字に跳ねあがったのだ。また、数多くの聖遺物も受けとったが、この修道院にはそのような聖宝がすでに充分にあったので、それらを売って四二六ポンド以上の収入を得た。彼らがたくさんの現金を手にしていたのはさいわいだった。翌一三二〇年に牛の疫病が流行《はや》り、近隣一帯が大打撃を受けたからである。幸運なことに、救いを求めて祈る人びとのおかげで、献金は六七〇ポンド以上にも達し、小修道院はこの危機を乗り越えられたのだった。

＊

苦しい時代は七年間にわたったが、その後ようやく平年並みの収穫となって救済措置がほどこせるようになった。悪天候は一三一八年までずっとつづき、さらに北海沿岸低地帯では一三二〇年と一三二二年に大規模な洪水が起こった。この時期は一三二二年にＮＡＯが反転するとともに終わったが、すると今度は骨の髄まで凍るような冬が訪れた。広大な海域で船が立往生し、飢えと病気によって多くの人が死亡した。以前の安定した気候は、予測不能で荒れやすい気候にとってかわられた。一三二〇年代と一三三〇年代にはとりわけ暑く乾燥した夏になり、イギリス海峡や北海では嵐や強風が多くなった。中世温暖期を通じてヨーロッパに恵みをもたらしていた穏やかな偏西風は、ＮＡＯが両極端に振動するたびに、急に吹きはじめたり、ぱたりとやんだりするようになった。小氷河期が始まったのである。

第2部　寒冷化の始まり

主よ、このごろは天候が悪く、寒さがひどく厳しく
霜があまりにも降りるので、目から涙もでません。
乾燥していたかと思うと、雨になり、
雪が降ったかと思うと、みぞれになり、
靴が足に凍りついて
なんとも辛いものです。

——一四五〇年ごろの『ウェークフィールド・サイクル』より
タウンリー聖史劇『第二の羊飼い』

全気候史や、全経済史や、あるいは少なくとも全農業史は、
ひとことで言えば「うんざりすることの連続」である。

——ヤン・ドゥ・フリース『歴史における気候の影響を知る』一九八一年

3章　気候の変動

ここ数世紀のあいだに起こった氷河振動は、おそらく過去四〇〇〇年間で最大規模に近いだろう……更新世が終わって以来、最大のものである。
――フランソワ・マサス『氷河委員会報告』一九四〇年

大氷河期の最終氷期が終わってから、一万五〇〇〇年がたった。それ以降、完新世（ギリシャ語で最近の意味）を通じて、世界では大規模な地球の温暖化が起こっている。温暖化は初め急速に進んだが、いまから一万二〇〇〇年ほど前に、同じくらい急激に寒くなった時代が一〇〇〇年あまりつづき、その後はまたどんどん暖かくなった。それが頂点に達したのがいまから六〇〇〇年ほど前で、現在よりもいくらか気温の高い時代だった。以後六〇〇〇年間、地球上ではほぼ現代と同じ気候がつづいている。

完新世にも、その前の氷河期と同じく短期間の気候変動がたえず起こっているが、それはまだほとんど解明されていない大気と海洋の相互作用によるものだ。過去六〇〇〇年間も例外ではない。古代ローマ時代には、ヨーロッパの気候は今日よりもいくらか涼しく、中世温暖期には天候の安定した暑い夏が長くつづいた。その後、一三一〇年ごろから五世紀半のあいだ、気候は寒冷化して予測不能になり、ときおり嵐に襲われ、急激な変化が突如として起こりやすくなった。これが小氷河期である。「小氷河期《リトル・アイス・エイジ》」という言葉は、ほとんど誤って使われるようになった科学用語のひとつである。フランソワ・マサスという著名な氷河地質学者が一九三九年にこの言葉を最初に使った。マサスはアメリカ地球物理学連合の氷河委員会に提出する調査書につぎのように書いている。「われわれが生きているのは、氷河作用が、穏やかではあるがふたたび進んでいる時代である。この〝小氷河期〟はすでに四〇〇〇年ほどつづいている」[*1]。マサスはこの言葉をとくに意識せずに使い、頭の文字を大文字にして固有名詞とすることもせず、寒かった近世の数世紀と、紀元前二〇〇〇年ごろに始まってもっと長くつづいた寒くて雨の多い時代とを区別するつもりもなかった。後者はヨーロッパの気候学者のあいだでサブアトランティックと呼ばれている。しかし、マサスの見解はまったく正しかった。一三〇〇年から一八五〇年の小氷河期は、短期間に気温が変動を繰り返すのが特徴の長い時代の一部で、この時代は数千年前から始まっていたのである。

小氷河期の厳しい寒さは、すぐれた芸術作品のなかにいまも見ることができる。ピーテル・ブリューゲル（父）の「雪中の狩人」は、小氷河期の最初の大寒波が襲った一五六五年の冬に制作された。この絵には、雪の降り積もった村から三人の狩人が犬を連れてでかける様子と、近くの池でスケートをする村人たちが描かれている。厳しい冬の記憶はブリューゲルの心から離れず、一五六七年に描かれた東方三博士が幼子イエスのもとを訪れる絵にもその名残が見られる。そこには雪が降っている。東方三博士とその一行は凍りついた景色のなかを、吹雪をついて重い足取りで歩いている。また一六七六年十二月には、画家のエイブラハム・ホンディアスが、ロンドンの凍ったテムズ川でキツネ狩りをする人びとを描いている。そのわずか八年後にも、氷の張った川の上で商人の出店や橇《そり》や氷上ヨットまでがでて賑わう大きな縁日が何週間もつづいた。この祭りは十九世紀半ばまでロンドンの風物詩になっていた。もっとも、小氷河期はただ寒さが厳しかったわけではない。そして、この時代はふたつのきわめて暖かい時代にはさまれていた。

現代のヨーロッパ人が小氷河期の最盛期にタイムトラベルしても、さほど気候が違うとは思わないだろう。冬は今日よりも寒いかもしれないが、夏はときとして非常に暑くなることもあったからだ。完全な凍結状態がつづくことはなく、むしろ気候はつねにシーソーのように激しく変動しつづけ、ときおり大災害をもたらした。極地のような冬になることもあれば、じりじりと焼けつくような暑い夏になったり、深刻な日照りになったり、はたまた豪雨の年になることもあった。それでも豊作の年がしばしばあり、暖冬で暑夏の時代も長期にわたってつづいた。寒さが厳しく、降水量が異常な気候は一〇年つづくこともあれば、数年か一シーズンで終わったりもした。しかし、気候変動の振り子が三〇年以上とまっていることはめったになかった。

小氷河期がいつ始まっていつ終わったのか、そして正確にはどの気象現象をそれと関連づけるべきなのかは、科学者のあいだでも意見が大きく分かれている。専門家の多くは、一三〇〇年ごろに始まり一八五〇年ごろに終わったとしている。この長い年代区分は理にかなっている。いまではグリーンランドの周辺で最初に氷河が前進したのが十三世紀初期だったことがわかっているが、そのころ南方の国々ではまだ暑い夏と安定した天候に恵まれていたからだ。一三一五年から翌一六年の激しい雨と大飢饉が、ヨーロッパ各地で予測不能な時代の始まりを告げた。イギリス諸島とヨーロッパ大陸は、荒れがちで厳しい寒さになったり暑くなったりを頻繁に繰り返す気候に苦しめられた。しかし、これらの初期の変動が、どれほど局地的なもので、北大西洋の気圧傾度のたえまない変化に関係していたのか、あるいは世界的な気候変動の一部だったのかはいまだにわかっていない。

また、専門家のなかには、「小氷河期」という用語を、十七世紀末から十九世紀半ばにかけて世界各地で気温がずっと低くなった時代に限定する人もいる。アルプス山脈やアイスランド、スカンディナヴィア、アラスカ、中国、アンデス山脈南部、ニュ

北半球の気温の傾向

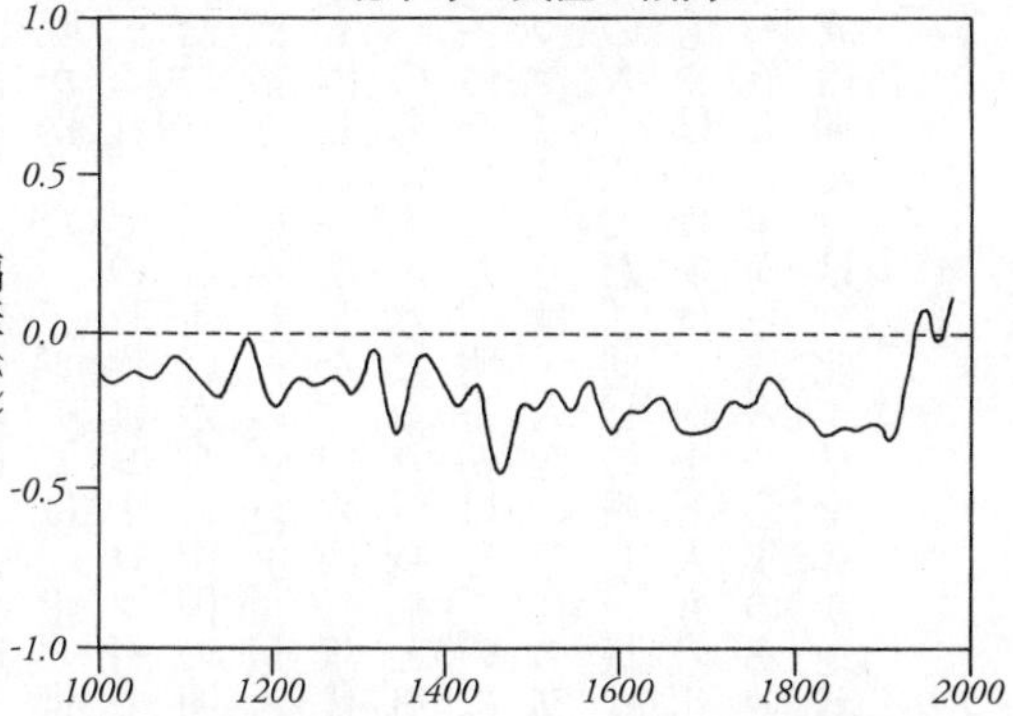

氷床コアと樹木年輪の記録をもとにした北半球の気温の傾向。1750年ごろからのちは、計器による記録を使用。統計的に求めたいくつかの気温推移記録を総合的に編集した

ージーランドでは、二〇〇年以上にわたって山岳氷河が現代の限界線をはるかに越えて前進した。山の雪線は、今日のレベルよりも少なくとも一〇〇メートルは下がっていた（一万八〇〇〇年前の最終氷期最盛期とくらべると三五〇メートル違う）。その後、十九世紀半ばから末期にかけて世界がいちじるしく温暖化してくると、氷河は後退しはじめ、大規模な森林伐採や産業革命の進行によって大気中に放出される二酸化炭素が増加したため、温暖化にいっそう拍車がかかった。人間が引き起こした最初の地球温暖化である。

　気候変動は年ごとに違うだけでなく、場所によっても異なった。北ヨーロッパで最も寒かった数十年間が、ロシア

やアメリカの西部でもそうだったとはかぎらない。たとえば北アメリカの東部では小氷河期の最も寒い時期は十九世紀だったが、そのころアメリカ西部では二十世紀よりも暖かかった。アジアでは、十七世紀に大陸のほぼ全土で経済的な大混乱が起こったが、これはその時代にヨーロッパで起こったどんな混乱よりもはるかに深刻なものだった。一六三〇年代から、中国の明王朝は広域の干ばつに悩まされた。政府がきわめて厳格な対応をしたために大規模な反乱が起こり、北方からの満州族〔女真族〕の攻撃も激しさを増した。一六四〇年代には南の肥沃な長江流域でも深刻な日照りがつづき、のちに大洪水になり、疫病と飢饉に襲われた。何百万人もの人びとが飢えと戦争で生命を落とし、明王朝はしだいに衰退して、一六四四年にはついに満州族が天下をとった。日本では一六四〇年代の初めに飢えと栄養不良から疫病が蔓延し、各地で多くの人が死んだ。同様の厳しい気候が朝鮮半島南部の肥沃な米どころを襲った。ここでもやはり疫病は、何十万人もの死者をだしている。

一五九〇年から一六一〇年のあいだの異常に寒かった二〇年間のように、数回の短い寒冷期だけは、北半球全体か地球規模で同時に起こったようである。

＊

残念ながら、気温や降水量の科学的な記録はそれほど古くからは残されていない。

ヨーロッパや北アメリカ東部で、わずかに二〇〇年たらずの記録が残っているだけである。これらの不完全な記録をたどっても、最近の温暖化から小氷河期の最も寒い時代まではさかのぼれるが、一三〇〇年以降に北ヨーロッパに訪れた予測不能の気候変動については、そこからは確かなことはなにもわからない。

昔の気候の記録を再現するためには、細部におよぶ調査やかなりの工夫が必要で、統計の利用価値もしだいに高まっている。しかし、そこから得られるものはせいぜいおおよその傾向である。計器を使った記録がなければ、「これまで記録されたなかでも最悪の冬」といった記述は、その著者の生涯や地域の人びとの記憶のなか以外では、ほとんど意味をなさないからだ。気候史家や気象学者はこれまで長いこと、ヨーロッパ各地の田舎の聖職者や科学に関心のあった領主たちの観察報告から、毎年の気温や雨量を推定しようとしてきた。大嵐の記録は気候を再現するのにまたとない手がかりだ。一七九一年二月二十七日に、イングランド東部のノリッジ近くにあるウェストン・ロングヴィルでパーソン・ウッドフォードがこう記録している。「ひどく寒く、湿った風が強く吹く日で、この冬最悪の日と言えそうだ」。ウッドフォードのような観察記録をもとに天気図を再現してみると、低気圧の影響でイングランド東部の海岸沿いに七〇ノットから七五ノットの猛烈な北西風が三日間、吹き荒れたことがわかる。強風によってテムズ川に海からの潮が「驚くほどの高さまで押し寄せ、ホワイトホール周辺では、大半の地下室が浸水した。セント・ジェームズ・パークのパレードは水浸しになった」。テムズ川流域の穀物畑は少なくとも二万ポンド相当の被害を受けた。[*2]

穀物の価格の変動も、気温の変化を知るひとつのバロメーターだ。それによって、不作をもたらした異常な雨や乾燥した天候の時期が特定できるのである。W・G・ホプキンズのような経済史家は穀物の価格を何世紀分も追いつづけ、食糧難のときに価格が平常時の五五パーセント増から、ときには八八パーセント増にまで上昇したことを突きとめている。そういうときは、ひと儲けをねらった商人などが穀物を買い占めていることもあるし、とにかく本当に穀類が不足している場合もある。こんなに価格が高騰してしまっては、イギリスやフランスのようにパンを主食とする国では、とりわけ貧しい人びとにとって大打撃になる。その後はたいてい社会が混乱する。農民は作物が実らないうちから略奪されるのではないかと不安に脅えながら暮らし、暴徒が市場に押しよせて、彼らが適正価格と考える値段でパンを売れとパン屋に迫った。修道院の記録や大きな地所の古文書には、収穫のよし悪しや、価格や生産高に関する情報がいくらでもある。だが、古い史料は得てして、樹木年輪からの記録や雪氷コアのような正確さを欠いている。たとえば、激しい雨嵐について、「洪水のときのように、随所で建物や城壁や本丸の土台がもろくなった」と書いてあったりするわけだが、そのように真に迫った描写も、日々の気温の正確な測定記録にはかなわない。[*3]

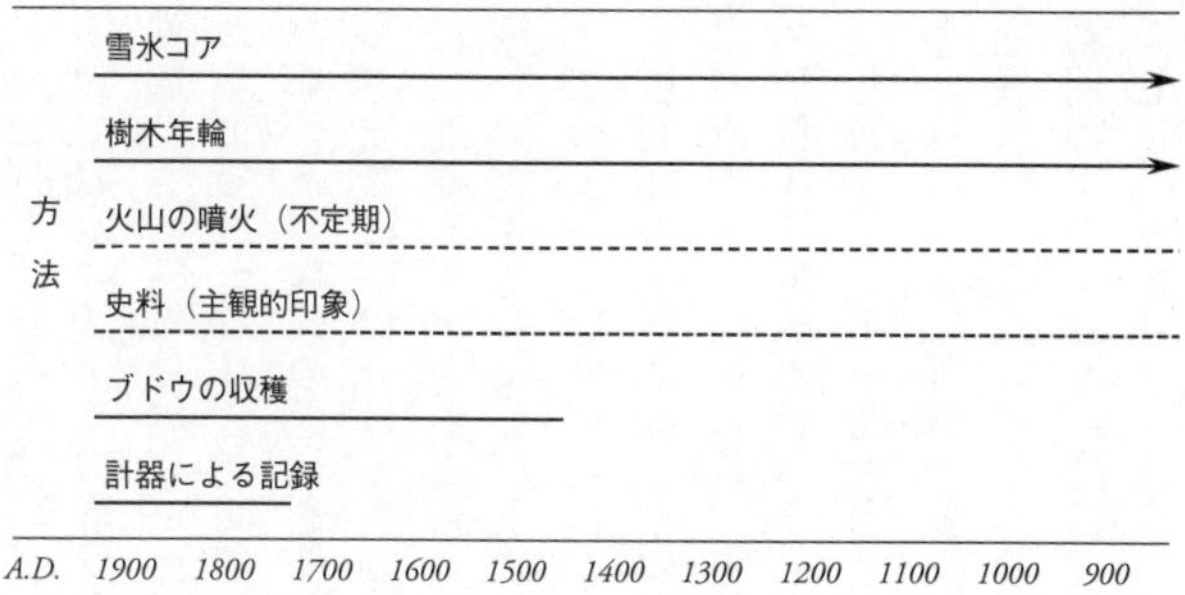

小氷河期の研究に使われる方法

ブドウの収穫日を市の記録や十分の一税の台帳、あるいはブドウ園の古文書で調べれば、冷夏だったのか暑夏だったのかはたいていわかる。この情報を樹木年輪などの科学的な根拠と照らしあわせてみれば、最もよい結果が得られる。気候史学者のクリスチャン・プフィスターは、寒い時代にとくに顕著な特徴が見られるふたつの重要な月に注目している。寒い三月と、涼しく雨の多い七月である。こうした状況は、一五七〇年から一六〇〇年、一六九〇年代、および一八一〇年代の、おそらく小氷河期で最も寒かった年代によく現われていた。[*4]

気候史家というのは、独創的な学者たちだ。彼らはたとえばハドソン湾会社のことを調べる。この会社はカナダの北極地方にいる船長や仲買人たちに、最も辺境の地にいるときにも気象観測記録を毎日つけるように指示していた。ハドソン湾会社では同じ人が長く働いていることが多かったので、十八世紀末から十九世紀初めにかけての氷の状況や雪解けや初雪の記録は驚くほど正確なものになっていたのである。初雪と春の雪解けの年ごとの移り変わりについては、長期にわたって週単位から数日の差まで追えるほどだ。また、スペインの学者は、雨乞いの記録や豪雨を終わらせるための祈禱儀式の記録を使っている。祈禱の儀式は教会によって厳しく管理され、さまざまな段階に分けて実施されており、危機的な年に行なわれた最も大規模な儀式では、連禱を唱えながら行列したり巡礼の旅にでたりした。そのため、祈禱の儀式の記録も気候変動の大まかなバロメーターになるのである。

このような史料からは、一〇年単位の小さな変動ならはっきりわかるが、それがより広範囲の気候変動とどのように関係していたかは、今後の研究課題である。近年では統計方式が用いられ、史料から割りだした指数を樹木年輪などの科学的な気候データと照らしあわせている。こうした分析から、たとえば十六世紀の中央ヨーロッパは一九〇一年から一九六〇年よりも、どの季節においても気温が低かったことがわかり、冬と春は〇・五度ほど低く、秋の雨量は五パーセントほど多いことも判明する。この地域には一五八六年から一五九五年にかけてほぼ毎年寒い冬が訪れ、気温は二十世紀初期の平均よりも二度ほど低かった。同じ指数をもとに、スイスでは一六九一年から一七〇〇年までと一八八六年から一八九五年までが、過去五世紀のなかで最も寒い時代だったことがわかる。

　古文書の記録は量も種類もじつに豊富だが、小氷河期の年ごとの気候情報を知るには科学的な根拠に大きく頼らざるをえない。そうした記録のひとつに雪氷《アイス》コアがあるが、これはグリーンランドの氷床の奥深くや、南極地点をはじめとする南極大陸の氷床、ペルーのアンデス山脈南部にあるケルカヤの山岳氷河などから採取される。雪氷コアの調査には、技術的に難しい問題点がたくさんあり、その多くは毎年の降雪の層が氷河の奥深くにどんどん重なって埋められ、やがてそれが圧縮されて固い氷になるという複雑な過程に起因するものだ。科学者は夏と冬の氷の質感の違いを見分けなければならない。そうすることで、はるか過去までさかのぼって降水記録を集めることができる。降雪量の違いがとりわけ重要なのは、気候が急変動するあいだに起こる温暖化と寒冷化の割合について重要な手がかりが得られるからである。

　グリーンランドの氷床から採取したふたつの氷床《アイス》コア、GISP1とGISP2は、小氷河期を知るうえでとくに興味深いものだ。GISP2は±一パーセントの精度で暦年が特定できるので、気温の変化が起こった時期を突きとめるのにきわめて有効であり、重水素（D）の同位体シグナルの変化から年ごとはおろか季節ごとにさえも変化の時期を特定できる。同位体の変動が少なければ、十四世紀のグリーンランドのように気温が低かったことになる。この時代の冬は過去七〇〇年間で最も寒かった。氷床コアを使って気候を再現すれば、寒暖を繰り返して中世のグリーンランドのスカンディナヴィア人植民地に影響をおよぼした短期の気温変動を研究するうえで、非常に役に立つ。

一九六〇年代まで、樹木年輪による研究はおもにアメリカの南西部だけで進められていた。アメリカの南西部では、天文学者アンドルー・ダグラスが、アメリカ先住民の大昔の集落の年代を住居の入口や窓の上の乾燥した横木に残る年輪から突きとめ、科学分野で不朽の名声を築いた。それ以来、この地域では樹木年輪の何千ものデータが集められ、一〇〇〇年前にこの一帯で起こった深刻な干ばつの状況を年ごとに追うことさえできるまでになった。当初、年輪による年代測定は季節によって雨の降る時期がはっきり分かれている地域にのみ利用されていたが、このごろでは科学がすっかり進歩したので、昔のドイツやアイルランドのナラやカシからも、少なくとも八〇〇〇年前まではきわめて正確なデータを手に入れられるようになった。

樹木年輪を利用した気温の再現は、いまでは北半球のあらゆるところで可能になり、三八〇カ所からデータが集まっている。われわれはいま初めて、一年ごとや一〇年ごとの平均気温の変化を、西暦一四〇〇年かそれ以前までさかのぼって入手できるようになったのである。しかも、一六〇〇年以降の年については、かなり信頼性の高いデータがある。[*5] こうした気温の推定値は、近代の計器を使った記録からの回帰分析や、史料などからの代替指標から得たもので、二十世紀末期がそれまでの時代とくらべていかに暖かいかを立証するうえで欠かせない。

火山の噴火は、西暦七九年にローマの町ヘルクラネウムとポンペイを破壊したヴェスヴィオ山の噴火のように劇的で、しばしば大惨事になった。なかでも大規模な噴火の痕跡は、樹木年輪のパターンや雪氷コアの細塵《さいじん》のなかに見られる。火山の噴火が気候に重大な影響をおよぼすのは、その際に放出される細塵が大気中に何年間も留まりつづけるからだ。火山の噴火と天候を関連づける仮説はかなり昔からあった。ベンジャミン・フランクリンは、火山灰が地上の気温を下げている可能性があると理論づけている。一九一三年にはウィリアム・ハンフリーズというアメリカの気象局の科学者が、一八八三年に東南アジアで起こったクラカタウの大噴火からのデータを利用して、歴史的な火山噴火と世界規模の気温変化との相関関係を詳細に調査している。火山灰が日射を遮る効果は、それが地上の熱の放出をさまたげるはたらきよりもおよそ三〇倍は大きい。したがって、大噴火によって放出された灰が地上に降るのに要する三年ほどのあいだに、地球の大半の場所では平均気温が一度以上低くなる。その影響がいちじるしく現われるのは、大噴火のあとの夏だ。

小氷河期の気温の推移を想定したカーブは、異常に寒かった年に何度かはっきりとした下降を示している。これらはかならずと言っていいほど大噴火と関係している。

一八一五年に東南アジアで起こったタンボラ山の噴火もそのひとつだが、これは過去一万五〇〇〇年間で最大規模の噴火だった。タンボラ山の灰はその後数年にわたって大気中を漂い、太陽を曇らせた。一八一六年は、気候学者の気温の推移表で見ると急激に寒くなっていることがわかる。この年は「夏が来ない年」と言われ、ニューイングランドでは六月に雪が降り、ヨーロッパの人びとは九月に寒さで震えた。大噴火のあとには、ほぼかならず冷夏と凶作がやってきたが、これらの自然現象は小氷河期のはてしない混乱とは無関係だ。十七世紀には火山活動がめずらしく活発に起こったことが、気候を不安定にさせるうえで一役買っていた。

＊

小氷河期はなぜ起こったのだろうか。地軸がわずかにずれたために、地球の温度が五世紀にわたって影響を受けたのだろうか。あるいは日射量が周期的に変化することで、大規模な寒冷化が起こったのだろうか。その答えはまだわからない。地球の気候システムや、それを動かす大気と海洋の相互作用については、まだ解明されはじめたばかりだからだ。しかし、確実にわかっていることもいくつかはある。そのひとつは、われわれがいまもなお大氷河期に生きていて、過去七五万年間にたびたび現われた間氷期のひとつの中間あたりにいるということである。しかるべき時がくれば――二万三〇〇〇年後という説もある――世界はつぎの氷期に入り、気温はヨーロッパの大半が完全に凍りついていた一万八〇〇〇年前のように極端に下がるだろう。

過去七三万年間に、地球の軌道の離心率や、地軸の傾きや方向がゆっくりと周期的に変化することで、水の蒸発や降水のパターンや季節の移り変わり方が変わってきた。その結果、世界は極寒の時代と短い温暖な時代のあいだでつねに揺れ動いてきた。地球化学者のウォーレス・ブロッカーは、これらが変化することで、海洋と大気のシステム全体が氷期のモードから、まったく逆の温暖期のモードに急に切りかわると考えている。ブロッカーによれば、「スイッチ」が押されるたびに海洋の流れが大きく変わり、それによって地球上で熱が別の方向に伝わるようになる。ということは、氷河期の気候パターンは、過去一万年間のパターンとはひどく異なっていたのである。

ブロッカーの説が正しければ、今日の気候モードは彼の言う「大海洋コンベヤー・ベルト」によって起こることになる。[*6] 巨大なベルトコンベヤーのような流れが世界の海洋の水を大循環させているというものだ。北大西洋では温かい表層水は北に向かって流れ、やがてグリーンランドの近海に達する。それが北極の空気で冷やされると沈んで深海を流れる海流となり、はるかな距離を南下して南大西洋から南極大陸にまで達し、そこからインド洋と太平洋へとそそぐ。これらの大洋では、海底を北に向かって流れる冷たい海流と逆方向に、表層水が南へ流れている。大西洋では、北への逆流は速い速度で南に向かうベルトコンベヤーに吸収される。このベルトコンベヤーには、北の海域で、表面から沈降する塩分濃度の高い海水がそそぎこんでいる。大西洋のベルトコンベヤーが循環する力は、アマゾン川の一〇〇倍に相当する。大量の熱が北に流れ、北大西洋上空の北極の気団のなかに上昇していく。ヨーロッパが比較的温暖な海洋性気候になっているのはこの熱の伝導のためであり、その状態が完新世の一万年のあいだ、変化しながらもつづいてきたのである。

ブロッカーのベルトコンベヤーについては、ごく一般的なことしかわかっていないが、海の表層の流れが変わると、エルニーニョ現象をはじめとして、地球の気候に大きな影響がでることくらいはわかっている。また、大気と海洋の混沌とした均衡状態が、渦を巻く気流や表層水の沈降や北大西洋の変わりやすい海流に大きな影響をおよぼすこともわかっている。ブロッカーをはじめとする研究者は、最近では深海に関心を向けはじめており、熱塩循環（水温と塩分の差によって生じる海流）の変化に注目している。[*7]

一九八〇年代にその存在が発見されて以来、われわれは海洋のベルトコンベヤーが完新世を通じてずっと順調に動いてきたものと考えてきた。この説に従うと、ほぼ同量の深層水が北大西洋と南極大陸周辺で形成され、それぞれが南と北に向かうあいだに、完全に混ざりあうことになる。ふたつが混ざりあうのは、大気にさらされた表層

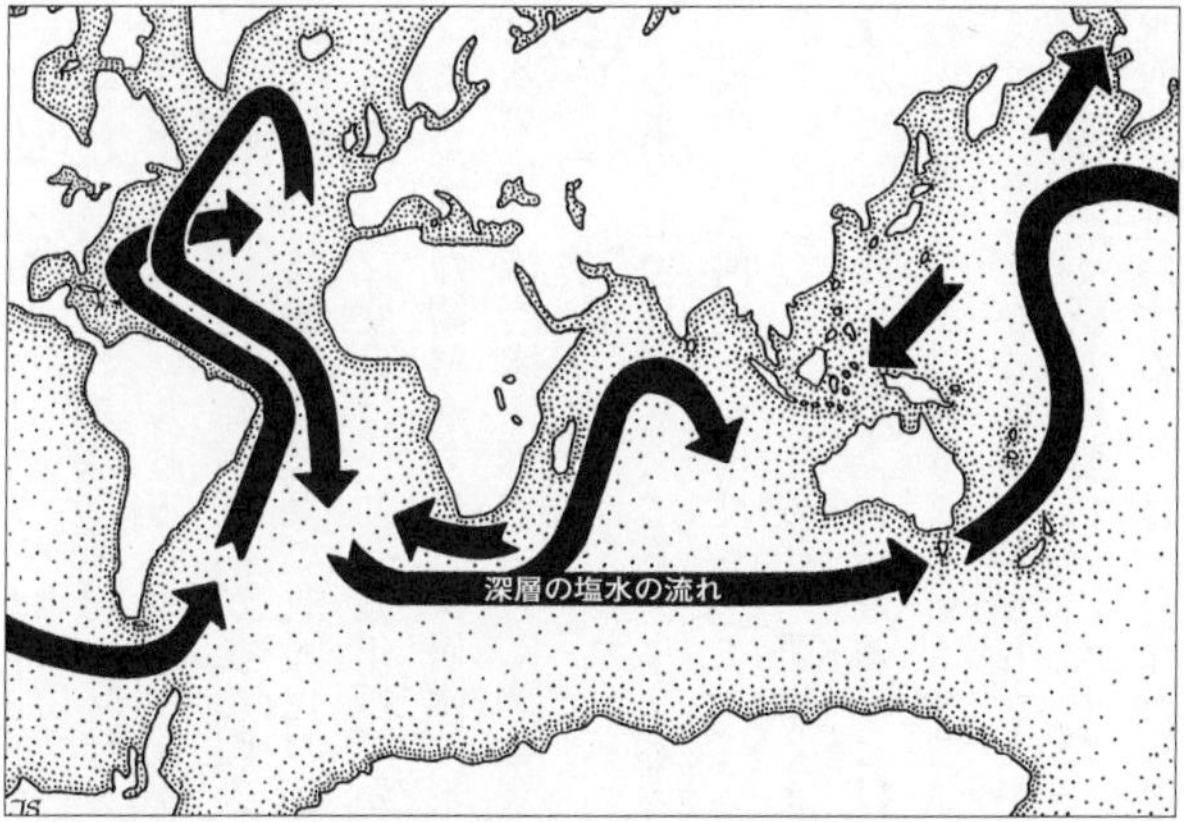

大海洋コンベヤー・ベルトは世界の海の深層で海水を循環させている。北大西洋での塩の沈降はこの循環に決定的な役割をはたしている

水が深海に沈んだときである。だが、長く信じられてきたこの仮定は間違っているかもしれない。今日の南極海では、様子が違っていることがいまではわかっているからだ。南極のウェッデル海では科学的な観察が始まってから数十年のあいだ、これまで考えられてきたよりもはるかに少ない量の深層水しか形成および混合されていない。かたや現在、北大西洋では、海水に含まれる自然な炭素14（^{14}C）のレベルを維持できるだけの割合で深層水が形成されている。南極海で形成される深層水の量は、小氷河期のほうが今日よりもはるかに多く、最終氷期の最盛期や、一万一五〇〇年前の短期間の寒い時代であるヤンガー・ドライアス期もやは

りそうだったとブロッカーは理論づける。

南極で形成される深層水は、いまから八〇〇年ほど前の十四世紀の、ちょうどヨーロッパで最初のいちじるしい寒冷化が進んだころには増加したのかもしれない。そして、一八五〇年以降、気候がまた暖かくなると不活発になったのだろう。小氷河期が終わると、二度にわたって温暖化の時期がきた。最初は十九世紀末期から一九四五年ごろまで、二度目は一九七五年以降から現在にいたるまでである。過去四半世紀にわたる科学的な観察からは、深層水の形成量が増える気配は見られない。そこで考えられるのは、深層水が形成される率は、一九四〇年代よりずっと前から落ちこんでいたということである。

小氷河期の謎にたいする簡単な答えはないが、完新世の初めのころにもこうした小規模の「氷河期」が何度も起こっていたことは、たとえいまはそれを特定できる道具がないとしても確かである。理論上は、そのような時期が自然の周期的な気候変動のなかで、ふたたび地上に訪れることは考えられる。ただし、産業革命以来、人類が化石燃料をむやみに使うことによって気候の均衡状態をとり返しのつかないかたちで変えていることがますます動かしがたい事実とならなければだが。われわれは地球の気候にまったく新しい時代をつくりだしつつあるのかもしれない。そうだとすれば、小氷河期を理解することは、科学的にきわめて重要になってくる。

*

歴史家のあいだでは、これまで気候が話題の中心になることはなかった。最近まで古気候学が科学として未成熟だったことがそのおもな原因である。小氷河期の激しい気候変動が社会にあたえた影響に注意深く関心を向けてきたのは、ほんのひとにぎりの学者だけだった。たとえばフランスの学者のル・ロワ・ラデュリや、スイスの気候史家のクリスチャン・プフィスター、イギリスの気候学者の故ヒューバート・ラムなどである。しかし、大半の歴史家は過去数世紀に起こった出来事のなかで気候がはたした役割を重視せず、したがって当然ながら、気候の変動が歴史上の重大事件の単純かつ主要な引き金となったという考えにも反対の立場をとっている。今日では、気候がフランス革命を「起こした」とか、十二世紀のグリーンランドの厳しい寒さが「原因で」、中世のスカンディナヴィア人は最北端の農地を手放した、などと言う者はいない。因果関係を単純化しすぎたこのような環境決定論がまともな議論の場からとうの昔に消えたのも無理はない。

このように歴史家が慎重になるのは、樹木年輪データのネットワークや雪氷コアや、歴史データの統計的な解析が始まる以前であれば、まったく当を得ている。だが、今日、気候学者が描いてみせる小氷河期の年ごとの気温の変動は、さながら目の細かいぼろぼろの櫛《くし》のように、今日の気候を示す基準線の上下に急激な寒さと暑さが突出し、涼しい時代と暖かい時代が周期的に訪れるグラフになっている。その曲線がまっすぐになることはけっしてなく、つねに上下にカーブし、ときにはなんの前触れもなく急激に動き、それ以外の時期にはより穏やかな傾向を見せる。まるでわれわれは気候の海に乗りだし、出航したとたんに前後に揺すぶられ、それ以降もずっと揺れつづけているかのようだ。本当に安定することはなく、たまに穏やかな海域があるだけで、安定した暖かい気候や厳しい寒さが、せいぜい一〇年ほどつづく程度だ。現実には、大気と海洋が複雑に相互作用し、地球の裏側で気圧が変動することで、予測不能な変化がたえず起こっているのである。

いま、ようやくわれわれは変動しつづける気候の詳細なグラフを、小氷河期の重大な歴史的事件とくらべて見られるようになった。しかも、はるかな遠景としてではなく、収穫や生存の危機や、経済、政治、社会の変化の複雑な方程式のなかで長いこと無視されてきた重要な係数としてである。寒い時期や異常に雨の多い時期が、ヨーロッパ各地でいかに波紋を起こしたかがわかるようになったのだ。それは君主や貴族や平民にそれぞれ違うかたちで影響をおよぼし、戦況や漁獲高を変え、農業改革を促したのである。誰もが自耕自給農業の経済にふりまわされながら暮らし、ワインの出来が悪ければその余波でハプスブルク帝国の景気が左右された時代に、気候変動は原因ではなく、微妙な触媒のはたらきをして、ヨーロッパ世界を根本から変えていたのだ。
小氷河期は、人間の最も根元的な弱点と闘ってきたヨーロッパ人の物語なのである。

4章　嵐とタラとドッガー船

大海原を越えるとまもなく、これまで世界のどこでも遭遇したことのないような大量の氷が海上に現われ、それが陸地からはるか沖までつづいていた。これでは四日間かそれ以上も、氷の上を進みつづけることになる。

――『王の鏡』一二五〇年ごろ

中世の世界の北端にいた船乗りたちは、一三一五年から一三二一年に大飢饉が訪れる一世紀前から、寒冷化の影響を感じはじめていた。初めに寒冷化が顕著になったのは、フランツ・ヨシフ諸島とスピッツベルゲン島の付近で、やがて北極海の西側にも広がった。冬になると、それまで何世紀ものあいだ氷の見られなかった海域にまで分厚い流氷が南下することが多くなり、初夏のあいだもアイスランドとグリーンランドのあいだの荒れた海にとどまり、ただでさえ油断のならない海域をいっそう航行困難なものにした。冬は毎年、寒さが異常に厳しかったわけではないが、過酷な状況や、晩春になっても氷点下のつづく気温やいつまでも居すわる流氷が、船乗りをさらに頻繁に苦しめた。

赤毛のエイリークの時代には、スカンディナヴィアの商船（クナール船）はアイスランドからグリーンランド東部まで最も直線に近い航路をとっていた。北緯六五度線に沿って進んだあと、海岸沿いに南下してファーベル岬をまわり、西に進んで東部植民地に向かったのである。この温暖な時代でも、船は沖合の強風で沈没させられたり、グリーンランドやアイスランドの岩だらけの海岸に打ちあげられて粉々になったり、荷を積みすぎて転覆したり、あるいはただ針路をはずれてしまって二度と戻らなかったりした。こうした海難事故の記録はわずかしか残されていない。一一九〇年ごろ、スタンガルフォーリ号というノルウェーのクナール船が、ベルゲンからアイスランドに向かう途中で強風のために針路をそれ、グリーンランドの東海岸に打ちあげられた。一〇年ほどのちに、猟師たちが難破船と六人の遺骨を発見し、さらにアイスランドの司祭インギムンド・トルゲイルソンの凍死体が完全な状態で残されているのを見つけた。司祭の横には読みにくいルーン文字が書かれた蠟びき書板があり、彼の死が飢えによるものだったことが記されていた。[*1]

一二五〇年になると、スカンディナヴィア人の植民地に渡る船はずっと少なくなっていた。あえて渡った人びとは、陸地のそばを避けて北大西洋のまっただなかを通るというはるかに危険な航路を選んだ。このころには、船はアイスランドから一昼夜をかけて西に進み、それから針路を南西に変えることでグリーンランド南東の流氷を避けるようになった。この新しい航路では、陸地の見えない日がより長くつづき、真夏でも北大西洋のこのあたりに吹き荒れる激しい偏西風で沈没させられる危険が多かった。必然的に、グリーンランドはノルウェーやアイスランドからいっそう孤立することになった。それから二世紀半のちの一四九二年に、ローマ教皇アレクサンデル六世が書簡のなかでこう書いている。「その国〔グリーンランド〕への航海は、海が広い範囲にわたって凍結しているため、きわめてまれにしか行なわれていない。八〇年間は上陸した船はないと思われる」[*2]。アレクサンデル教皇は、八月なら航海できるかもしれないと考えていた。古代スカンディナヴィア人の本拠地と西の植民地との政治的な結びつきは弱まり、グリーンランドの植民地は存在しないも同然になった。しかし、教皇は間違った情報をあたえられていた。スカンディナヴィア人は渡らなくても、そのころにはバスク人やイングランド人をはじめとするほかの民族が渡航していたのだ。彼らは、冬の荒天にも耐えられるように設計された新しいタイプの帆船を使っていた。皮肉なことだが、彼らがアイスランドやグリーンランドや、さらにその先まで航海したのは、魚なら宗教上の祝日に食べてもかまわないと教会がお触れをだしたためだったのである。

十三世紀末のヨーロッパ北西部では、より寒く荒れがちの年が増えていることに気づいた人はあまりいなかった。寒い冬に苦しめられても、高潮による洪水が頻発するようになっても、ときおり訪れる異常な寒さや嵐の災害は天罰なのだと人びとは考えていたのかもしれない。しかし、八〇〇年の歳月を経た現在から見てみると、そこには異なったパターンがあることがわかる。気候の悪化の最初の徴候である。一二一五年の冬は東ヨーロッパでとりわけ寒さが厳しくなり、飢饉が広まった。ポーランドでは何千人もの飢えた農民が、魚が見つかるはずだとひたすら信じて、バルト海沿岸を必死で目ざした。西ヨーロッパでは飢えることはあまりなかったが、北大西洋振動（NAO）の揺れはどんどん激しく、速くなっていた。

北海の東岸に接近するのはいまでも難しく、とくにイギリス海峡につづく狭い部分は危険だ。ここでは移動しつづける砂堆が、細い入江とはてしない砂浜がつづく低い海岸線を守っている。適度な風の晴天の日でも、船乗りは海図を手にして慎重に近づき、特徴のない海岸を眺めながら、高い教会の尖塔か灯台のような目印はないかと目を凝らす。浅瀬は通常はるか沖合までつづき、浅く危険な海で二、三度ひどく海底の岩に衝突すれば、たちまち竜骨を破損してしまう。北西の強風が吹いて海岸が危険な風下側にあるときに、陸地の近くで動けなくなれば、あとはもう神頼みしかない。船乗りはなんとか沖にでようとして、吹きつける風に立ち向かう。荒波が舳先にかぶり、揺れと恐怖で胃がむかつく。この海の難所では、過去に多くの船乗りが生命を落としている。

一万年前、北海の南部は湿地帯だった。ヘラジカやシカがうろつき、石器時代の人びとが狩りや漁をする場所だった。イギリスは紀元前六〇〇〇年ごろまで大陸の一部だったが、氷河期後の温暖化で海面が上昇し、北海に海水が満ちて切り離された。紀元前三〇〇〇年には、海面は現代とほぼ同じ高さになっていた。先史時代末期からローマ時代を通じて、海面水位はつねに上下していたが、西暦一〇〇〇年を過ぎると一気に上昇した。つづく二世紀のあいだ、北海沿岸低地帯では海面が今日の高さよりも四〇センチから五〇センチも上昇したが、その後、北方で気温が徐々に下がるにつれて、海はしだいに後退していった。北海は最も穏やかな日でも水を満々とたたえていた。大潮のときに強風が吹くと、ほんの数時間のあいだに、海岸沿いの農地が何千ヘクタールも荒れ狂う波の下にのまれた。十四世紀と十五世紀には、そのような惨事が嫌というほど多発した。

七〇〇年前の北海の海岸線は、現在とはかなり違った様相を呈していた。たとえばイングランドのイースト・アングリアでは、いまは消えてしまった浅い河口域が内陸までつづいており、ノリッジやイーリーは重要な港だった。農地のなかまで無数の小さい入江や水路が入りこみ、たくさんの小さな船が停泊して、商人や漁師が行き交っ

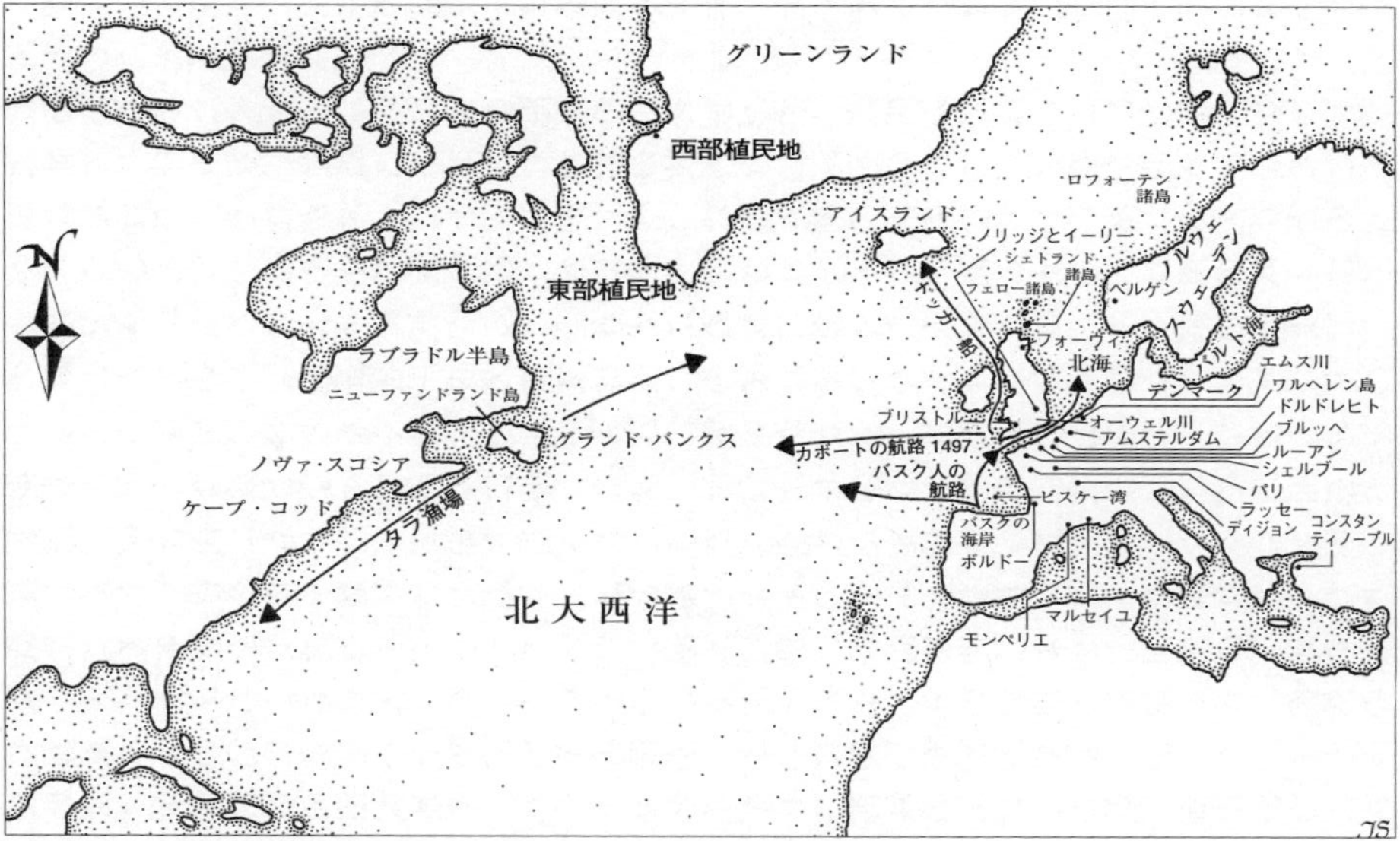

14～15世紀の北大西洋周辺（4章、5章）

ていた。これらの海域をゆっくり航行する穀物船や貨物船は、武器をしっかり装備していた。海岸沿いの沼沢地や、バルト海とイギリス海峡のあいだの低い海岸沿いにある湿地や砂の島に身をひそめている海賊が、ふいに襲いかかってくるからだ。また、狭い入江があちこちに入り組んでいるせいで、そのまわりの低地の海岸線は、突然の嵐による被害を受けやすくなっていた。海水は狭い谷間に押しよせ、両側の土地を水浸しにし、村全体を避難させたり、ほとんどなんの予告もなしに村人を溺れさせたりした。何世代にもわたって繰り返されてきたこうした光景は、想像できなくもない。泥水が巨大な波となって海岸に押しよせ、汚い水しぶきが真横に吹きつけて地面をおおう。海は情け容赦なく砂浜や狭い入江に襲いかかり、目の前にあるすべてのものをのみこんでいく。藁葺き屋根の農家は波にのまれてひっくり返り、豚や牛が水浸しの農地でさいころのように転がる。全身ずぶぬれになった人びとは、木や屋根の上でしがみつきあうが、やがて荒れ狂う水に押し流されていく。聞こえるのは風の吹きすさぶ音だけだ。それがすべてを、移動しつづける砂利の浜の唸りも、溺れる人びとの断末魔の叫び声も、強風にあおられた木の枝のきしみものみこむ。空が明るくなると、太陽が見わたすかぎりの広大な泥沼を照らしだす。人間の姿はどこにも見えない、荒涼とした光景だ。

誰ひとり荒れた北海の猛襲には抵抗できず、土で築いただけの当時の堤防はいとも簡単に押し流された。水文《すいもん》学や科学技術を駆使した恒久的な防波堤を築く技術は、まだなかったのだ。初めて耐久性のある本格的な護岸工事が行なわれたのは一五〇〇年以降のことだが、それでも一〇〇年に一度起こるような規模の狂暴な嵐を前にすると、たいていは歯が立たなかった。農民を説得して氾濫しやすい土地に定住させるのに、当局がしばしば手を焼いたのもさほど不思議ではない。

一二〇〇年ごろ、一二一二年から一二一九年、一二八七年、そして一三六二年の四度、激しい嵐が襲い、オランダからドイツの沿岸地帯で少なくとも一〇万人が死亡した。とうに忘れられているこれらの災害は、今日のバングラデシュの最悪の被害にも匹敵するものだった。オランダ北部にゾイデル海ができたのは十四世紀のことだ。このときの嵐で優良な農地が巨大な内海に変わってしまい、ここが干拓されたのはようやく二十世紀になってからだった。十四世紀に襲ってきたなかで最大級の嵐は一三六二年一月のもので、「グローテ・マンドレンケ（大量溺死）」として歴史に記録をとどめている。[*3] 猛烈な南西風がイングランド南部からイギリス海峡を越えて吹き荒れ、さらに北海へと進んだのである。ハリケーン級の風は、イースト・アングリアのベリー・セント・エドマンズとノリッジの教会の塔を倒した。ヨークシャーのハル近くにあるレイヴンスパー港と、サフォーク州の海岸地方にあるダニッジ港はどちらも栄えた港だったが、このときに痛手を受けたのをきっかけに、その後も被害が重なって、やがて破壊された。北海沿岸低地帯の海岸には、巨大な波が押しよせた。当時の年代記作者の記録によると、デンマークのシュレスヴィヒ司教管区にある六〇の教区が「塩の海にのみこまれた」。この災害で少なくとも二万五〇〇〇人が死亡したが、正確な人数は誰も把握していなかったので、ひょっとするとそれよりも多かったかもしれない。十四世紀になって荒天が増え、強風が吹き荒れたために、今日のオランダの海岸線沿いには巨大な砂丘ができた。アムステルダム港はこのころすでに重要な貿易港となっていたが、強風で近くの砂丘から砂が大量に港の入口になだれこみ、沈泥に悩まされつづけた。

十五世紀初めには、人口の密集した海岸線沿いをさらに大きな嵐が襲い、大災害をもたらした。一四一三年八月十九日には、南からの大嵐が最も干潮のときにやってきて、スコットランド北部のアバディーンに近いフォーヴィの町を三〇メートルの砂丘の下に埋めてしまった。一四二一年と一四四六年の大嵐では、一〇万人以上の死者がでたと言われている。

過去のNAOの記録から判断すると、十四世紀と十五世紀の大嵐は、猛烈な低気圧がヨーロッパ北西部を通過した結果だった。このような低気圧は、NAO指数が低かったころは、何年間ももっと北の地域を通過していた。グリーンランドの氷床コア、GISP2の二〇〇メートル分の断面から水素の同位体シグナルの変化を読みとると、十四世紀の夏と冬の気温がわかる。この一〇〇年間には、ひときわ寒さが厳しかった時期が何度かある。そのなかでも一三〇八年から一三一八年にはヨーロッパで大量の雨が降り、大飢饉が襲った。一三二四年から一三二九年もやはり天候が不安定な時期だった。そして、ことに一三四三年から一三六二年は北海が荒れて「大量溺死」を発生させ、スカンディナヴィア人の西部植民地では、とりわけ厳しい冬をなんとか生き延びようとして人びとが苦しんだ。

＊

一三四一年から一三六三年のあいだのある時期に（はっきりした年代はわかっていない）、ノルウェーの教会裁判所の判事イヴァール・バールダルソンが、スカンディナヴィア人の一団を連れてグリーンランド西部の海岸沿いを、東部植民地から西部植民地まで航海した。非友好的なスクレリング人が農場を襲っているという噂があり、グリーンランドの治安担当者から彼らの駆逐を依頼されたのだ。ところが、西部植民地を訪ねてみると、そこはもぬけの殻だった。大きな教会がぽつんと建っているだけで、入植者の影もかたちもない。「そこにはキリスト教徒の姿も、異教徒の姿もなく、ただ野生化した牛と羊がいるだけだった。そこで彼らはその牛と羊を殺して食糧とし、船に積めるだけ積みこんだ」[*4]。バールダルソンは得体の知れないイヌイットの仕業だとしているが、実際に原住民に遭遇したわけではなく、その報告には腑に落ちない点がある。イヌイットの猟師がその地をうろついていたとすれば、家畜は殺されていたと思われるからだ。バールダルソンは、まるで原因不明のまま見捨てられたゴーストタウンを訪れたかのようだ。しかし、現代の考古学者たちの発掘作業によって、植民地は寒さのせいで滅びたことがわかってきている。

赤毛のエイリークの時代から、グリーンランドの人びとは祖国で営んできたような中世の酪農業で暮らしを立てていた。暖かい夏になり、牧草の収穫に恵まれたよい年でも、彼らはぎりぎりの生活を送っていた。生存できるかどうかは、海獣や魚の干し肉と干し草が充分に貯蔵できて、人間と家畜が冬期を乗り切れるか否かにかかっていた。天候に恵まれない夏があっても、それがひと夏だったら、たいてい最後の蓄えまで使い切ってその冬を乗り越えることができた。しかし、牧草が二年連続で不作だと、家畜もその飼い主も生命の危険にさらされた。海氷がいつまでも残り、夏のあいだに狩猟や漁が充分にできない年はなおさら深刻だ。一三四三年から一三六二年にかけての氷床コアを分析してみると、例年よりもはるかに寒い夏が二〇年間つづいていたことがわかる。それほど長期にわたると、惨事は免れようがない。[*5]

ニパートソックという小さな荘園の農場で母屋を調べてみると、そこに人が住んでいた最後の数カ月間の悲惨な様子がわかる。家畜用のスペースと人間の居住用の部屋は分かれていて、通路でつながっていた。毎年春になると、住人は床に敷きつめてあったアシや草をとり去り、牛小屋の糞を掃除していたが、最後の冬の分はそのまま残骸となっているのを考古学者が発見している。あと片づけをする人が、春までひとりも残っていなかったのである。

荘園の牛小屋には、かつて五頭の乳牛がいた。この五頭分のひづめが、ある部屋の下のほうの層にほかの食糧の残りとともに散らばっていた。牛のなかでひづめだけはどうしても食べられない部分である。殺した家畜は飼い主が完全に解体して利用したため、ひづめしか残らなかったのだ。彼らの行為は昔からスカンディナヴィア人のあいだに伝わる掟《おきて》に真っ向からそむいている。もちろん掟では、乳牛を殺すことは禁じられていた。彼らはやむにやまれず繁殖用の家畜にまで手をつけて、酪農業を終わらせてしまったのだ。

この家の居間には椅子と炉があり、ホッキョクノウサギの足とライチョウのかぎづめがたくさん残っていた。これらは冬によく狩猟された獲物である。食糧部屋には、ほとんどばらばらになった子羊と生まれたばかりの子牛の骨、それにノルウェジアン・エルクハウンドに似た大型狩猟犬の頭蓋骨が散らばっていた。居間と寝室のあいだの通路にもこの犬の四肢の骨があった。荘園の農場内にあった犬の骨はすべて、最後に人が住んでいた層から見つかっており、人間が食用にするために死骸を切り刻んだ痕跡がある。初めに飼っていた牛を食べ、それから獲れるだけの小さな獲物を食べつくしたニパートソックの人びとは、最後には大切にしていた狩猟犬まで食べたのである。

イエバエからも同じような様子がうかがえる。何世紀も昔に、古代スカンディナヴィア人は知らないうちにハエ、ウマヅラフンコバエ（*Telomerina flavipes*）をもちこんでいた。フンコバエは糞のある暗く暖かい場所で繁殖する。このハエの死骸は暖かく汚れた居間と寝室の床の上で、たしかにたくさん見つかっているので、そこだけで生存できたのだろう。一方、寒さに強く、腐肉を好む別種のハエは寒い食糧部屋にいた。廃屋になると、寒い場所を好むこのハエは、火の気の消えた誰もいない居間に押しよせた。フンコバエは死滅した。いちばん上の層は、家が無人になったあとで積もったもので、屋根が陥没したのか、外部からのハエが交じっている。

家のなかに人骨はなかった。生存者に体力がなかったために埋められなかった遺体もなければ、埋める人がもう誰も残っていなかった最後のひとりの遺体もない。食糧部屋にアザラシの肉がわずかに残るばかりとなり、ニパートソックの農民はとにかくここを去ろうと決心したのかもしれない。彼らがどこでどのような最期をとげたのかは、誰にもわからない。そこから数キロ先に住んでいた隣人のイヌイットから、回転式離頭銛《もり》などの伝統的な氷上の狩猟技術を学んでいれば、ワモンアザラシを一年中捕獲することができたし、恵まれた年ですら彼らを脅かしていた晩春の危機を避けられたかもしれない。おそらくイヌイットの未開人じみたやり方に嫌悪感を抱いていたのだろう。あるいは、彼らの文化的な帰属意識や考え方があまりにもヨーロッパに強く根ざしていて、そういうやり方になじめなかったのかもしれない。

古代スカンディナヴィア人には、もうひとつ別の孤立した植民地があった。考古学者のあいだでは「砂の下の農場」として知られており、内陸部にある。グリーンランドの氷床からわずか一〇キロほどのところにある、かつては肥沃な牧草地に近い場所だった。砂の下の農場は、初めは人の住居として使われたロングハウスだったが、やがて家畜小屋になった。一二〇〇年ごろに小屋が焼け落ち、数頭の羊が焼け死んだ。農民は今度はニパートソックのようないろいろな機能をもった農家を建てた。石と芝でできたこの農家は二世紀以上のあいだにどんどん変わり、それとともに部屋が建て増しされたが、すべての部屋が同時に使われたことはない。一二〇〇年代の終わりに気候が悪化し、近くの氷河が前進してきて、牧草地が砂でおおわれた。農業はできなくなり、植民地は見捨てられた。人が去ってからは、あとに残された羊が誰もいなくなった家をねぐらにするようになり、またテューーレのイヌイットの狩人たちもここで一夜を過ごした。[*6]

いくらか暖かい東部植民地では、スカンディナヴィア人はこののち一五〇年ほど足場を保ちつづけた。東部植民地は北大西洋の凍結しない海域にずっと近く、流氷の南端でもあって、魚の生息範囲が変わり、経済状況が変わるにつれて、従来のクナール船ではなく、新しい探検家たちがやってくるようになっていた。バスク人やイングランド人はそこに立ちよって漁をし、ハヤブサやセイウチの牙などのめずらしい物品と交換した。だが、なかでもいちばんの目的は鯨とタラの漁だった。

＊

八世紀に、カトリック教会は塩漬けのタラとニシンの巨大な市場をつくりだした。キリストが磔刑になった日である金曜日や、四旬節の四〇日間などのおもな祭日に、魚であれば、敬虔な信者も食べてもよいことになったのだ。教会はまだこれらの日には断食を勧め、性行為を禁じていたし、また赤肉を食べることも、熱い食べものという理由で許可していなかった。しかし、魚や鯨の肉は海で獲れるので「冷たい」食べものとされ、聖日にふさわしい食事と認められたのである。ところが魚はすぐに腐るため、冷蔵ができなかった時代には、それを貯蔵するには乾燥させるか塩漬けにするしかなかった。乾燥させた塩漬けタラと塩漬けニシンは、たちまちのうちに特別に上等な「冷たい」食べものになり、とくに四旬節には重宝された。塩漬けのタラは塩漬けニシンや鯨肉よりも日持ちがよく、大量の輸送も容易だった。

タラはローマ時代からヨーロッパ人の主要な食糧だった。乾燥させた塩漬けの魚は軽いうえに保存がきいたので、船乗りや軍隊の理想的な糧食になった。一二八二年に、ウェールズ遠征を準備していたイングランドのエドワード一世は、「フルシャムのアダムという男」に命じて、スコットランド北東部のアバディーンから五〇〇〇尾の塩漬けタラを買わせ、軍隊の糧食にしている。塩漬けのタラは大航海時代のヨーロッパ人のエネルギー源になり、エリザベス朝時代の船乗りには「海の牛肉」として知られていた。ポルトガルとスペインの探検家たちは、アメリカ大陸や西インド諸島や希望峰への航海で、食糧の多くをそれに頼っていた。とはいえ、これをすばらしいごちそうと思う者はいなかった。陸上でも海上でも、人びとは塩漬けタラをビールやリンゴ酒やマデイラ・ワイン、あるいは木の樽に溜めた「臭い水」とともに流しこんだ。それでも何世紀ものあいだ、たくさんの漁師がタラを追いかけた。なかでもバスクやスペイン北部、ブルターニュ、イングランドの人びとは、どんな天候でも海難事故の確率がきわめて高かったにもかかわらず、タラ漁に精をだした。タラは金《きん》よりも価値のある物資として、何世紀ものあいだすべての国の漁業を支えてきたのである。*7

タイセイヨウマダラ（*Gadus morhua*）は北大西洋の広大な海域に生息しており、現在はバレンツ海北部から南のビスケー湾、アイスランド周辺やグリーンランドの南端、そして北アメリカの沿岸では南はノース・カロライナまで生息域が広がっている。一定の方向に大群で泳ぐタラは大型の魚で、淡泊な身は栄養価が高く、調理しやすい。塩漬けにして乾燥させるのも容易である。この点は、塩漬けのタラのおもな市場が漁場から遠く離れた地中海地域が中心であることを考えると重要だった。乾燥させたタラの身は約八〇パーセントがたんぱく質である。

タラは水温にきわめて敏感な魚で、極端に冷たい水には適応できない。タラは水温が二度以下の場所では腎臓がうまく機能しないが、二度から一三度の範囲なら生息している。繁殖には四度から七度が最適である。タラの魚群が水温の変化とともにどのように移動するかを知るには、グリーンランドを見ればよくわかる。十九世紀以前の寒かった過去五世紀間のほとんどを通じて、グリーンランド周辺の海域は、奥まった場所を除くと、大量のタラが生息するには水温が低すぎた。しかし、一九一七年以降は、アイスランドの南を流れる温かいイルミンガー海流がグリーンランドの南端まで達するようになった。アイスランドの北や西の産卵場所に産み落とされたタラの卵や稚魚は、東グリーンランド海流によってデンマーク海峡を越えて運ばれ、グリーンランド南端まできた。一九三三年ごろには水温が上がり、タラは北緯七二度でも生息できるほどになった。一九五〇年には、北緯七〇度のディスコ湾のような北の海域にもまだ大量にいた。ところが、その後の四〇年間に水温がぐっと下がり、グリーンランドのタラは激減してしまったのである。[*8]

このような水塊の動きと、それに伴う水温の変化は、過去にもタラの魚群に影響をおよぼしてきた。漁獲高の記録からそれがうかがえる場合がある。寒さが異常に厳しかった十七世紀には、北方の海水温はノルウェー沖やさらに南の海域でも下限の二度を下まわり、その状況が二〇年から三〇年つづいた。フェロー諸島では、一六二五年と一六二九年にはタラはまったくの不漁だった。一六七五年以降は、長いあいだタラのいない時期がつづいた。一六九五年になると、もっと南のシェトランド諸島でも、数が減ってきた。タラがあまり獲れない時期は、一六〇〇年ごろから一八三〇年までのほとんどを通じてつづいたのだ。まさに小氷河期で最も寒さの厳しかった時代である。タラの個体数はそれ以前の時代にも、とくに十三世紀の寒冷期には同じように変化したにちがいない。ちょうど塩漬けした干しダラの需要が爆発的に伸びた時期だ。史料が残っていれば、北の海におけるタラの生息範囲の変化が、海水温の上下を知るためのまたとない手がかりになっただろう。じつは、悪化する気候条件と、新しい設計の外洋漁船ができたこと、そしてタラの漁場をヨーロッパの大陸棚から西のほとんど未知の世界にある別の大陸棚に広げざるをえなかったことのあいだには、深いつながりがあったのである。

＊

中世には、スペイン北部のバスク人が大量の岩塩層を支配しており、捕鯨の腕前でも名を馳せていた。[*9] 彼らは塩漬けした生《なま》の鯨肉を聖日の「冷たい」肉として、遠くはロンドンやパリにまで売っていた。九世紀になると、ビスケー湾でスカンディナヴィア人と衝突するようになったバスク人は、敵の鎧張《よろいば》りの船をまねて船の外側に板を張り、鉄のリベットで留めるようになった。一方、遠距離航海ではヨーロッパで名の知れていたスカンディナヴィア人は、干しダラを海での糧食として用い、冬期の保存食としても利用していた。赤毛のエイリークがグリーンランドに渡るはるか以前から、スカンディナヴィア人は大量のタラを加工し、あまった分は遠隔地で売りさばいていたのである。ノルウェー北部のロフォーテン諸島は、十二世紀にはすでに干しダラのおもな産地になっていた。冷たい乾いた風と、晴天がつづく初春の気候は、さばいた魚の身を完全に乾燥させるのに最適だった。

タイセイヨウマダラはスペイン北部沖では獲れなかったが、夏の北部の捕鯨場となるノルウェーや北海ではよく見られた。バスクの漁民は、十二世紀にスカンディナヴィア式の船を建造しだすと、この海域まで足を伸ばすようになった。彼らは捕鯨に使う小型の無甲板船ドーリーでタラを追い、同じやり方で塩漬けもつくった。スカンディナヴィア人と同様、バスク人も海ではタラを糧食とし、北はノルウェー、ヘブリディーズ諸島、さらにはアイスランドまででかけていった。十四世紀には、スペイン語でバカルドと呼ばれる塩漬けにして乾燥させたバスクのタラは、スペインや地中海地方一帯で知られるようになった。バスク人はタラと船の建造でひと儲けした。驚くほど積載能力がある彼らの幅広の大型船は、ヨーロッパ各地で需要があったのである。

十四世紀半ばには北方の海氷の状態が悪化し、水温も下がって、ノルウェー沖のタラの魚群が減少しはじめた。アイスランドはどんどん孤立していった。スカンディナヴィア人の航海時代の全盛期は終わっており、木材の少ない島に住む人びとのなかで船乗りになろうとする者は少なかった。彼らが近海で無甲板の小船を使ってタラ漁をつづけているあいだに――この伝統は十九世紀までつづいた――他国の人びとは沖合の漁で大収獲をあげていた。くる年もくる年も、アイスランドにはノルウェー船はおろか、どこの国の船もやってはこなかった。例外は、スコットランドの沈没船の積み荷が漂着し、「誰も彼らの言葉を理解できなかった」ときだけだった。[*10] 何世代にもわたってその属国とほぼ独占状態の貿易をつづけていたが、それもバルト海を中心に精力的に活動するハンザ同盟との競争を前にして衰退していった。ハンザ同盟は加盟都市による強力な商業連合で、ドイツのリューベックを中心とし、十四世紀に最盛期を迎えた。商業組織であるハンザ同盟は政治的に強い影響力をもち、税金を徴収して海賊を取り締まり、それによって必然的に有力な王国間の政治にもかかわるようになった。加盟都市は北ヨーロッパの貿易を独占したが、十五世紀になると近代国家が台頭してきて、手強い競争相手になった。ハンザ同盟は一時期、デンマークの王室を実質的に支配していたこともあった。

アイスランドは「大洋のなかの砂漠」となり、ますます孤立していった。人口は、黒死病《ペスト》と厳しくなる一方の冬の寒さのせいで激減していた。ノルウェーとスウェーデンが一三九七年に有力なデンマークと連合すると、アイスランドもより遠くの貪欲なデンマーク王の支配下におかれるようになり、以前よりもっと重税を課せられるようになった。怒ったアイスランド人はノルウェーの独占体制を無視し、アイスランドにやってくる船はどこの国の船でも歓迎することにした。

何世代ものあいだ、イングランドの漁師と商人は、ノルウェーの海域でタラを探し求めてきた。税金の手続きのために、水揚げしたすべての魚をベルゲンの港にもっていかなければ輸出できない規則はあったものの、この貿易は好調だった。税金は面倒なだけだったが、やがてベルゲンを支配したハンザ同盟の商業連合が、一四一〇年にノルウェーの漁場から外国船を実質的に締めだしてしまった。この禁止措置は、水温が下がってノルウェー沖のタラの漁獲高が減ってきたために促されたのかもしれない。こうなると、イングランドの漁民が大漁を期待するには、しけの日が多くなった北海やアイスランドの遠く冷たい海域まででかけるしかなかった。そこにはタラが豊富にいることが知られていた。しかしそれには、冬期にはるか沖合まででかけ、秋の売りだしに間に合うように塩漬けタラを市場にもち帰らなくてはならない。当時の船はそのような航海に耐えるようにはできていなかった。

＊

中世には、用心深い船乗りは冬に海にでることはなかった。十三世紀のスカンディナヴィア人の無甲板船は、十一月から三月までは陸に上がっていた。昔のイングランドの詩「海ゆく人」によれば、アングロサクソン人が外洋にでていくのは、初夏に最初のカッコーの鳴き声が聞こえてからだった。彼らは賢明だった。この海域では夏にくらべて冬のほうが強風が吹く確率が八倍も高く、冬には少なくとも四日に一度は海上が荒れたからである。NAO指数が低い時期には、おそらくもっと頻繁にしけただろう。何世紀も穏やかな気候がつづいたあとで、五月から九月にかけて強風が吹いて高波になる頻度が高くなれば、この海域を行き来していた漁船団や商船は大混乱に陥っただろう。二十世紀になってからでも、甲板はあるがエンジンのない漁船は、風が三〇ノット以上になると港に停泊した。まして昔の無甲板船では、二〇ノットないし二五ノットの強風になれば、出航することはなかっただろう。

天候がいいときでも、オールと帆による中世の船旅は、今日ではほとんど誰も知らないような海と天候の詳しい知識がなければ難しかった。船には設計上の欠点が多く、それを忍耐力と経験で補っていた。賢い船乗りなら、急に嵐になったり強い向かい風がきたりする危険性を承知していたので、何週間でも錨を下ろして順風が吹くのを待っただろう。二十世紀に入って、索具は使いやすくなり、船もはるかに外洋航海に適したものになったが、海上での生活のリズムは変わることはなかった。一九三〇年代に、イングランドのヨット愛好家のモーリス・グリフィスは、イングランド東部の河口域にテムズ川の船団とともにたびたび停泊し、北風が吹いて南のロンドンに向かうことができるようになるのを待っていた。ある九月の夜明けのことだった。その前の晩は嵐が吹き荒れ、オーウェル川に避難していた。グリフィスは揚錨機のガチャガチャという音で目が覚めた。思いがけず北西風が吹いてきたので、待機していた何十隻ものはしけが帆を揚げていたのだ。まもなく、茶色の縦帆《スプリットスル》が川を埋めつくし、長い列をつくって北海へと下りはじめた。テムズ川の船のなかには一週間も停泊して、強い向かい風がやむのを待っていた船もあった。

　テムズ川のはしけはなかなか便利な索具を装備しており、狭い入江や浅い水路で操作するのに適している。だが、中世の貨物船はそういうわけにはいかなかった。当時の貨物船は追い風のときには四角い帆を揚げ、風上に向かうときにはオールで進んだ。ずんぐりしたコッグ船やハルク船はバルト海沿岸のハンザ都市の港のあいだを大量の荷を積んで行き来し、イギリスの港とヨーロッパ大陸とを結んでいた。これらの船はとくに浅い水域で重い荷を運べるように頑丈につくられていたが、正面から強風を受けたり、大西洋の高波にもまれたりすると、ひどく揺れた。スカンディナヴィア人の鎧張りのクナール船やロングシップのほうが航海には適していたが、それでも冬の航海や漁には向いていない。十三世紀から十四世紀の荒れた海で、毎年タラを探してはるか沖合まででなくてはならないとなると、もっと外洋向けの船が必要になった。

よくあることだが、新たな経済上の必要に迫られて、船の設計に画期的な工夫がなされるようになった。北海の南部にはニシンが大量にいたが、漁師は短期間しか海にいることができなかった。だが、やがてオランダ人がより大型の船である「バス」を発明し、漁をするだけでなく、獲れた魚のはらわたを抜いて塩漬けにする作業も船上でできるようになった。このすぐれた船のおかげで、ニシン漁は一大事業に発展をとげた。十六世紀半ばには、オランダの港で四〇〇〇隻ものバス船が操業しており、それぞれの船には一八人から三〇人の船員が乗り組み、一回の航海につき五週間から八週間は海にでるようになった。[*11] 加工した魚は厳しい規則のもとで管理され、船はしばしば護衛艦付きで行動して海賊に襲撃される危険に備えた。何世紀ものあいだ、イングランドの商人や漁民は、無甲板船とともに、スカンディナヴィア式に建造された大型の甲板付きの船も使ってきた。これは軽くて浮力はあるが、外洋の大きなうねりや冬の強風をうまく乗り切るようにはできていない。まず船体の外側からつくり、それから骨組みで補強してあったため、船の強度の大半は外板にかかっていた。ところが、進取の気性に富む船大工が、オランダ人やバスク人が建造する、船体の骨組みをつくってから外板を張ってつくられる船に目をつけた。こうした船のほうがはるかに強度も耐久性もあり、維持管理も楽だった。この新しい方式がイングランドの「ドッガー」を生みだした。ドッガー船は二本から三本のマストのある外洋船で、船首は高く尖っており、激しい向かい波をついて進むことができた。船尾は低いので、釣り糸や網を使って漁をするにはちょうどよい足場になった。[*12]

ドッガー船は、もとは北海南部のドッガー・バンクでタラ釣り用に使われていた小船だった。この船は、かなり前方に位置したメーンマストに四角い帆を、後部の帆桁には大三角帆を張り、ほぼ風上に向かって進むことができる。これは強い南西風が吹くなかをアイスランドまで往復する場合には、重要な点だった。こうして漁師たちはようやく、ほぼどこの海でも充分に航海できるだけの強度のある船を手にしたのである。単純な造りのドッガー船ならどんな人里離れた湾でも簡単に修理できたので、タラの漁場は狭い北海のなかだけでなく、さらに遠くの海域まで広がった。海難事故の確率は高かったが、平均寿命が短く、農民の暮らしが過酷だった時代には、人びとはなんらためらうことなく危険をおかした。ドッガー船もほかの漁船も多くが海の藻くずとなったので、故郷では大忙しになった船大工が大いに潤った。とりわけスペイン北部の海岸沿いにあるバスクの村では、村人全員がかかわりの新しい漁船をつくる仕事のみで生計を立てていた。

＊

イングランド人は、たちまちドッガー船を活用するようになった。ベルゲンから締めだされてわずか一年後の一四一二年には、「イングランドから来た漁民」がノルウェーとハンザ同盟の独占海域を無視して、アイスランド南部沖に姿を現わした。一四一三年には「三〇隻余り」の漁船が到着し、積み荷を牛と交換した。船乗りたちは厳しい条件にも耐えた。一四一九年には洗足木曜日〔復活祭前の聖週間中の木曜日〕に強風で二五隻のイングランドの漁船が難破した。「乗組員は全員、行方不明になったが、船荷や破片はあちこちに打ちあげられた」[*13]。それでも、イングランド人はまもなくアイスランドでのタラ貿易をすっかり定着させてしまい、ベルゲンの規制は必要に迫られて緩和された。

イングランドのドッガー船団の操業ぶりはじつにみごとで、まもなくアイスランドの指導者たちは宗主国のデンマークに、外国人が魚を大量捕獲していると苦情を申し立てるようになった。デンマークがイングランドのヘンリー五世に抗議すると、下院から、タラは「よく知られているように」ノルウェー沖のかつての生息域を離れているのだと抗議されたにもかかわらず、ヘンリーはすべての港にお触れを出して航海を禁じた。イングランドの漁民も、漁場の近くで暮らしているアイスランド人も、そんな禁制などまったく無視した。この貿易は、どちらにとってもきわめて有利なものだったからだ。ドッガー船一隻で一〇人の船乗りと夏の食糧と塩漬け用の塩を運び、三〇トンの魚を積んで戻ってくることができた。漁船団は二月か三月にイングランドを出航し、運よく追い風に乗れれば、一週間でアイスランドに到着する。ただし、不運な場合は、冬の強風のせいで何隻かが沈没し、多くの船員が海に放りだされた。アイスランド沖に達すると、ドッガー船はひと夏ずっと沖合で漁をつづけ、ときおり故国に戻っては獲った魚の荷下ろしをし、ふたたび食糧を積んだ。怖いもの知らずの海の男たちは、ろくな防寒具もないまま、氷のように冷たい水しぶきを浴び、身を切るような風にさらされながらも、驚くほどの苦難に耐えた。陸地から遠く離れた大西洋のまっただなかで、三月の強風に吹かれつつ停船している光景を思い浮かべてみてほしい。火事になるといけないので暖をとる火の気はなく、巨大な波に揺られて漂い、氷点下に近い気温のなかで全身ずぶぬれになりながら、船が沈まないようにたえず水を汲みださなくてはならないのだ。当時の漁民たちは、今日では考えられないような条件のもとで、日々耐え忍んでいた。しかし、四旬節の市場の需要に応えないわけにはいかなかった。

魚は翌年の四旬節向けに、十月から十一月にかけて売られた。藁のあいだにはさんできちんと保存すれば、乾燥した切り身は二年間はもつ。要するに、アイスランドのタラはお金だったのである。その価値は西インド諸島の金《きん》よりもはるかに長いあいだ変わらなかった。

数十年のあいだ、イングランドの漁民に競合相手は現われなかった。しかし、一四三〇年代になると各地に勢力を伸ばしていたハンザ同盟が当然ながら漁場に姿を見せ、タラをロンドンまで直接、輸送することまで始めた。争いが起こり、積み荷が奪われたり、外交書簡が交されたりした。アイスランドの海域に船が殺到するようになり、タラはみるみる減少していった。これには、ときおり襲ってくる厳しい寒さで水温が低下したこともある。冒険心に富んだバスクやイングランドの船長たちは、新しい漁場を求めて大西洋のさらに遠くまで乗りだしていった。

＊

タラはヨーロッパからアイスランド、北アメリカ沖の大陸棚に豊富にいた。古代スカンディナヴィア人が温暖な時代に北や西に探検に向かったのは、タラの魚群の広大な生息域と一致している。グリーンランド沖で流氷が増え、水温が下がるにつれて、タラの魚群はアイスランドから南へ、西へと移動していった。この海域でタラの群れが一定の場所に生息することはなかったようだが、その動きを記録したものはほとんどない。十五世紀から十六世紀の船乗りは技術をたゆまず磨いて、西の彼方までタラを追いかけた。

漁民というのは口の固い人びとである。彼らは自分たちの生活が、親から子へと伝えられて慎重に守られてきた知識にかかっていることを承知していた。それらは紙に記されることも、役人にもらされることもけっしてなかった。バスク人はすでに沿岸伝いの航海では抜群の腕前を誇り、ビスケー湾から北海やその北方まで二〇〇〇キロ以上におよぶ海上を恐れることなく航行した。彼らは北極圏に接する海域まで鯨を追い、さらに獲物を追って昔からの航路を西のグリーンランドまで進んだ。一四五〇年には、すでにスカンディナヴィア人の東部植民地を訪れている。彼らの所持品がそこで発見されているのだ。それから、おそらくラブラドルの海岸沿いに南下したのだろう。バスク人はそこで鯨を発見しただけでなく、大量のタラを見つけた。当然ながら、新しい漁場と西の彼方にあるこの謎の土地の噂が、居酒屋や漁村から商人たちの耳に伝わっていった。

イングランド南西部のセヴァーン川沿いの町ブリストルは、一三〇〇年には主要な貿易港になっていた。内陸に深く入りこんだ場所にあるこの港は、アイスランドのタラ漁場とフランス南西部やスペインのブドウ畑とのちょうど中間に位置していた。ブリストルはこの貿易で栄えたが、この町の商人は一四七五年にハンザ同盟によっていきなり市場から締めだされ、アイスランドのタラが買えなくなってしまった。このころには、ブリストルの賢明な市民は、バスクの漁民が大西洋で活躍していることをよく知っていた。また、西の水平線の彼方に陸地があるという噂も絶えることがなく、そのひとつにハイ・ブラジルと呼ばれる土地があった。一四八〇年に、裕福な税関吏トマス・クロフトとジョン・ジェイという名の商人が、船を仕立ててハイ・ブラジルを探しに行かせ、そこをタラ漁の基地にできるかどうかを調べさせた。翌年、ジェイはさらに二隻の船、トリニティ号とジョージ号を派遣した。これらの船がどこの土地に上陸したかは記録に残されていないが、大量のタラを積んで戻ってきたので、ブリストル市はハンザ同盟にアイスランドの漁場の解放を求める交渉をする気はないと伝えた。

クロフトとジェイはどこでタラを手に入れたかについては黙していたが、それでも噂は広まった。クリストファー・コロンブスがバハマ諸島に上陸した五年後の一四九七年に、ジェノヴァの商人ジョヴァンニ・カボート（英名ジョン・カボット）がブリストルから西に向かった。彼が探し求めていたのはタラではなく、香辛料の産地であるアジアにいたる北の航路だった。三五日目に岩だらけの長い海岸線が見えてきた。そこの海にはタラがあふれるようにいて、バスクの漁船でいっぱいだった。ロンドンを訪れていたあるイタリア人がカボートの話を聞いて綴った手紙には、こう書かれている。「海は魚でいっぱいで、網だけでなく、籠《かご》を使って獲っている。籠に石を結びつけて水中に沈めるのだ」。一方、マシュー号に乗り組んだブリストルの船乗りたちは、意気揚々と帰国した。彼らの船が「大量の魚をもち帰れば、イングランドはもうアイスランドを必要としなくなる」からだ。[*14]

一五〇〇年には、大量の漁船団や捕鯨船団が、毎年ニューファンドランド島南東のタラ漁場グランド・バンクスに向かうようになっていた。それから半世紀後には、毎夏二〇〇〇人以上のバスク人がラブラドルを訪れるようになり、そこで魚を加工してから秋の西風に乗って故国に戻っていった。ブリストルの船団は冬の荒れたビスケー湾をものともせず、まずポルトガルに行って塩を手に入れ、それからニューファンドランドに渡ってタラ漁をした。彼らは魚を積んでポルトガルに戻り、船倉にワインやオリーブ油やさらに多くの塩を積んでブリストルに帰った。イングランドの船はノヴァスコシアからメインの岩だらけの海岸沿いに、タラという宝を追って間切りながら進んだ。一六〇二年五月十五日に、コンコード号という船が「巨大な岬」ケープ・コッドをまわり、「水深一五尋《ひろ》〔一尋は約一・八三メートル〕のところに錨を下ろし、そこで大量のタラを獲った」。コンコード号の船長バーソロミュー・ゴズノールドはこう書き記している。春には「この海岸沿いはよい漁場となり、ニューファンドランドと同じくらい大量の魚がいる……そのうえ、この場所は……水深七尋しかなく、岸からは一リーグと離れていない。ところがニューファンドランドでは、水深四〇尋から五〇尋の、陸から遠く離れた海域で漁をしている」。ゴズノールドが航海にでたのは妻のマーサが出産した直後で、彼は木の生い茂るひとつの島を妻にちなんで「マーサズ・ヴィンヤード」と名づけている。漁師たちは二〇年ほどのあいだ、気候の穏やかな時期[*15]に陸地の近くでタラを獲り、それを乾燥させることで満足していたが、荒天つづきの過酷な冬期は寒さがどんどん厳しくなっていたこともあり、そこで越冬しようとする者は誰もいなかった。やがて一六二〇年には、ピルグリム・ファーザーズがメイフラワー号に乗ってニューイングランドに植民し、「神と魚に仕える」ようになった[*16]。このように、十一世紀以降に北極地方が寒冷化し、海が荒れて天候が予測不能になったせいで、よりよい漁場を探し求めたために、ヨーロッパ人は北アメリカに定住するようになったのである。

5章　巨大な農民層

十五世紀から十八世紀の世界の人口は、巨大な農民層で占められていた。八〇パーセントから九〇パーセントの人びとが、ひたすら土を耕して暮らしていたのである。収穫のリズムや作物の出来や、凶作か豊作かが、日々の生活のすべてを左右していた。

——フェルナン・ブローデル『日常性の構造』

スミュール・アン・オクソワは、フランス中東部コート・ドールのディジョンの近くにある古い鉱山の村である。十六世紀に建てられた教会のステンドグラスには、いつも雨にたいする仲裁役になった聖メダールと、鉱夫たちの守護聖人で雷から人びとを守る聖バルバラの絵が描かれている。胸をはだけた殉教者の姿をした聖バルバラは、身体を鞭打たれており、真っ赤に焼けたペンチで肉を裂かれ、釘で打ちつけられている。彼女は最後には火刑に処せられた。彼女の殉教は人間が気まぐれな天候に翻弄されるのを防ぎ、鉱夫たちのつるはしを安全に土中に導く。[*1]

聖人たちは、保護者や殉教者の姿でステンドグラスや板やキャンバスに描かれている。農民や町の住民を干ばつや雨から守る信仰上の保護者たちを記念して、何十もの聖人祝日が祝われる。一三五〇年のヨーロッパは、ますます変わりやすくなった天候に混乱させられていたが、天気の予測ができるのは丘の上や教会の塔から見える範囲にかぎられ、また急激な寒さや猛暑や豪雨が襲ってきても、それがわかるのはせいぜい前日だった。最も肥沃な土地を耕している人びとですら、たえず空に目を向け、季節の変化を見逃さないように気をつけた。リンゴの花が早く咲いていないかどうか、大雨を知らせるあざやかな夕焼けになったり、実りかけていたブドウを枯らせる季節はずれの霜が降りたりしていないかどうか、人びとは目を光らせていた。しかし、天候ひとつで、ある年は実りがもたらされたかと思うと翌年には飢えるはめになったというのに、田舎の村で天気を系統的に記録していたところはない。人びとの記憶と長年の経験と伝承、さらには聖人の力への信仰だけで身を守ろうとしてきたのだ。被害は日常のなかで現実に起こっていた。農民にいかに順応性があっても、ヨーロッパにはまだ、大量の穀物や必需品を短時間に輸送できるだけの便利な社会基盤は整っていなかったのである。

樹木年輪や雪氷コアの記録を見ると、一三二〇年以降は気候が変動しつづけたことがわかる。黒死病が猛威を振るった時代から、フランス国内がおもな戦場になった百年戦争の時代、イングランドのエリザベス一世の治世、そしてスペインの無敵艦隊が優勢を誇り、やがて敗れた時代を通じて、不安定な気候はずっとつづいていた。樹木年輪や雪氷コアには、暑夏と冷夏、雨の多い春と大熱波が不規則に訪れたことが記録されている。一見すると、同じ気候が長期につづくことはなかったようだが、十六世紀末になると寒い時期が多くなってくる。毎年の収穫に左右されて苦しんだ人びとは、多くの記録を残してはいない。例外的に残っているのは、ときおりものすごく豊作になるか凶作になったときか、雨や日照りがひどくつづいたりしたときだけだ。良い年と悪い年が予測のつかない周期で訪れるのを、人びとは偶然の出来事か、あるいは神の意志によるものと考えていたが、実際には彼らが暮らしていた世界は、以前とはいくらか気候が異なっていたのである。

中世温暖期には、十四世紀から十六世紀にかけて見られたような極端な天候に見舞われることはほとんどなかった。一三一五年から一三一九年の大飢饉の時期は、一二九八年から一三五三年のあいだで最も雨の多い期間だった。ウィンチェスター司教の古文書によれば、一三二一年から一三三六年までは乾燥しているか、日照りがつづいていた。その後、異常気象が数十年つづいた。つぎに雨が多かったのは一三九九年から一四〇三年にかけてだが、飢饉をもたらすほどの雨ではなかった。食糧不足も特定の地域にかぎられていたので、ヨーロッパはたちまちのうちに大飢饉から立ち直った。

飢饉のあと、町や村の人びとの栄養状態はいくらか改善されたか、少なくとも一定の状態が保たれるようになったようだ。地方によっては人口が減少したため、農地は充分に足りるようになった。大きな農場が少しずつ増えはじめ、それによっていくらか効率のよい農業が広まりはじめた。これがのちの共有地の大々的な囲い込み《エンクロージャー》につながっていく。

その後、北ヨーロッパでは、一三一五年ほどの最悪な飢饉に見舞われることはなかった。後年の飢饉は特定の地域に限定されたものだったが、それによって社会の脆《もろ》さを思い知らされることになった。イングランドで飢饉の脅威が薄らいだのはようやく十七世紀末、フランスではさらに一世紀後だった。新農法や新しい作物が導入され、商業基盤が大きく改良され、食糧が大量に輸入されるようになってからのことである。

*

フランスの村の生活は、ヨーロッパのどこでも見られるような典型的なものだった。一三二八年に、フランス国王の官吏が全国の教区内の世帯数を数えあげたところ、その数世紀後にフランスと呼ばれるようになる主権国家の地域内には、一五〇〇万人から一八〇〇万人が住んでいることが確認された[*2]。フランス人の九割は小作農だった。彼らが供給していた食糧の量からすれば、膨大な農民の数だ。パリ周辺の広大な私有地や、ボルドー付近のブドウの産地などは農作物がよく穫れる土地ではあったが、国内の労働者のうち九割は食べていくだけで精いっぱいだった。人口は一三一五年から一三一九年の飢饉から急激に回復したが、作物の出来はあまりよくなく、耕作地もかぎられていた。必然的に穀物の生産が頭打ちになり、不作になると、農村の人びとはいっそう大きな被害を受けるようになった。それと同時に、農民は高い地代や低い賃金、やたらに細分化された土地に苦しんでいた。そうした土地のほとんどは貴族の所有だった。それでも、十四世紀の初めはわりあい豊かだった。フランスの歴史家のなかには、この時代をモンド・プラン、すなわち「満ちたりた世界」と呼ぶ人もいる。

だが、「満ちたりた世界」は長くはつづかなかった。十三世紀にはモンゴル帝国が、中国南部の雲南からユーラシア大陸を越えて黒海まで勢力を拡大した。どこへでも移動できるモンゴルの騎兵は広大な地域を駆けまわり、アジアをヨーロッパやインドや中国東北部と結びつけた。十四世紀になると、モンゴルの軍需品輸送隊に、ペスト菌（*Yersinia Pestis*）として知られる一連の複雑な細菌株に感染したノミをもったネズミがとりついた。この細菌は、（腺）ペストを発病させるものである。[*3] どこでとりついたのかは議論の余地があるが、おそらくゴビ砂漠だと思われる。ペストは一三三八年から翌三九年に中央アジアで流行しはじめ、一三四六年には中国やインドにも広まった。気候の悪化が疫病の伝染を早めたのかもしれない。ヨーロッパが雨の多い時代を迎えているあいだ、中央アジアでは暑く乾燥した日々がつづいており、モンゴル族が新鮮な牧草を求めて移動を重ねるきっかけとなった。ペスト菌をもったノミとその寄生相手のネズミも一緒に移動した。ペストは一三四七年には黒海の港カーファに達した。そこを攻囲していたモンゴル軍が弩《いしゆみ》で、ペストに感染した死体を城壁のなかに飛ばしたからだと言われているが、この説の信憑性は低い。おそらく疫病は町のなかに侵入したネズミの背に乗って入ってきたのだろう。そこから脱出したジェノヴァの船がノミとネズミをコンスタンティノープルやイタリア、マルセイユに運んだ。こうしてジェノヴァの人口の少なくとも三五パーセントが、最初の大流行で死亡した。

黒死病《ペスト》はイタリアの栄えた都市から西ヨーロッパ全体に波のように広まった。パリ一帯では一三二八年から一四七〇年のあいだに、人口が三分の一以下に減少した。ノルマンディのコー地方では、村人の少なくとも三分の二が死亡した。ある推計によれば、フランス全体で人口が四二パーセントも減少している。死者の多くはひと時代前の大飢饉のときに、栄養不良に苦しんだ人びとだった。黒死病はイギリスにもいくつかの港を経由して入ってきた。そのひとつのブリストルには一三四八年八月にペストが押しよせ、「町のほぼ全人口が、突然の死に驚いているうちに死滅した。二、三日以上寝込む人はほとんどなく、みな半日もしないうちに死んでいった」[*4]。一三四九年七月には、黒死病はスコットランドに達し、「人間のほぼ三分の一はそのために自然のつけを払わされた……病人の身体はときにはむくんでふくれあがり、二日もしないうちにこの世から去っていった」[*5]。この最初の大流行がやっと下火になったのは、一三五一年である。

だが、黒死病はふいに流行を繰り返す伝染病として、鳴りをひそめては約一〇年おきにやってきた。人口の密集した都市部では、より頻繁に発生した。人びとにはこの伝染病と闘うすべもなく、頼みの綱は昔からの宗教行列という万能薬と祈りだけだった。ドイツでは、上半身裸になり、重しをつけた鞭で背中を打ちながら讃美歌を大声でうたう苦行が行なわれた。「彼らはひどく哀しげな調子で主の降誕と受難の歌をうたった。この苦行の目的は、大量死に歯止めをかけることだった。なにしろこの当時……全人口の少なくとも三分の一が死亡したからだ」[*6]。十七世紀から十八世紀になってようやく、消毒や隔離のような合理的な検疫が、軍や病院や行政機関によって広く一般に実施されるようになった。

＊

十五世紀の初めには、飢饉や疫病や戦争によって地方の人口が減少し、フランスだけでも三〇〇〇もの村が廃村になった。広大な耕作地が空地と化し、十五世紀末かそれ以降まで、ふたたび耕作されることはなかった。ここでもまた、悪役は戦争だった。

おびえた農民が都市の城壁内に逃げこみ、近くの休閑地を耕しに行こうとしなかったからだ。不作と雨つづきでただでさえ食糧不足の状況が、そのためにさらに悪化した。スカンディナヴィアでは農地が水浸しになり、作付けができなくなった。一四〇六年にデンマークの王室の結婚式に出席したイングランド人の話では、通りすがりに多くの農地があったが、小麦が育っている様子はまったく見られなかったという。何家族もが同じ建物に住むようになったため、多数の農家が空家になっていた。

疫病がたびたび発生し、飢饉がたえず起こるため、人口は何世代ものあいだ伸び悩んだ。パリやルーアンの周辺では一四二一年、一四三二年、一四三三年に食糧危機があったことがよく記録に残っており、とりわけ一四三七年から一四三九年には大きな危機を迎えた。おそらくこの時期に北大西洋振動（NAO）指数が高くなり、西ヨーロッパに異常な豪雨をもたらしたからだろう。飢饉はおもに凶作のせいだった。冬から春、夏にかけて、降水量があまりにも多く、水に浸かって倒された作物が畑で腐ってしまうのが大きな原因だったのだ。凶作はほぼ一〇年おきに、しかも戦争や略奪行為が頻発して食糧不足がいっそう深刻になっているときにかぎって訪れた。人口がこれだけ減少していれば、食糧不足も解消されてしかるべきだったが、それでも飢饉は嫌というほど定期的に襲ってきた。それはおもに、百年戦争に関連した紛争が絶えなかったせいである。

一四三〇年代には、とりわけ過酷な冬がつづいた。そのうち少なくとも七年間は、霜の降りる時期が長引き、たびたび激しい嵐に見舞われた。フランスのブドウ畑は一四三一年から翌三二年の冬に大きな霜害を受けた。このときは、スカンディナヴィア上空に高気圧が居すわり、イギリスや西ヨーロッパの大半が厳しい寒さに包まれた。ビスケー湾の嵐で船が何十隻も沈没し、何百人もの人びとが生命を奪われた。ブルッへの港を目ざしていたヴェネツィアの船は、一〇日間におよぶ北西の強風で大きく針路をはずれ、大西洋の真ん中まで流された。乗組員は一四三一年のクリスマスの翌日に船を捨て、無甲板の小船をじつに巧みに操って、一月十四日にノルウェーの海岸に無事に到着した。[*7] イングランド南部のナラやカシの木の年輪を調べると、一四一九年から一四五九年には冬と春の寒さが厳しい年がつづき、ときおり暑夏にもなったことがわかる。一四三三年から一四三八年にヨーロッパ全土を襲った飢饉は、以前の大飢饉にも匹敵する規模になった。一四四〇年には、イギリスからブドウ園がほぼ姿を消した。イングランド東部のイーリーのブドウ畑だけが一四六九年までつづいたが、そこも熟していない酸っぱい果汁を何年間かつづけて生産したあげくに、やはり果樹園をあきらめた。

　フランスで復活の兆しが最初に現われたのは、百年戦争が終結した一四五三年である。この年は海の天候も穏やかだった。その後の半世紀には、黒死病後に手つかずになっていた農地がふたたび耕作され、穀物の生産がめざましく増加した。多くの地域では食糧不足になることはなくなり、少なくとも一五〇四年まではその状態がつづいた。穀類の価格がぐんと下がり、多くの生産者が畜産やもっと収益性の高い食物の生産に転向した。小作人や貧乏人が相変わらず不作の年に飢えようと、土地所有者にとっては、牛や羊は不作に備えるためのまたとない投資となり、よい保険にもなった。魚もまたそうした食糧のひとつだった。一四六〇年から一四六五年のあいだに、フランスのある高官がラッセーの近くに四〇メートルのダムのある大きな池をつくった。工夫を凝らしたこのダムには放水口が三カ所あり、アシの生えた池は広さ五四ヘクタール、深さは六メートルあり、数千尾の魚が養殖されていた。三年から四年に一度、放水口を開いて排水すると、たくさんの魚が捕獲でき、周辺の魚商人たちを喜ばせた。土地所有者が収益を計算するかたわらで、小作人はダムの下方の湿った土地を耕し、オート麦を植えたり、牛に牧草を食べさせたりしていた。[*8]

このような穏やかな天候は十六世紀初めまでつづいた。ブドウの収穫日を調べると、一五二〇年から一五六〇年には暖かい春と夏の時代が長くつづいたことが察せられる。ただし、一五二七年から一五二九年の三年間は寒い年となり、収穫が遅れている。[*9]一五二〇年代には、イングランドは五年連続で大豊作となり、人びとはすぐさま豊かな生活に慣れた。だが、一五二七年に急に寒くなると、たちまち社会不安が広がりそうになった。その年、イングランド東部のノリッジの市長記録にはこう記されている。「穀物がひどく不足しているため、クリスマスのころには市内の平民は、金持ちにたいして立ちあがろうとしていた」[*10]。それでも、地方の暮らしは以前とほとんど変わることなくつづいていた。イングランドやフランスの田舎では、相変わらず毎年、多様な作物をつくって自給自足で暮らしていた。飢えや死は現実問題として身近に感じられた。また当時の単純な農法では、暑くなったり寒くなったりする気候の変動に対応しにくかった。

かなりの土地所有者でも、暮らしはけっして豊かではなく、雨や日照りのたびに頭を悩ませていた。彼らもまた小作人同様、その単調な暮らしについてほとんど記録を残していない。百年戦争の終結から一世紀後の一五〇〇年代の半ばに、ジル・ドゥ・グベルヴィルという男がいた。「ノルマンディのシェルブールから一時間ほど内陸に入ったル・メニル・アン・ヴァルにある小さな荘園の領主だが、農民とさして変わらなかった」[*11]。彼は当時の典型的な人間だったが、めずらしく二〇年以上にわたって日誌をつけていた。そこにはごく貧しい農園での暮らしがおもしろく描かれている。ドゥ・グベルヴィルや「農場の男たち」はごく単純な生産技術に頼っていた。彼がいつも鍛冶屋への支払いをためていたのは、軽い鋤《すき》の刃先が石だらけの土で欠けてばかりいたからだ。それでも、ドゥ・グベルヴィルはかなり有能な農場経営者で、きわめて実際的な性格の持ち主でもあり、当時の迷信はほとんど信じていなかった。たとえば、大半の農民がするように、作付けを満月の日にしたりはしない。一五五七年に、予言者ノストラダムスが種をまく時期について説いた教えに一時的に傾倒したことはあったが、結局、翌五八年の作物の出来は平年並だった。それ以降、ノストラダムスの本は本棚に置き去りにされた。そのかわりに、ドゥ・グベルヴィルは穀物以外に多様な作物をつくることにした。

ほかの人と同様に、ドゥ・グベルヴィルも穀類を輪作し、さまざまな牧草をつくった。畑をすき耕して休ませておき、エンドウを植えて土を活性化させ、より多くの作物が穫れるようにした。彼は耕作地にさまざまな肥料をまいてみたが、収穫を増やすことはできなかった。作物は村人たちがただ働き同然で育て、その大半はドゥ・グベルヴィルの家族や農場の働き手に消費されるか、納屋にいるネズミに食べられてしまった。収益が上がるのは畜産で、それもとくに牛と馬と豚によるものである。牛は近くの森で放牧し、豚の餌は森のどんぐりでまかなった。ドゥ・グベルヴィルはまた、森に放牧する権利を村人たちに売って多額の金を手に入れた。彼は創意工夫に富む人ではなかったが、多角化の利点やリンゴ酒の効能は知っていた。「リンゴ酒は人の体液と湿の性質を根本から回復させる」と、十七世紀のある大学教師は書き、リンゴ酒の効能を称えて、腹を「穏やかなガスでリラックスさせ、やわらかくする」としている。[12] こうした医学的な効果のほかに、リンゴ酒は人を「つつましく」「穏健」にさせた。ドゥ・グベルヴィルは果樹園で一四種類のリンゴを丹念に育てていた。というのも、リンゴ酒は比較的清潔な飲みもので、田舎の汚い上水道の水よりも病気になる危険がはるかに少なかったからだ。リンゴ酒は病気や死にたいする保険だったのである。ドゥ・グベルヴィルもよく知っていたように、地元のリンゴ酒の値段が高くなりすぎると、小作人たちは水を飲むしかなく、そうなるとたちまち死亡率が高まった。

ジル・ドゥ・グベルヴィルの昔ながらの世界は、ほぼ自給自足の生活だった。彼は貴族の先祖よりも、自分や村人たちが住む土地により密接なつながりを感じていた。彼が祖先を大事にするのは、ただひとつの理由ゆえ、すなわち免税の特権を遺贈されていたからだ。つねに病気や飢えや死に脅かされていたことを考えると、生活の大半が刺激の強い食べものや飲みものを中心にまわっていたとしても、驚くことではない。突きでた丸い腹に、赤煉瓦色でがさがさの肌をしたドゥ・グベルヴィルや同時代のジエントルマンたちは、とてつもない量の食事をたいらげていた。彼の日誌には、一五四四年九月十八日の夕食の記録がある。その日のメニューは「ラードを挟んだ」鶏二羽と、ヨーロッパヤマウズラ二羽、野ウサギ一羽、鹿肉のパイだった。それでも、彼の臨時雇いの労働者や農夫たちの大半は極貧の生活を強いられ、不作になれば飢え死にしかけた。ドゥ・グベルヴィルの土地に住むすべての人にとって、穀類が主食だったからである(彼が日誌をつけていた二〇年間には、凶作の年は一度しかなかった)。

＊

ジル・ドゥ・グベルヴィルのような人びとは、多角的な農業を営むことで自分や小作人たちの生活を守った。しかし、当時のヨーロッパの多くの村人には、なかでもとくにアルプス山脈やピレネー山脈のような限界耕作地で農業を営んでいた人びとには、そのような選択の余地はなかった。アイスランドやノルウェーの氷河と同様に、ヨーロッパのアルプスも変動をつづける気候条件のバロメーターになる。この地方の山岳氷河はつねに移動しており、時代ごとに複雑なステップで前進と後退を繰り返し、それを解読しようと必死の努力をする氷河学者や歴史家たちを悩ませる。しかし、一五六〇年以降にヨーロッパの気候が大幅に寒冷化し、夏の降水量が増えた時代には、現在の境界線をはるかに越えて山の氷床が前進していたことは確かだ。[*13] 一五六〇年代以降、NAO指数が低くなって、北海やスカンディナヴィア上空に高気圧が居すわることが多くなったのである。

アルプス地方の暮らしはいつの時代も厳しいものだった。「貧しい人びとが大勢いて、みな田舎者で無知だった」。よそ者は「この世の始まりから氷や霜がいつも見られるような」土地には近寄らなかった。山のなかをときおり訪ねた旅人たちが、氷河の陰にある限界耕作地で暮らす人びとの貧困ぶりや苦しい生活について語っている。

一五四六年八月四日に、天文学者のセバスチャン・ミュンスターがアルプス山脈のフルカ峠に向かう途中、ローヌ川の右岸を馬で通った。彼はその山越えに挑戦してみたいと考えていたのだ。ミュンスターはそこで突然、「巨大な氷の塊」にでくわした。「見えているかぎりでは、厚さが槍二、三本分ほどで、横幅は強弓の飛距離くらいはあった。縦はかぎりなく山の上までつづいているので、先端が見えないほどだ。それは誰にとっても、ぞっとするような光景だった。さらに、その巨大な塊から家ほどの大きさのある氷が一つか二つ裂けているのを見れば、恐怖はいや増す」。氷河から流れでている水は白く泡だち、氷のかけらでいっぱいなので、馬ではその流れを渡ることはできなかった。ミュンスターは「この水流は、ローヌ川の源流である」とつけ加えている。彼は水源のすぐ下に急流を越える橋を見つけ、そこを渡った。

ローヌ氷河は一五四六年には巨大な氷の塊となっており、前面は高さが一〇メートルから一五メートルほどで、横幅は少なくとも二〇〇メートルはあった。今日では、舌状に延びた氷河はごく薄く、ミュンスターの時代のものよりも高さも横幅もはるかに小さい。氷冠は山の上のほうにあり、下流でローヌ川となる流れは現在は小峡谷を抜けて、ところどころ滝になっている。ミュンスターは氷河の前面まで馬で近づいた。今日では、氷河には徒歩で近づくしかないし、しかもその前に険しい場所を登らなく

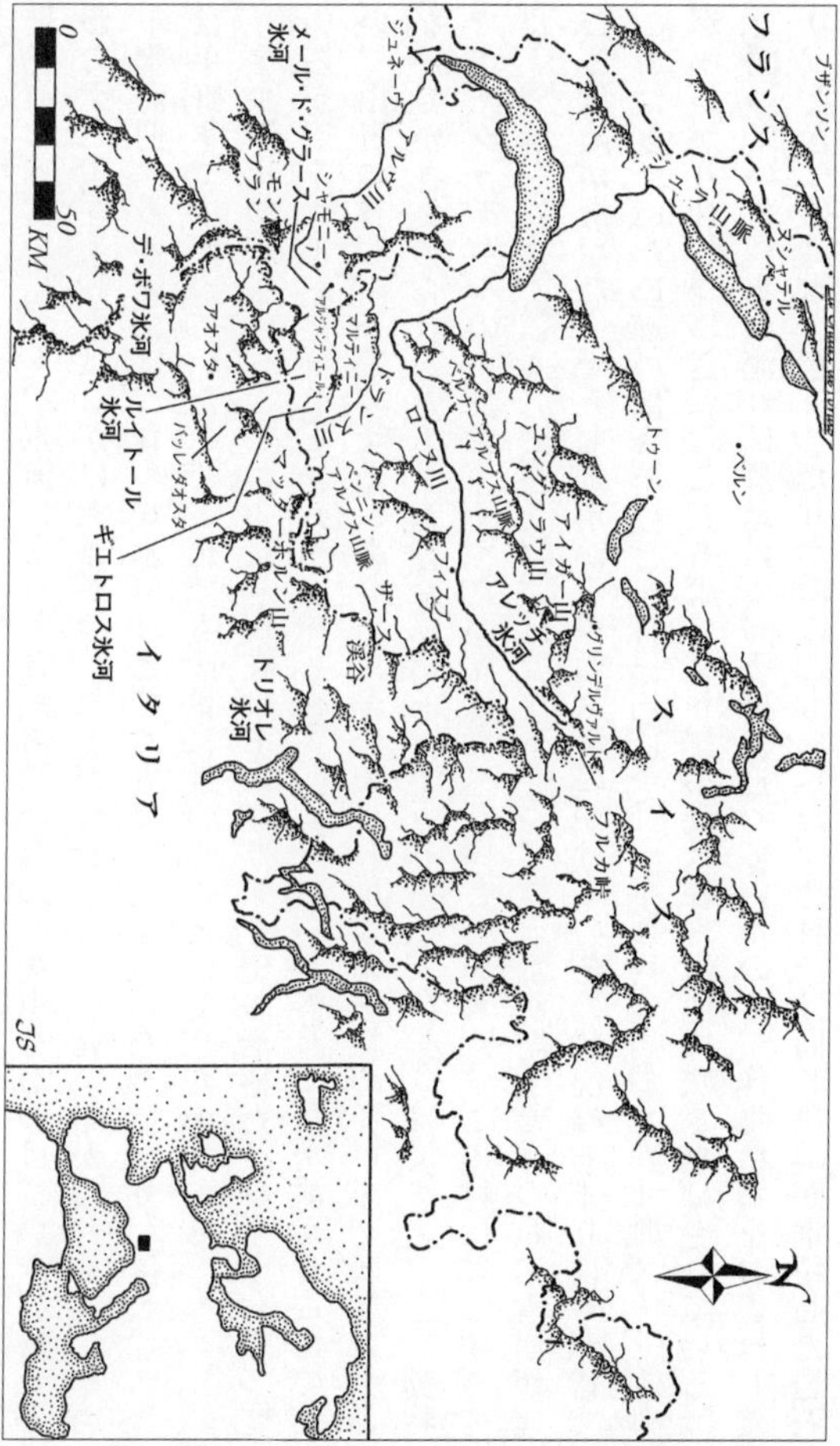
フランス
スイス
イタリア
ブザンソン
ジュラ山脈
ベルン
トゥーン
ジュネーヴ
アルヴ川
シャモニー
メール・ド・グラース氷河
モンブラン
デ・ボワ氷河
アオスタ
マルティニー
ルイトール氷河
ギエトロス氷河
ドラン川
マッターホルン山
ペンニン・アルプス山脈
ローヌ川
ベルナー・アルプス山脈
ユングフラウ山
アイガー山
アレッチ氷河
グリンデルヴァルト
フルカ峠
フィスプ
ザース渓谷
トリオレ氷河
0
50
KM
N
JS

アルプスの氷河地帯

てはならない。あたりの景色も十六世紀のころとはまるで違う。ところが、わずか一世紀前の写真を見ても、氷河はもっと昔からじわじわと後退をつづけていたにもかかわらず、現在よりもはるかに大きかったことがわかる。一五九〇年から一八五〇年の小氷河期の最盛期には、ローヌ氷河はとてつもない大きさになっており、巨大な舌先は平野まで広がっていたので、馬でも簡単に近づくことができたのである。

アルヴ川の峡谷のシャモニーは、現在はモンブランを望む洒落たリゾートになっているが、十六世紀には名も知れないごく貧しい教区で、「氷河や霜が消えることのない、山奥の貧しい不毛の土地にあり……一年の半分は太陽を拝めない……穀類は雪のなかでかき集められたが……かび臭いのでオーブンで温めなくてはならない」。動物でさえシャモニーの小麦でつくったパンは食べないと言われた。この村は貧しすぎて「弁護士がいたためしがなかった」。気温が下がって積雪量が増すと、つねに雪崩が起こる危険があった。一五七五年から翌七六年にかけての冬の状況はあまりにも悲惨で、ここにきていた農場の働き手はこの村について、「氷河におおわれた土地で……農地がすっかり押しつぶされることもよくあり、小麦は森や氷河に吹き飛ばされている」と語っている。氷の流れは農地のすぐそばに迫っていたので、作物に害をおよぼしたり、ときには洪水を起こしたりすることもあった。今日では同じ農地が堆積した岩石によって、はるかに小さくなった氷河から守られている。高くそびえる山の峰や氷冠は絶景だった。一五八〇年にシャモニーを通った旅人ベルナール・コンベは、山の様子をこう記している。「高くそびえる氷河で白くなっており、それが延々と広がって……少なくとも三カ所はほとんど平地まで延びている」

一五八四年六月二十四日には、別の旅人ベニンヌ・ポワソネがジュラ山脈のブザンソンで、氷で冷やしたワインを飲んでいる。氷は近くにある天然の冷蔵室、フロワディエール・ドゥ・ショーという洞窟からのものだった。「真夏でも氷でいっぱいだというこの場所がどうしても見たくなり」、ポワソネは森の小道を通って、巨大な洞窟の暗い入口まで案内してもらった。彼は剣を抜き、そのなかに入っていった。そこは「大きな部屋ほどの広さで、全面が氷でおおわれている。澄みきった水が……小さな流れになってあちこちから染みでて、小さな澄んだ泉になっていた。私はそこで顔や手を洗い、ごくごくと水を飲んだ」。上を見あげると、天井から巨大なつららが下がり、いまにも落ちてきそうだった。洞窟には人が忙しく出入りしていた。毎晩、農民が荷車でやってきて、ブザンソンのワイン・セラー用に氷の塊を積んでいった。それから一世紀のちに、やはり夏にここを訪れた人の報告では、ラバの引く荷車が近隣の町に氷を運ぶために何台も待っていたという。十九世紀になっても、フロワディエール・ドゥ・ショーはまだ産業用に使われていた。一九〇一年には一九二トンもの氷がここから運ばれたと言われている。しかし、一九一〇年の大洪水のあと、もう氷はできなくなった。温暖化して、氷河が後退してしまったのである。今日では、洞窟の天井からつららが下がっていることはない。

氷河は前進しつづけた。一五八九年には、東のフィスプのそばにあるアラリン氷河がぐんと下降してきてザース渓谷を堰き止めたため、湖ができた。その数カ月後には堆石《モレーン》〔氷河によって運ばれた岩石の破片が積みあげられたもの〕が崩れ、氷河の下方の川床に水が滝のように流れこみ、莫大な費用をかけて修復しなければならなかった。その六年後の一五九五年六月には、ペンニン・アルプスのギエトロス氷河がドランス川の川床にどっとなだれこんだ。洪水でマルティニーの町が沈み、七〇人が死亡した。一九二六年になってもまだ、その近くのバーニュにある家の梁《はり》にはこんな銘が刻まれていた。「モーリス・オリエが一五九五年にこの家を建てた。バーニュの町がギエトロス氷河で洪水になった年である」

一五九四年から一五九八年には、アルプスのイタリア側にあるルイトール氷河が、二十世紀末の最先端よりも一キロ以上先まで前進した。氷河はそばにあった湖の上にもおおいかぶさった。夏になると、氷の下の流れからとてつもない量の水がほとばしり、下流の峡谷に大洪水を起こした。夏の洪水が四度つづいたあと、地元の人びとは治水の専門家を呼び、対策が提案されたが、それには危険が伴った。岩をくりぬいてトンネルをつくり、湖からあふれる水を流しこむか、多額の金をかけて氷の下の流れを木や石で防ぐかのどちらかである。入札が行なわれたが、当然ながらその仕事を引き受けようとする人はいなかった。

一五九九年から一六〇〇年の冬には、アルプスの氷河はそれ以前にも、それ以後にもないほど下方まで下がってきた。シャモニーだけでも「アルヴ川などの氷河によって、いくつかの場所で一九五ジュルナールの土地がだいなしになったり、損害をこうむったりした」[*14]。近くの村では、前進してくる氷河によって家が破壊された。「ル・ボワの村は、氷河のせいで住民がいなくなった」。当時の記録を信用するとすれば、氷河は日々前進した。

レ・ボワの近くでは、メール・ド・グラース氷河が近隣の集落を守っていた小さな丘の上に押しよせ、すぐそばの斜面にまで迫ってきた。レ・ティンとル・シャトラールの村の上には、いまにも崩れんばかりのセラック（氷の尖峰）がのしかかり、毎年夏になると、氷河から解けだした水で洪水になった。一〇年から一五年後に、政府の役人のニコラ・ドゥ・クランが村を訪れた。「そこにはまだ六軒ほど家があったが、人が住んでいるのは二軒だけで、みすぼらしい身なりの女や子供たちがいた。……村のすぐ上には、見当もつかないほど巨大で恐ろしげな氷河が迫っており、これではまだ残っている家や土地もいずれ破壊されるのはまず間違いない」。最終的に、そこは廃村となった。

氷河の前進はつづいた。一六一六年に、ドゥ・クランはラ・ロジエールの集落を視察した。そこは「巨大で不気味な氷河」が迫っているところで、下方の農地には飛んできた巨礫が転がっていた。「ラ・ロジエールの大氷河は、ときどきはずんだり、のたうちまわったり、下降したりする……四三ジュルナール［の土地］が破壊され、石とほとんど価値のない緑地が残るだけになり、八軒の家と七棟の納屋、五つの小さな農園が完全に破壊された」。メール・ド・グラース氷河とラ・ロジエールに隣接するアルジャンティエール氷河は、一六〇〇年当時は今日の状態よりも少なくとも一キロは長かった。

＊

一五六〇年から一六〇〇年にかけての時代は、ヨーロッパのいたるところで気温が低く、荒天がつづいた。ブドウの収穫は遅れ、風は二十世紀よりもかなり強く吹き荒れた。気候の変動は、食糧の値段を上下させる非常に大きな要因となった。スイスやハンガリー南部やオーストリアの一部では、一五八〇年から一六〇〇年にかけてワインの生産が落ちこんだ。オーストリアのワインは低温のせいで糖度が低いうえに、値段が高すぎたため、ほとんどの人はかわりにビールを飲むようになった。その結果、ハプスブルク帝国の歳入は大きな損害をこうむった。ネズミやモグラの有料駆除は一五六〇年以降は急に少なくなり、十七世紀まで回復しなかった。プロイセンのアルプス地方にあるシュテンダールの牧師ダニエル・シャーラー師はこう書いている。「太陽がずっと照ることはなく、冬も夏もはっきりしない天気がつづく。畑の作物は実らず、もはや昔のような勢いがない。どの生きものも、世界全体も、繁殖力が落ちている。畑や地面は実をつけることに疲れ、不毛にさえなってきているため、作物の値段が上がり、飢えが始まっている。町や村で言われるように、農民のあいだでは嘆き悲しむ声が聞こえている」*15

気候条件が悪化するにつれて、増えつづけるヨーロッパの人びとの上に、さまざまな不運が重なりあって襲いかかった。不順な天候のせいで、作物の出来は悪くなり、牛は病気になって死んでいった。飢饉があいつぎ、それとともに伝染病が広まった。パン騒動や不穏な空気に人びとは不安や不信感を募らせた。魔女狩りが盛んになり、人びとは悪天候を隣人のせいにした。ルター派の正統な信者は、一五六二年にライプツィヒに大雪が降ったのは、神が人間の罪に天罰を下したのだと主張した。しかし魔女狩りを防ごうとするルター派教会の砦も、気候変動で不作や食糧難や牛の疫病が広まりだすと、防ぎきれなくなった。一五六三年にはドイツの小さな町ヴィーゼンシュタイクで、六三人の女性が魔女として火あぶりの刑に処せられた。当時、神がどれだけ天候を左右できるのかをめぐって、激しい論争が交されている。一五六〇年代以降、魔女狩り騒動は周期的に勃発した。一五八〇年から一六二〇年までのあいだに、ベルン一帯だけでも一〇〇〇人以上が魔術を使ったとして火あぶりになった。イングランドとフランスで魔女狩りが頂点に達したのは、一五八七年と翌八八年の荒天つづきの年である。魔女狩りの騒ぎが起こるのは、かならずと言っていいほど、小氷河期の最も寒く、最も困難な時期と一致していた。不運に見舞われるのは魔女のせいだとする人びとが、魔女を根絶やしにせよと要求したのである。しかし、科学者たちが気候現象について自然科学による解釈をしはじめると、魔女狩りは徐々に下火になっていった。気候を変動させているのは魔女ではなく、神か自然だけであり、それが神だとすれば、人間の罪にたいして天罰を下そうとしたのだろうと考えられるようになったのだ。今日では、われわれの精神面の罪よりも、むしろ環境破壊の罪のほうが気候変動の原因となっているようである。[*16]

十六世紀の後半には、低気圧活動が八五パーセントも増え、その大半が寒い冬の時期に発生した。大嵐の件数は四〇〇パーセントも増加した。一五七〇年十一月十一日から二十二日には、猛烈な強風が約五ノットの速さで北海を南西から北東に向かってゆっくりと進んだ。この嵐は満月の大潮と重なり、のちのちまで「諸聖人の洪水」として語り継がれることになった。暴風雨が北東に進むにつれて、激しい雨が海岸沿いの低地を水浸しにしていった。前線が通過すると、風向きが北西に変わった。高潮が滝のように岸に押しよせ、堤防を決壊させ、護岸設備を破壊した。北海沿岸低地帯にあるワルヘレン島〔今日のオランダ南部〕では、十一月二十一日のちょうど夕闇が迫ってくる四時から五時に、堤防が崩れた。その晩には、ロッテルダムの大半が水に浸かった。海水がアムステルダムやドルドレヒトをはじめとする都市になだれこみ、少なくとも一〇万人が溺死した。エムス川では海面水位が通常よりも四・五メートルも上昇した。

荒天は一五八〇年代を通じてつづき、スペインの無敵艦隊を苦しめた。一五八八年八月、無敵艦隊はスコットランド東岸沖で「南西の猛烈な強風」に見舞われた。「われわれは荒海のなかでスコールと雨と霧にあい、どれがどの船か見分けることもできなかった」。対戦相手のサー・フランシス・ドレークも同じ日に北海南部で、「一年のいまごろにしては、ものすごい嵐」だったと報告している。その一カ月後、強い低気圧がアゾレス諸島付近から北東に進んできた。おそらく大西洋の向こう側で発生した低気圧が熱帯ハリケーンの名残だったのだろう。退却する無敵艦隊の先頭を行く船は、九月十八日にビスケー湾で嵐に見舞われた。その三日後、同じ西からの強風がアイルランド西部沖を猛烈な勢いで吹き荒れ、大艦隊からはぐれた船は気がつくと危険な風下の海岸にいた。「途方もない嵐が船の上にのしかかり、海は天までとどくほどの高波で、太索《ふとづな》ももたず、帆は役に立たず、われわれは三隻の船もろとも細かい砂の海岸に打ち

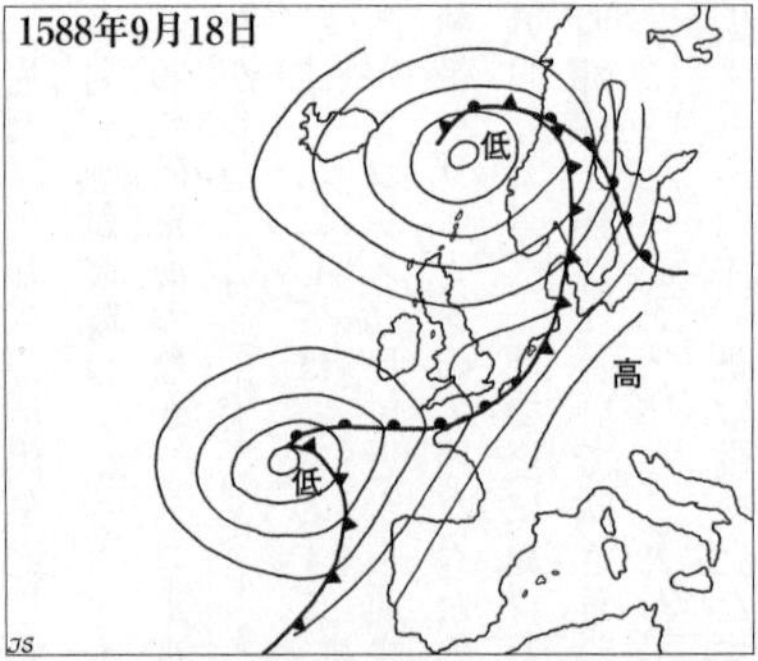

スペインの無敵艦隊に影響をおよぼした低気圧。データはヒューバート・ラムとクヌート・フリーデンダールの『北海の歴史的嵐、イギリス諸島とヨーロッパ北西部』Historic Storms of the North Sea, British Isles and Northwestern Europe をもとに編集

あげられた。そこは片側は塞がれ、もう一方には大きな岩があった」。無敵艦隊はこの悪天候によって、イングランド軍との戦い以上に多くの船を失ったのだった。[*17]

無敵艦隊の船長たちの航海日誌につけられていた気象記録は、気象学者によって徹底的に分析されている。現在では、最大風速がハリケーン並みの四〇ノットから六〇ノットはあったと推定されている。一五八八年の七月から九月の期間には、ジェット気流に乗った上空の風の強さは、一九六一年から一九七〇年の同じ季節に記録された最大風速をたびたび上まわった。おそらく、二十世紀のもっと長期的な記録とくらべてもそうだろう。いつになく激しい嵐が吹き、大荒れになったこの時期、北極海の流氷がどんどん南下してグリーンランド東部やアイスランドやファーベル岬の南の沿岸まで達したことで、温度傾度もやはり大きくなっていた。エリザベス朝時代の探検家ジョン・デーヴィスは、謎の北西航路を探し求めているう

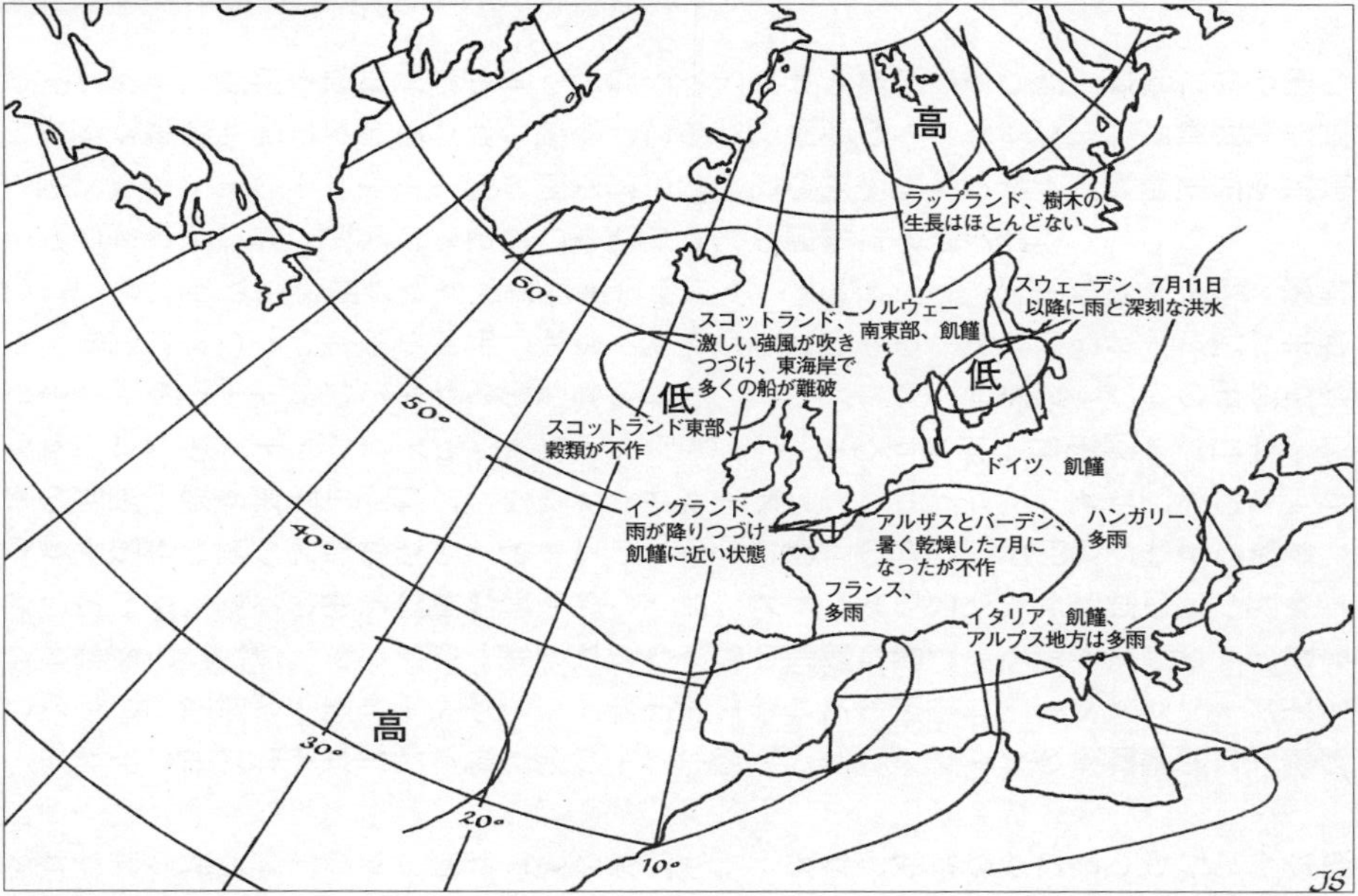
高
ラップランド、樹木の生長はほとんどない
スウェーデン、7月11日以降に雨と深刻な洪水
ノルウェー南東部、飢饉
60°
スコットランド、激しい強風が吹きつづけ、東海岸で多くの船が難破
低
低
50°
スコットランド東部、穀類が不作
ドイツ、飢饉
イングランド、雨が降りつづけ飢饉に近い状態
アルザスとバーデン、暑く乾燥した7月になったが不作
ハンガリー、多雨
40°
フランス、多雨
イタリア、飢饉、アルプス地方は多雨
高
30°
20°
10°
JS

1596年7月の天候の概況

ちに、一五八六年から翌八七年にアイスランドとグリーンランドのあいだに氷で閉ざされた海を見つけている。同じような状況が、一五八八年になってもつづいていたのだろう。

一五九〇年代は十六世紀で最も寒い一〇年間だった。スペインの無敵艦隊に大勝利してから三年後の一五九一年から一五九七年にかけての凶作は、イングランドに大きな打撃をあたえた。ある人は「誰もがこのたびの飢饉に苦しみを訴えている」と書き残している。多くの州で食糧騒動が起こった。貧しい人びとが、共有地の囲い込みでより生産性の高い大農場がつくられていることに怒りのはけ口を向けたからである。町の住民が最も被害を受けた。デヴォン州バーンスタプルでは、一五九六年にフィリップ・ワイオットという人がこう書いている。「今年の五月は一日中晴れた日が一度もなかった……市場にでまわる穀類は少量で、町の人にはそれを買うだけのお金がない。市場にはごくわずかな商品しかなく、その少しのものをあれほど争って買い求めることも、あんな悲痛な声も、これまで聞いたことがない」[*18]。北東部のペンリスをはじめとする町では、飢饉による死亡率がいつもの四倍にも増えた。

イングランドのチューダー朝の国王は三〇〇万の民を抱えており、イングランドは穀類不足や飢饉のような事態が起こるのをつねに懸念していた。当時のイングランドは自耕自給農民の国であり、農法や農機具は中世からほとんど変わっていなかった。政府には心配の種がいくらでもあったからだ。作物の出来が悪かったからだ。優良な農地では、二ブッシェル〔一ブッシェルは約三六・三七リットル〕の小麦があれば、収穫期には通常八ブッシェルないし一〇ブッシェルの収穫が期待でき、それだけあれば、不作のときのための貴重な備蓄分が残る。農民は四割ほどの確率で「よい」収穫を得ることができた。三、四年はよい年がつづき、それから四年間は不作の年があり、また天候のパターンが変わって収穫が増えるという具合である。[*19] それとともに穀類の値段も上下した。価格の変動は貧しい人びとにことさら大きな打撃をあたえた。増えつづける都市の住民のあいだでは、農民にたいする強い不信感が生まれた。不作で穀類が不足すると、農民がひそかに蓄えているのではないかという噂が広まった。牧師は説教壇に立って穀類の秘蔵を非難し、旧約聖書の箴言を引用して、「穀物を売り惜しむものは民の呪いを買う」と説いたが、あまり効果はなかった。[*20] イングランドもヨーロッパのそのほかの地域も、穀類を地方から都市に運んだり、地域から地域へ移動させたりできるほどの大規模な社会基盤がまだなく、局地的な飢饉を解消することもできなかった。イングランド南部が最後に広範囲の飢饉に見舞われたのは一六二三年だったが、その後も飢えの心配が完全になくなることはなかった。

＊

北アメリカに建設されたばかりのヨーロッパ人の植民地でも、農作はやはり困難だった。ヴァージニア州南部のブラックウォーター川とノトウェー川沿いのヌマスギの年輪を調べると、アメリカ南東部の人びとの大半がスペイン語ではなく英語を話すようになった理由がわかるかもしれない。[*21] ヌマスギには一五六〇年から一六一二年にかけて何度か深刻な干ばつがあったことが記されている。ちょうどヨーロッパ人がカロライナからヴァージニアの海岸沿いに植民しはじめたころだ。

一五六五年にスペインの入植者が、サウス・カロライナの海岸沿いのサンタ・エレナに定住した。このころはとくに干ばつのつづいた時代だった。入植者たちは最初から苦労つづきだったが、一五八七年から一五八九年にさらに深刻な干ばつに襲われると、もはやそれまでだった。スペイン人はフロリダ植民地の首都を南のセント・オーガスティンに移した。彼らが撤退したころ、イギリスの入植者がもっと北のノース・カロライナにあるロアノーク島に植民地を築いていた。母国のイギリス人がロアノークの入植者たちを最後に見たのは、一五八七年八月二十二日のことだった。これは八〇〇年間で最も日照りつづきの生育期間のまっただなかだった。イギリス人が帰国の途に着いた時点ですら、植民地の近くに住むアメリカ先住民は作物の悲惨な状況を心配していた。干ばつはさらに二年間つづき、地元のクロアタン族も入植者も、深刻な食糧危機に見舞われた。入植者はほぼ全面的にクロアタン族に依存していたので、た

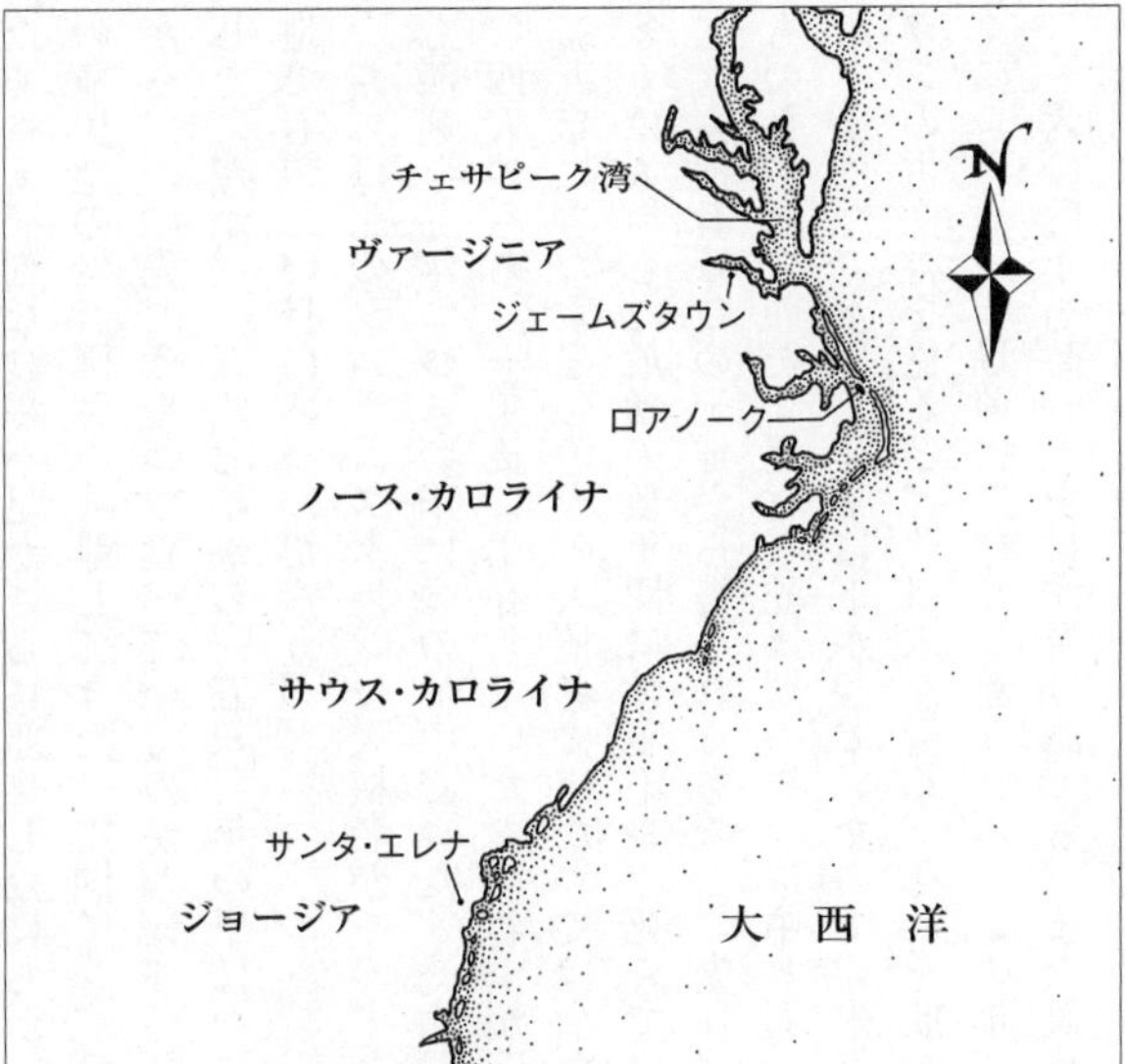

北アメリカの最初のヨーロッパ人植民地

だでさえ深刻な食糧不足がさらに悪化したにちがいない。多くの歴史家はロアノークの植民地の無計画さを非難してきた。本国イングランドから明らかに見放されていながら、この先どうやって食べていくのか考えていなかったのではないかと彼らは指摘した。だが、一五八七年から一五八九年の干ばつには、万全の計画を立てていた植民地でも苦しい目にあっただろう。

さらに北のジェームズタウンに入植者がやってきたのは、不運にも七七〇年間で最も深刻な七年つづきの干ばつの最中だった。一六〇七年にやってきた初期の入植者一〇四人のうち、一年後に生存していたのはわずか三八人だった。一六〇七年から一六二五年にきた六〇〇〇人の入植者にいたっては少なくとも四八〇〇人が死亡し、その多くは入植した最初の数年間に栄養不良で死んでいった。ロアノークの人びとと同様に、入植者はこの土地から得られるものと、先住民との交易や貢物を食べて生活するものとされていた。異常な乾燥期の真っ最中とあっては、きわめて苦しい生き方だった。干ばつで水位が非常に下がっていたので、水不足にも悩まされた。ジェームズタウンの古文書を見ると、飲料水が汚く、それを飲んで病気になったという記述が、とくに一六一三年以前にたびたび見られる。この年、干ばつが終わった。

一六〇〇年当時、土を耕す者は誰でも、まだ飢えの恐怖から解放されることはなかった。ヨーロッパの農民であろうと、北アメリカの片隅にいるイングランドの入植者であろうと、それは同じだった。しかし、都市の人口の爆発的な増加に促されて、農業革命の最初の動きは始まっていた。

第3部

「満ちたりた世界」の終焉

それらは多数の小さな末端堆石《モレーン》がたがいにぴったり並び、上下にも重なりあって形成されている。このような状態になるのは、あきらかにそれぞれのモレーンがつぎからつぎに移動してきて広がり、同心円状にカーブした冠になった場合である。そこからは、どれもほぼ同じ規模の氷河がたびたび前進を繰り返してきたことがわかる。このように堆積したモレーンから、氷河が何世紀にわたって移動を繰り返してきたかを推定するのは難しい。

——フランソワ・マサス『氷河委員会報告』一九三九年

	気候	イングランド（8章）	フランス（9章）	そのほかの出来事
2000				
	急速な温暖化			ピナツボ山の噴火
	一時的に寒い時代	第二次世界大戦	第二次世界大戦	第二次世界大戦
	徐々に温暖化			
1900		第一次世界大戦	第一次世界大戦	第一次世界大戦
	厳冬（1880年代）			ヨーロッパ人が大量移民
1800	1850年以降温暖化	クリミア戦争	クリミア戦争	アイルランドのジャガイモ飢饉
	寒い(1811～1821)	ナポレオン戦争	ナポレオン戦争	
	涼しく不安定		フランス革命	ラーキの噴火（アイスランド）
	寒い(1739～1741)	囲い込みが加速	ルイ16世（1774～1792）	
			ルイ15世（1715～1774）	
1700	暖かく安定			ジャガイモがアイルランドで
	大嵐（1703）			重要になる
	寒く不安定	「名誉革命」	ルイ14世（1643～1715）	アルプスの氷河前進
		より生産的な農業		北アメリカ東部で干ばつ
		ピューリタン革命		
		カブが導入される		
1600	寒く不安定		経済の復興	ワイナプチナ噴火
		スペインの無敵艦隊		
	暑夏	大豊作	ジル・ドゥ・グベルヴィル	低地帯で農業改革
1550			穀類の生産が増加	

歴史上および気候上のおもな出来事

1550年～現代

6章　飢えの恐怖

ブドウは火事で焼き払われたかのようだ。貧しい人びとはオート麦でパンをつくるしかない。この冬、彼らはオート麦や大麦やエンドウなどの野菜を食べて暮らさなくてはならないだろう。

——フランスのリムザンの政府役人
一六九二年十月十八日

私の脳裡にいつまでも焼きついているのは、アフリカの自耕自給農業の光景と匂いと音だ。森林を伐採したばかりの土地を列になって耕している女たち、木から立ちのぼる煙の匂い、灰が舞ってかすんだ秋の空。木の乳棒で突いて夕食の穀類をつぶす音がいつまでも響く。火のそばや小屋の横の日陰に腰をおろして話しこんだことを、私は楽しく思いだす。雨や飢えについての話、食糧が不足した年の話、豊作で穀物の容器がトウモロコシの実や雑穀であふれた話をよく聞かされた。なかでも十月の思い出はあざやかだ。あたりは容赦なく増す熱気でかげろうがゆらめき、午後の地平線には雲がもくもくと立ちのぼる。女たちは雨を待ちこがれて空を眺めるが、一向に降る気配はない。ようやく最初の雨がやってきて、鼻にツーンとくる湿った大地のすばらしい匂いがしてくると、人びとはトウモロコシの種を植え、もっと激しい雨がくるのを待つ。十二月まで雨が降らない年もあり、そうなると作物は畑で立ち枯れた。貯蔵してあった穀類も初夏には底を突き、人びとは食糧不足に直面する。飢えの恐怖はつねにあたりに漂い、けっして忘れ去られることはなかった。私は自耕自給農業の厳しい現実からじかに教訓を学んだ。気候変動と生存はこれほどまでに容赦なく結びついているのである。

驚いたことに、考古学者や歴史学者で自耕自給農業を間近に観察した人はほとんどいない。これは残念なことだ。それでは干ばつや多雨や、異常な寒さや暑さの時期が、どれほどの破壊力をもっていたか気づかずに過ごしてしまうかもしれないからだ。中世の農民と同様に、今日のアフリカなどの地域で自耕自給農業を営む人びとは、飢えから身を守るすべがほとんどない。彼らはつねに環境ストレスにさらされ、しばしば無言の圧力を感じながら生活している。十六世紀末のヨーロッパも同じ状況だった。当時は人口の優に八〇パーセント以上が自耕自給農業に従事していた。つまり、それだけ多くの人間がかろうじて生存可能なレベルの生活を送り、めまぐるしく変動する気候に完全に振りまわされていたのである。小氷河期の五世紀はこうした変動の連続だった。気温が比較的安定した時期がしばらくあっても、その前後には寒さのひどく厳しい時期や雨の多い時期がかならずあり、嵐や植物を枯らす霜やひどい荒天や不作をもたらした。ヨーロッパの自耕自給農民は収穫のよい年にはなんとか暮らしていたが、こうした突然の気候の変化は、いちばん恵まれた時代でもやっとの暮らしをしていた農村や、成長しつづける都市には大きな圧力になった。経済的な圧力ばかりではない。当然、政治面にも社会面にも影響したのである。

最近まで歴史家は、短期の気候変動が産業革命以前のヨーロッパの文明の発達におよぼした影響を軽んじる傾向があった。ひとつには、毎年の気候変動どころか、一〇年ごとの変化ですら調べる手段がなかったからだ。フランスの学者ル・ロワ・ラデュリは、温度変化はそれほど大きなものではなく、それと同時期に人間社会に起こった現象は独立したものであって、そこになんらかの因果関係を見出すことはできないと主張した。彼の意見は一般的な見方を反映したもので、それに反論を唱える人はわずかしかいなかった。その数少ないひとりであるイギリスの気候学者ヒューバート・ラムは、気候と人間のさまざまな出来事は関連していると確信していたが、そう主張することでひどく批判された。[*1] 環境決定論、つまり農耕の始まりも世界最初の文明の誕生も、そのほかの大きな発展も、気候の変動が主たる原因だとして七五年ほど前に否定された仮説の亡霊は、いまも学者たちの見解に見られる。環境決定論を非難するのはたやすい。気候変動がもたらす微妙な影響について知らなければなおさらである。今日、農耕の発明のように、人類の生活を大きく変えた発展が気候変動によってのみ引き起こされたと本気で考える人はいない。あるいは、小氷河期の気候変動がフランス革命や産業革命、一八四〇年代のアイルランドのジャガイモ飢饉の原因だったと理論づける人もいない。しかし、古気候学がめざましい進歩をとげたことで、いまでは短期の気候変動を、圧力にたいする社会全体の反応という観点から見られるようになった。ちょうど、考古学者がもっと昔の社会をそう見てきたようにである。不作をもたらす気候の変化は、戦争や病気と並んで、環境ストレスを引き起こす要因のひとつにすぎないが、その重要性を見落とすと思い違いをすることになる。産業革命前のヨーロッパのような社会を考える場合にはとくにそうだ。そのころの社会では、労働人口の五分の四は自分の食べるものを得るだけで精いっぱいだったのである。

自耕自給農業を間近に観察するというのは、スーパーマーケットで買物をする暮らししか知らない者にはとくに目を覚まされるような体験だ。人間は自分の生死がかかるとなると、いかに順応性を発揮し、創意工夫を凝らすものかがすぐにわかるだろう。人びとは複雑な社会機構や義務関係を発展させ、食べものや種を分かちあい、多様な作物をつくって損害を最小限に抑え、遠い親戚に家畜をあずけ、疫病と闘う。こうした臨機応変な対応が、十六世紀から十八世紀のヨーロッパでも顕著に見られた。変動しやすい気候のもとでは、充分な食糧を確保することが切実な問題だったからだ。その結果、ゆっくりと農業革命が起こった。

この革命は北海沿岸低地帯で始まり、十七世紀から十八世紀のあいだにイギリスに根づいた。フランスではそれよりはるかに遅く起こり、アイルランドではジャガイモだけを単一栽培するという危険なかたちで進んだ。[*2] それが歴史におよぼした影響は計り知れない。イギリスでは農業革命がもたらした食糧によって、産業革命で急速に増える人口を養うことができたが、その一方で社会は広範囲にわたって荒廃し、混乱をきたした。フランスでは農民の生活水準が徐々に低下し、政治と社会が混乱している時期に、不安や不穏な空気が広まった。そして、アイルランドでは、疫病で主要作物が大打撃をこうむり、イギリスが人道的な責任をはたさずに適切な措置をとらなかったため、最悪の飢饉となって一〇〇万人以上が死亡した。

一五九〇年代の厳しい気候は、小氷河期の最盛期の始まりとなった。この異常気象の時代は、それから二世紀にわたってつづくことになる。極端に暑い時期があったかと思えば、一六〇七年の冬のように記録的な寒さが訪れることもあり、イングランドでは多くの大木の幹がひどい霜で縦に裂かれた。気圧配置も変わった。極地の氷床が拡大するにつれて、北部では高気圧が居すわるようになり、低気圧経路は穏やかな偏西風とともに南へと移動した。この高気圧によって、それ以前の時代に吹きつづけた南西風とは反対に、北東風が何週間も吹いた。オランダの引退した船長たちは「オランダからスペインへの航海は、スペインからオランダへの航海よりも一日半は短かった」ことを記憶していると、一六〇五年にオランダの著述家リシャート・フェルステガンは書いている。[*3] つづく一世紀のあいだに、ヨーロッパ人の暮らしには根本的な変化が訪れた。七〇〇年来の厳しい寒さがその原因のひとつである。

*

十七世紀は、文字どおり爆発音とともに始まった。一六〇〇年二月十六日から三月五日のあいだに、ペルー南部のアレキパの東七〇キロにある標高四八〇〇メートルのワイナプチナ火山が大爆発したのだ。[*4] ワイナプチナ山は巨岩や火山灰を空高く噴きあげた。火山灰は少なくとも三〇万平方キロメートルにわたって降り、リマやラパス、アリカをおおいつくし、そこから西に一〇〇〇キロも離れた太平洋上を航海していた船の上にも降り積もった。最初の二四時間だけで、砂粒ほどの大きさの灰がアレキパに二〇センチ以上も積もり、その重みで屋根がつぶれた。灰は一〇日のあいだ降りつづけ、昼間でも薄暗くなった。少なくとも一〇〇〇人が死亡し、そのうち二〇〇人は火山の近くにある小さな村の住民だった。溶岩や巨礫や灰で、近くのタンボ川に巨大な湖ができた。水は勢いよくあふれだし、何千ヘクタールもの農地を浸水させ、その一帯を不毛の土地にした。多くの牧場で、牛や羊が全滅した。地元のワイン産業は壊滅的な打撃を受けた。

ワイナプチナ火山の噴火の規模は、一八八三年のクラカタウの噴火や、一九九一年にフィリピンで起こったピナツボ山の噴火に匹敵する。ワイナプチナ山は少なくとも一九・二立方キロメートル分の粉塵を超高層大気まで噴きあげた。噴出物は何カ月も太陽や月を曇らせ、はるか遠くのグリーンランドや南極にまで降りそそいだ。気候学者にとっては運のいいことに、ワイナプチナ山の黒曜石の粉塵はきわめて特徴的で、氷床コアのなかでも簡単に見分けがつき、一五九九年から一六〇四年のものである南極の氷の層から高い確率で見つかる。また、これほど明確にではないが、グリーンランドの氷床コアのなかにもこの目印は存在する。硫酸塩の濃度から、成層圏に放出された粉塵の量がピナツボ山のときの二倍はあり、一八一五年のタンボラ山の大噴火の七五パーセントほどだったことがわかる。タンボラ山はおそらく小氷河期で最も硫黄が発生した噴火だったと思われる。

ワイナプチナ火山の灰は、地球全体の気候に大混乱を引き起こした。[*5] 一六〇一年の夏は、北半球のいたるところで一四〇〇年以来の寒さとなった。スカンディナヴィアでは過去一六〇〇年間で最も寒い年のひとつとなり、太陽はいつも雲に隠れていた。アイスランドでは、夏でも薄日しか射さず、影ができなかった。中央ヨーロッパでは、太陽も月も「赤くぼんやりしており、輝きがなかった」。北アメリカの西部は過去四〇〇年で最も涼しい夏になり、トウモロコシの生長期に多くの場所で気温が氷点下になった。中国では、太陽は赤くぼんやりとし、大きな黒点が見えた。

十七世紀のあいだに、火山の活動によって飛びぬけて寒い時代が少なくともあと四度は訪れ、気候に大きな影響をおよぼした噴火が少なくとも六度はあった。[*6] 一六〇一年の夏ほどではないが、一六四一年から一六四三年、一六六六年から一六六九年、一六七五年、そして一六九八年から翌九九年は、火山活動と関連してかなり寒い時代になっている。こうした影響を引き起こしたのがどの火山なのかが判明しているのは、一六四一年一月四日のものだけである。このときは、フィリピンのミンダナオ島でパーカー火山が「マスケット銃」のような音をたてて噴火した。目撃した無名のスペイン人はこう書いている。「昼に、南から巨大な黒雲が近

ペルーのワイナプチナの地図

づいてくるのが見え、それが徐々に空全体に広がった……午後一時には夜の闇のようになり、二時にはあまりの暗さに目の前に手をかざされても見えなかった」[*7]。近くにいたスペインの小艦隊は昼間からランタンを灯し、甲板の灰を必死になってシャベルでかきだしながら、暗闇のなかで「最後の審判の日が近づいた」のではないかと恐れた。この噴火による塵は世界中の気温に影響をおよぼした。

＊

このころヨーロッパの農民の大半は、中世よりもはるか昔から祖先がやってきたような自耕自給農業をまだつづけていた。それでも変わりつつあった。都市の成長とともに市場が拡大し、自耕自給農業の危険が増大することで、変化が促進されたのだ。予測不能で荒れがちの気候と闘いながら、名もない村人たちは新しい農法をゆっくりだが着実に試していった。彼らは極端な寒さや暑さや、大雨がさらに頻繁に訪れる新しい気候パターンに順応し、それとともに増す食糧不足の危機にも対応していった。

最初に改革に乗りだしたのは、イングランド人ではない。初歩的な農業革命は、古くは十四、五世紀からフランドルやオランダで始まっていた。当時の農民はまだ大鎌で穀物の穂を刈り、家畜にくびきをつけて軽い犂を引かせていた。また、簡単な風車をつくって土地を排水したり、水を補給したりした。フランドルやオランダの農民は読み書きができず、ほかの地域でどんな農業革命が起こっているかも知らなかった。しかし、困難な環境のなかで培った多くの経験をもとに、素人ながら農業の実験をし、飼料にする草の栽培を工夫したり、牛用の牧草を育てたりした。貴重な土地をただ休耕地にしておかず、エンドウなどの豆を栽培し、窒素を多く含むクローバーを植えて人間や家畜の食糧や飼料にしただけでなく、さらに家畜のためにソバやハリエニシダやカブを植えた。休耕地の面積は急激に減り、しまいにはほとんどなくなった。

中世末期のフランドルでこうした新しい試みがなされるようになったのは、人口密度が高かったところに、さらに人口が徐々に増えていたときだった。飼料が豊富になると、酪農業はいままで以上に重要性を増してきた。新しい農業が普及して、穀物ばかりに頼る悪循環が断ち切られると、より多くの肥料や肉、羊毛、なめし革が市場にでまわるようになった。それと同時に、長いあいだ穀物ばかり植えられてきた農地で牧草が栽培され、十六世紀から十七世紀にはクローバーが植えられるようになった。牧草地では五年もしくはそれ以上、牛に草を食べさせる。こうして土地が肥沃になったら、耕してまた穀物を植える。土地を自力で回復させるこのサイクルによって、生産性はぐんと増した。とくに、ライ麦や亜麻を刈りとった直後に、カブを植えてすぐに収穫するのは効果的だった。農民はそのほかにも多様なものを生産するようになり、亜麻やカラシ、ホップなどの完全な工芸作物もつくりはじめた。ホップはビールの醸造用である。

農業に革命が始まったのは、バルト海の港から大量の穀類が輸入され、地元の穀類の生産が脅かされていた時代のことだった。農民は言うまでもなく有利な道を選び、自耕自給の農業を離れて専門化していった。多様な作物を生産する農業経済であれば、寒く雨の多い時代に対応するのも容易だった。バルト海の港からの穀類はすぐに手に入ったし、それを輸送する水路もあった。最大の問題は、海面水位が上昇していることだった。海岸沿いの低地では、共同体を守るために計画的に対策を練り、土で堤防をつくって自然の入江を閉鎖し、高潮に備えた。風力を使った揚水用風車が発明されたおかげで、閉鎖された土地の干拓が可能になり、また、そこからでた泥炭は掘りだして燃料として売れるようになった。

オランダ人の不朽の功績は、土地の干拓である。オランダはそれによって変貌した。専門家による本格的な護岸工事が徐々に進み、土地ごとのその場しのぎの堤防にとってかわると、オランダでは十六世紀末から十九世紀初頭のあいだに、元の面積の三分の一――約一〇万ヘクタール――に相当する農地が増えたのである。こうしてできた土地の大半は一六〇〇年から一六五〇年のあいだに干拓された。充分な専門技術と柔軟な社会機構を備えていたオランダは、急激な気候変動がもたらす最悪の影響を最小限にくいとめることができたのだ。オランダ人にとって、小氷河期は犠牲以上に多くの利益をもたらしたのかもしれない。広大な土地が干拓されることで、負債が資産に変わり、その莫大な面積ゆえに、ここにヨーロッパ初の近代経済が生まれることになった。[*8]

低地帯で農業革命が起こるとともに、個人の所有する土地は急激に減っていった。その当時は作物の収穫高が伸び、一ヘクタールあたりの農家の収入が増加していた。そのため市場町の近くに住む土地所有者は、小さな土地でもかなり効率よく利用できるようになっていた。オランダやフランドルの農民の有能さと競争意識の高さは、ヨーロッパのなかでも際立っている。彼らのやり方がイングランドに広まったのは十七世紀から十八世紀のことであり、フランスにいたってはもっとあとになってからだった。昔からの習慣や偏見が、改革をさまたげていたためである。

一六〇〇年になると、オランダやフランドルの影響はすでにロンドンの周辺でも感じられた。このあたりでは、市場向け菜園が「キャベツやカリフラワー、カブ、ニンジン、パースニップ〔アメリカボウフウ、サトウニンジン〕、エンドウ」を栽培していた。[*9]この世紀を通じて、農業の専門化は進み、市場はより大きくなり、商品作物が中心となるようになった。しかし、専門化や完全な市場向けの農業への移行は、小さな土地所有者や小作農や、共有地に住んでいまなお自耕自給の農業を営んでいる人びとの必要に合わず、思うように進まなかった。このころ農業専門の著述家の数がぐんと増え、土地所有者たちに農法の改善を勧めるようになった。なかでも有名なウォルター・ブリスは、湿地牧野《ぼくや》の利用や湿った土壌の排水、集約的な生産をするための囲い込み《エンクロージャー》、肥料の利用を提唱している。ブリスは自耕自給農民を厳しく非難した。「彼らは共有耕作地で家族とともに一日中苦労しながら働いているが、何も得られない。朝早くから夜遅くまでこつこつと懸命に働き、自分も家族もくたびれはてるだけだ」[*10]。ブリスをはじめとするこの時代の著述家は、北海の向こうで起こっている農業の発展にたえず関心を抱いていたが、彼らの書いたものがどれだけの影響力をおよぼしたかはさだかでない。たいていの場合、農民はおそらく隣人や領主のまねをして、新しいやり方をとり入れていったのだろう。

改善や実験は実を結んだ。エリザベス女王の時代から一世紀のちに、イングランドの人口は七〇〇万人近くになり、穀類はすべての人に充分に行きわたるようになった。ペスト禍のころの四〇〇万人とくらべると、格段の違いである。この国では、アイルランドからくるオート麦を除いて、どの穀類も自給自足できた。食糧の値段はさほど大きな変動もせずに推移していた。イギリスは「あらゆる穀類をアフリカやカナリア諸島、デンマーク、ノルウェー、アイルランド、イタリア、マデイラ諸島、ニューファンドランド、ポルトガル、ロシア、スコットランド、スウェーデン、ヴェネツィア、ガーンジー島、およびイングランドの植民地に」輸出していた[*11]。輸出量は今日とくらべればわずかだが、国内の農業生産に重要な刺激をあたえた。ダニエル・デフォーの言葉を借りれば、イギリスは「穀類の国」になり、広範囲にわたる飢饉はまれになっていた。集約的な生産をし、作物を多様化したおかげで、穀類の不作に備えられるようになったのである。

変化はなによりもまず、土地所有者が自己改善するかたちで現われた。彼らは寒い気候やより困難な耕作条件に対応する工夫をし、市場での機会をとらえるようになった。一六六〇年には、オランダからの移民が寒さに強いカブをイングランド東部に伝えた。カブは収穫が終わった九月に、従来なら休耕地になったところに植えられ、乳牛やロンドンの市場に売りにだされる雄の子牛の飼料になった。農民はすぐさまカブに飛びついた。当時は気温が低く、雨が少なかったため、春の日照りで牧草の出来が悪いことが多かったからである。カブの青い葉の部分は、干し草がわりのすばらしい飼料になった。一六六一年に、ノーフォークのヒンガムの教区委員が日照りについてこぼし、冬のあいだの干し草の不足を案じている。さいわい、七月に雨が降り、「干し草の不足分はカブを育てることで補えた」[*12]。ウィルトシャーでは、農民は湿地牧野で羊を育て、その糞を耕作に適した高台の土地の肥料にした。一〇〇〇頭の羊がいれば、五〇〇ヘクタールの土地でも一晩で肥料をやることができる。最もめざましい変化はイングランド東部で起こった。ここの低い沼沢地は、外部の人間を警戒する牛飼いや鳥撃ちや漁師が住むじめじめした土地だった。しかし、オランダの技師コルネリウス・フェルムイデンが、大土地所有者と王室との共同事業で一五万五〇〇〇ヘクタールにおよぶ沼沢地を一世紀にわたって干拓し、イギリスでも有数の肥沃な耕作地をつくりだした。沼沢地はおもにオート麦や家畜の飼料にする菜種が植えられ(菜種もやはりオランダ人がもちこんだ作物だった)、まもなく食糧と商品作物の両方を生産する専門農業の中心地となった。リンカンシャーの海岸沿いの沼地は干拓され、羊の放牧場として利用された。こうして、イングランドの農民は穀類に支配されていた時代から徐々に抜けだしていったが、フランスはさらに二世紀あまりのあいだ苦しめられつづけることになる。

新しい作物や新しい農法、大規模な肥料散布、改良された排水法といったおもな進歩は昔からの開放耕地のある地方ではなく、その周辺の東部や西部から始まった。肥沃な中部地方では、古くからの開放耕地制がまだ盛んにつづけられており、農民が細長い帯状の土地を耕作していた。そのような共同農業からは、実験的な試みや個人の独創的なアイデアは生まれない。しかし、自耕自給農業の中心地ですら、変化は起こっていた。農村ではこれまで荒地だったところを、垣根で囲った独立した農地として耕すようになっていた。こうした土地の多くは最新の方法で念入りに排水され、肥料がまかれ、カブなどの根菜が植えられた。古い農法に固執していた多くの農民も、新しいやり方に利点を見出した。しかし、新農法のよさを完全に発揮させるには、広い土地を囲い込むしかなかった。

　一般的には、囲い込み《エンクロージャー》は農地や教区の土地にたいする共有権の喪失を意味していた。[*13]開放耕地に点在していた土地がひとつの土地としてまとめられ、通常は柵や生垣で囲われて「単独保有」される。すなわち、個人の所有者やその小作人だけが使用できるようになったのである。そもそも囲い込みが始まったのは、中世に修道院の大きな私有地がつくられたことからだった。それから徐々に、細長く分けられた農地や共有地が囲い込まれて、もっと生産性の高い大きな土地にまとめられていった。これはとくに、羊毛の生産性を高めるためだった。こうした囲い込みの多くは、家同士や個人間の、あるいは自由土地保有者と小作人とのあいだの非公式な交渉によるもので、たんに耕作地をもっと合理的に利用するためのものだった。一六五〇年になると、囲い込みをしなければ、その年の収穫に左右されてつねに飢えの心配をしなくてはならない自耕自給農業の悪循環が、いつまでたっても断ちきれないことを、大半の農民も理解するようになっていた。共同農業では、その解決策は得られない。適切な排水をして肥料をやらなければ、土地の生産性は上がらなかったからだ。肥料をやるにはもっと多くの家畜が必要だし、そのためにはもっと多くの冬期用の飼料がなくてはならなかった。しかも、当時は冬に厳しい寒さに見舞われることの多かった時代である。囲い込みをすれば、農場主は穀類の耕作と畜産を組みあわせ、休耕地をつくらずに、そこに新しい飼料を栽培することができた。クローバーなどの飼料は土中の窒素を増やして土を活性化させるので、ふたたび穀類を植えるのに都合がよい。排水をして土壌を整え、家畜を飼い、作物を植えるというこの新しいやり方は、生産性を倍増させた。

一六六〇年以降、囲い込みは急速に進んだ。その多くは村での交渉や合意にもとづくものだった。ときおり小さな土地の所有者や立ち退きさせられた農民が、囲い込みに抗議することはあった。新しい堤防が故意に壊されたり、沼沢地で働くオランダの技師が水に投げこまれたり、棒で突つかれたりすることもあった。それでもやはり、容赦なく発展する経済も、いちだんと寒冷化する気候も、これまでの歴史も、わずかな資本しかない小さな土地所有者や自分の土地の権利を明確に主張できない農民には不利にはたらいた。領主と小作農による新しい時代が始まったが、個々の小作農の権利はほとんど顧みられなかった。短期的には、社会的な緊張が増すなかで、人びとはきわめて苦しい思いをするようになった。しかし、長期的に見れば、イギリスは物質的に非常に豊かになったことで、海峡の向こうの国々がまだ苦しみつづけている生存の危機から脱することができたのである。

＊

　十七世紀のイギリスの農民は、アメリカからの輸入品であるジャガイモを軽視していた。ジャガイモなど家畜の餌にしかならないと考えていたのだ。しかし、結果的には、ジャガイモによって生みだされる利益は、アメリカ両大陸から輸出されるすべての金や銀の価値をしのぐようになった。今日では、世界中で一年間にとれるジャガイモの生産高は、一〇〇〇億ドルを超えている。

　一五七〇年ごろ、南アメリカから帰国したスペイン人がヨーロッパに初めてジャガイモを伝えた。[*14] ごつごつして見た目の悪いこの塊茎は、もとは作物として植えるためではなく、旅行者が鞄に入れてもち帰り、故郷の人びとに見せびらかした土産だったのかもしれない。もっとも、スペインの征服者《コンキスタドール》たちにとって、ジャガイモは目新しいものだったわけではない。アンデス山脈では、インディオの主食としてさまざまな種類のイモがいたるところに植えられ、吹きさらしの山の中腹で栽培されていることもしばしばあったからだ。たしかにジャガイモは醜いと言っていいほど不恰好だが、凍結乾燥ができ、基本的な栄養素を豊富に含み、保存も簡単だった。

　ジャガイモは壊血病を防ぎ、農場の働き手やその家族の安く簡単な食事になるだけでなく、植えるのも収穫するのもわずかな道具さえあればできた。ミルクなどの乳製品と合わせて食べれば、十六世紀のヨーロッパでとられていたパンや穀類を基本にした食事よりも、栄養面ではるかに偏りのない食事ができた。となれば、ヨーロッパ人はそのような作物を歓迎したにちがいないと思われるだろうが、そうではなかった。スペインの征服者たちは、ジャガイモやそれを栽培していたアンデスのインディオを蔑視していた。ジャガイモは貧しい者の食べもので、パンにくらべてはるかに劣るものだった。したがって、もち帰られたわずかなイモにたいしても、ヨーロッパ社会では強い偏見があった。しかし、一五七三年にセビーリャの貧困者のための病院で患者の食事として採用され、ヨーロッパで利用されはじめると、ジャガイモはたちまち植物学上の興味の対象となり、貧乏人の食べものどころか、贅沢品にまでなったのである。

この新しい作物は熱心な植物学者や彼らの裕福な支援者たちの手で、農園から農園へと広がっていった。ジャガイモは草本書にも登場し、イタリアでは「松露《トリュフ》と同じようなやり方で」食べられていると書かれるようになった。[*15] 一六二〇年には、イングランドの医師トバイアス・ヴェナーが著書『長寿への正しい道』のなかで「いくらか腹が張るが、食べでがあり、おいしくて元気を回復させる」と推奨している。ヴェナーはイモを残り火であぶり、ワインに浸すことを勧めている。どんなふうに調理しても、「ジャガイモはきわめて味がよく、身体をすばらしく楽にし、栄養をあたえ、力をつけてくれる」。ヴェナーは年配者にも勧め、ジャガイモは「性欲を高める」と記している。[*16] このようなよい評価がなされたにもかかわらず、多くの人はジャガイモを外来の有毒なものだと考えていた。ジャガイモは根菜であって、ローストした肉の風味を増したり付け合わせにできるような葉菜ではなかったこともある。ジャガイモは王室のメニューにも季節の食べものとしてときおり登場し、高価な贅沢品にもされた。それでも当時、イングランド人はまだ「肉とジャガイモ」の民にはなっておらず、ジャガイモはどちらかと言うと下品な野菜で、十七世紀のジェントルマンの食事にはふさわしくないと考えられていたのである。

一六六二年に、サマセットシャーの地主ミスター・バックランドが王立協会に手紙を書き、ジャガイモは飢饉のときに国民を守る一助になるかもしれないと述べている。王立協会の農業委員会はすぐにそれに賛成し、土地所有者である会員にそのような作物を植えるように強く勧めた。王立協会の造園専門家だったジョン・イーヴリンは、ジャガイモはたとえ使用人の食べものにしかならなかったにしても、不作の年に備えるよい保険になるだろうと書いた。一六六四年には、ジョン・フォスターという小冊子作者が『イングランドのいっそうの幸福――食糧難の年がつづいた場合の確実かつ簡単な救済策』と題した本のなかで、ジャガイモは食糧不足を解消する確かな救済策だと主張し、とくに小麦粉と混ぜるといいとしている。それでも、政界や科学界の名士のあいだには深く根づいた社会的偏見があり、自分から率先してジャガイモ料理を食べてみせる人はいなかった。貧しい人びとはどうかというと、こちらもやはりパンをあきらめるくらいなら、腹をすかせたほうがましだと考える人が多かった。

フランスの農民は長いあいだジャガイモを食べようとしなかった。不作の年には出来の悪い穀物やかびたような穀物で間にあわせ、高騰する価格に苦しみ、腹をすかせ、しばしばパン騒動に加わった。ジャガイモはフランスでは一七五〇年になってもまだ異国の食べものと見なされ、そのころですら大半の美食家には敬遠されていた。ブルゴーニュの農民はジャガイモを植えることを禁じられた。白くてこぶのある塊茎がハンセン病患者の変形した手足に似ていたため、ジャガイモはこの病気の原因になると言われていたからだ。ドニ・ディドロは大著『百科全書』（一七五一～一七七六年）にこう書いている。「その根はどのように調理しても風味がなく、でんぷん質である。しかし、……もっともなことだが、ジャガイモは腹が張るのが欠点だと言われている。農民や労働者の頑強な臓器に、ガスなどなんの差し障りがあるだろうか」[*17]

イングランドでは、ジャガイモは動物の飼料として栽培され、やがてそれが貧困者の食糧となった。一七〇〇年ごろになると、北のウィガンのような町では、盛大なジャガイモ市場が開かれるようになった。一方、アイリッシュ海の向こうのアイルランド人は、すぐさまジャガイモを受け入れ、ただの代用食物以上のものとして扱うようになった。イモがあれば、食糧不足を解消できるかもしれないからである。なんと言っても、イモはオート麦にくらべてはるかに生産性が高かった。とくに貧しい人にしてみれば、粉屋にお金を払って粉に挽いてもらう必要がないことが大きな利点だった。まもなくアイルランドの貧民は、ほとんどジャガイモだけに頼るようになった。だが、この単一作物への依存が大惨事を招くもととなったのである。

7章 氷河との闘い

太陽は無数にあるもののひとつ、百万の星のひとつにすぎない。太陽よりも輝きのまさる星はたくさんあるだろう。太陽は天軍のなかの一兵卒にすぎないのだ。それでも、太陽だけが……地球の近くにあって、地上の出来事に影響をあたえているのが感じられる……それはただの支配や優位にとどまらない。

——チャールズ・ヤング

『オールドファーマーズ・オールマナック』一七六六年

小氷河期で最も寒かった一六八〇年から一七三〇年は、気温が急激に下がり、イングランドでは作物の生育期間が、二十世紀で最も暖かかった一〇年間とくらべて約五週間も短かった。イギリスとオランダでは、地面に雪が積もっている日数が増えて、二〇日から三〇日になった。二十世紀になってからは、二日から一〇日しかない年が大半である。[*1] 一六八三年から翌八四年にかけての冬はとくに寒く、イングランド南西部では場所によって地面が一メートル以上の深さまで凍りつき、イングランド南東部やフランス北部の海岸沿いには海氷の帯が現われた。氷はオランダの海岸の一部でも、沖合三〇キロから四〇キロのところに見られた。多くの港が凍結し、北海全域で船舶の航行が停止した。

アイスランド付近の状況はきわめて厳しくなっていた。デンマーク海峡は夏でもしばしば海氷におおわれるようになった。一六九五年には、アイスランドの全海岸が一年の大半を氷に閉ざされ、どんな船も行き来できなくなった。沿岸でのタラ漁はまったくふるわなくなった。これはいくらか水の温かい沖合に魚が移動したせいでもあるし、また、島民の漁のやり方が原始的で、無甲板船を使っていたせいでもある。一六九五年から一七二八年のあいだには、スコットランドの北にあるオークニー諸島の住民が、沖合でカヤックを漕いでいるイヌイットを何度か目撃して驚いている。一度などは、一艘のカヤックがアバディーンの近くのドン川まで南下してきた。これらの北極からの孤独な猟師たちは、おそらく何週間も大きな浮氷の上を流されていたのだろう。一七五六年になっても、海氷は一年のうち三〇週はアイスランドの大半をとり囲んでいた。

海水の温度が下がったために、ニシンの大群がノルウェー沖から北海へと南下した。ニシンは三度から一三度の水温を好むからである。イングランドとオランダの漁師は

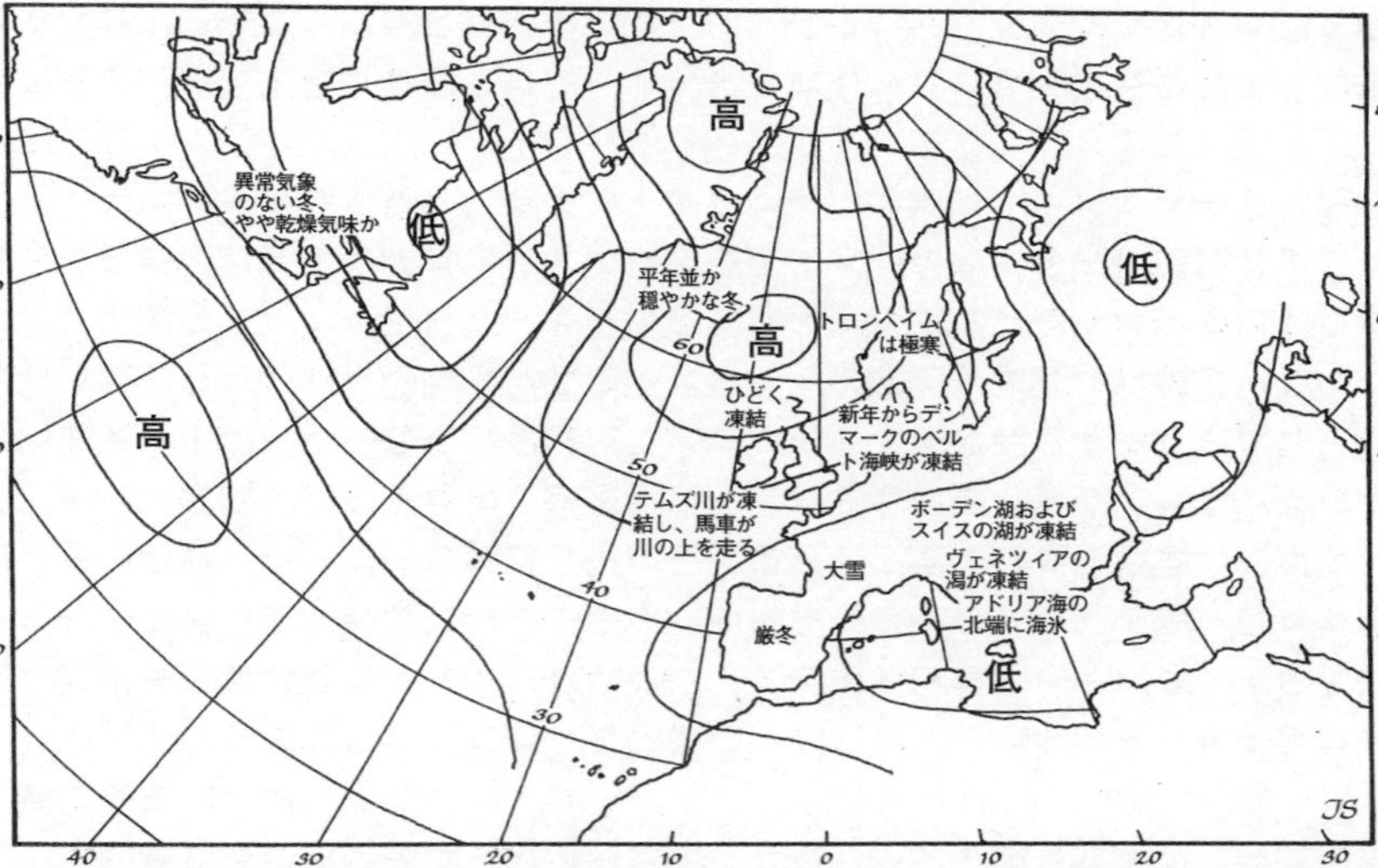

1683年～1684年の冬、1683～1684年と翌1684年～1685年の冬。データはヒューバート・ラムの『気候の現在、過去、未来』(Climate Present, Past, and Future) および『気候、歴史、現代の世界』(Climate, History and the Modern World) より

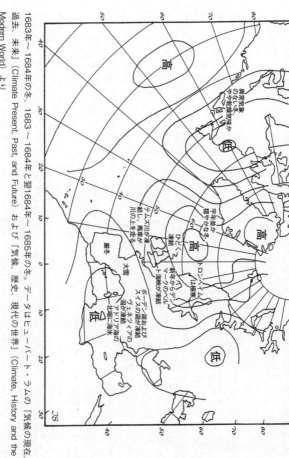

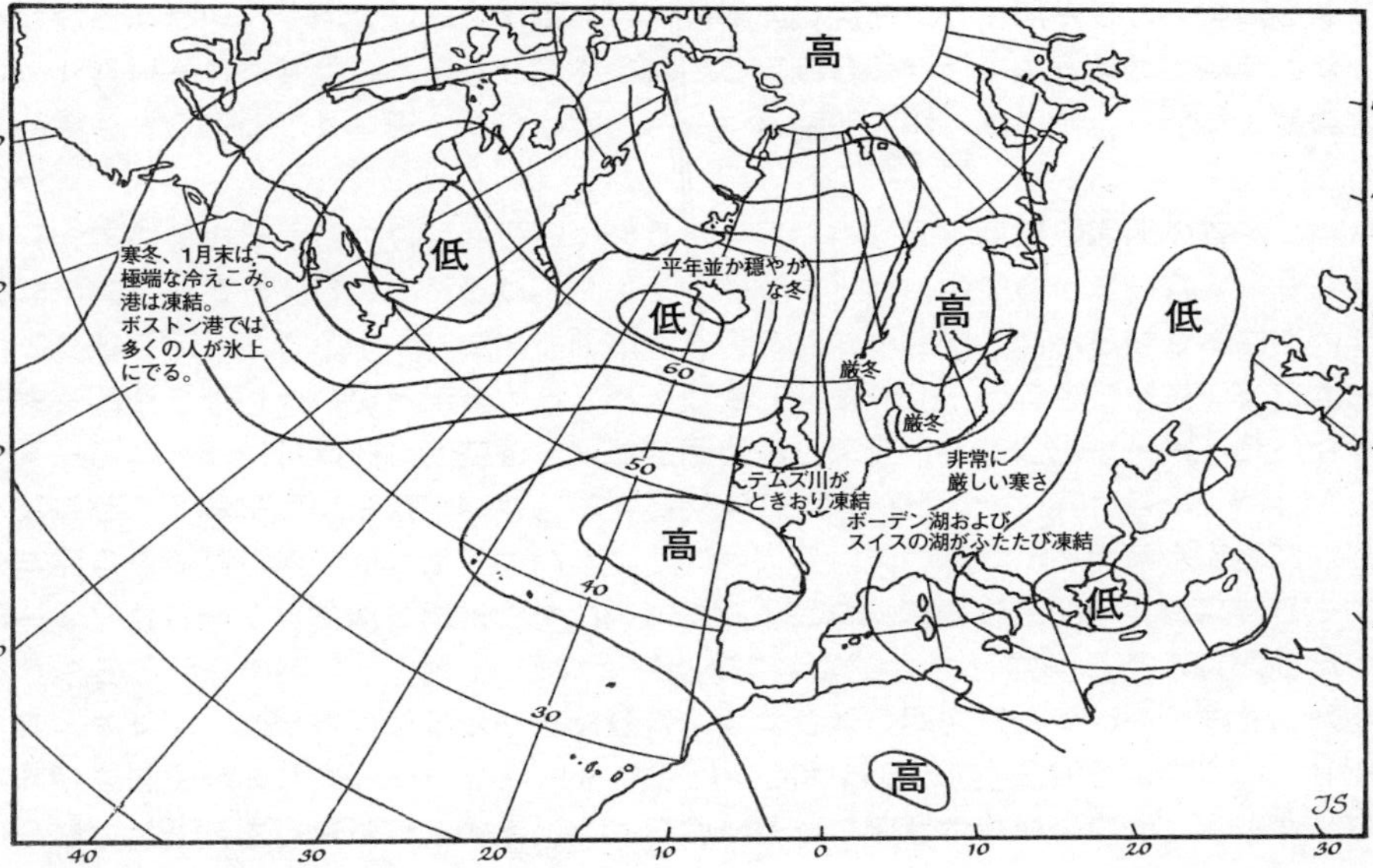

1684年～1685年の冬

この大量のニシンの恩恵をこうむったが、ノルウェー人は苦しんだ。魚が南に移動したのはこれが最初ではない。一五八八年に急な寒さに襲われたときにも、イギリスの偉大な地理学者ウィリアム・キャムデンがこう記している。「祖父の時代には、ニシンはノルウェー近海にしかいなかったのに、われわれの時代になると……毎年、大群でわが国の沿岸を泳いでいる」[*2]。漁業がふたたび活気づくと、独立のために戦っていたオランダにもある程度の繁栄がもたらされた。簡単な風車が開発され、低地の干拓が可能になったこともさいわいした。もっとも、繰り返し襲ってくる嵐や高潮によって海岸沿いの護岸設備が破壊され、耕作地が水に浸かることもしばしばだった。ノルウェーでは、ただでさえ短い作物の生育期間が南の諸国にくらべてますます短くなり、山岳氷河がいたるところで前進していた。だが、ノルウェー人は寒い気候を逆に利用した。海岸沿いの村の多くは農地を手放して船の建造を始め、近くの森から伐採した木材を輸出するようになったのだ。一六八〇年から一七二〇年のあいだに、ノルウェーは木材貿易を中心にした大商船団をもつようになり、国の南部の経済を様変わりさせた。

北極からの冷たい水は南へと広がり、イギリス諸島にまで達した。フェロー諸島沖のタラはまったく獲れなくなった。その周辺の海面の温度が今日よりも五度低くなっていたのである。一五八〇年代と同様に、北緯五〇度から六一度ないし六五度のあたりで、温度差がいちじるしくなり、そのせいで今日の北ヨーロッパで見られるよりもはるかに強い低気圧による暴風がときおり吹き荒れるようになった。小氷河期の寒い気候の影響は、ヨーロッパだけでなく世界中の広大な地域で見られた。

＊

ニュージーランドのサザン・アルプスにあるフランツ・ジョゼフ氷河は、海抜三四九四メートルの切り立ったタスマン山につづく山間の深い谷を押し進んできた。[*3] 氷河の前面までの道は、氷の解けた水が急流となっているところを越えて、荒涼とした谷底を曲がりくねりながらつづいている。氷河に近づくには、谷間で氷河が前進や後退を繰り返すあいだに集まったごつごつの岩屑によって巨大な固い岩が削られ、こぶ状になっているあいだを抜けていく。前面まで行って上を見あげると、太陽に照らされて薄い緑色に輝く氷が見える。小氷河期の氷河の変動を伝えるミクロコスモスである。

フランツ・ジョゼフ氷河はたえず移動をつづけている。九〇〇〇年前には、この氷河は凍った雪原の窪地にある氷にすぎなかった。その後、小氷河期の寒冷化が始まり、氷河はその下の谷間を突き進み、そこに生い茂っていた広大な多雨林にぶつかっていった。氷は通り道にあるすべてのものを押しつぶし、大木をマッチ棒のようになぎ倒した。十八世紀には、フランツ・ジョゼフ氷河の前面は太平洋から三キロ以内のところまで達し、荒々しい氷の川は矢印のように海岸を指していた。

今日では、フランツ・ジョゼフ氷河は、ニュージーランドのほかの氷河と同様に後退している。毎年、たくさんの観光客がこの前面まで歩いてくる。観光客は夕刻までその場にとどまり、山の峰がばら色に染まって、低い尾根が暗い紫色の影のなかに沈む光景を楽しむ。この巡礼の旅は、十八世紀から十九世紀の初めまで完全に氷でおおわれていた岩だらけの地形を通り抜けていく。ここを見れば、氷河がいかに二〇〇年前の厳寒の時代と、それにつづく今日の温暖化の差のバロメーターになっているかがわかる。そこへいたる道筋には、氷河が最も前進したときに末端堆石《モレーン》がとまった場所が記され、一八五〇年以降に氷河がそこから大きく後退して移動していった跡が残されている。氷河は一八九三年くらいまで着実に後退をつづけたが、それから突然、前方に押してでてきて、氷河の前面につづく観光客用の小道を破壊した。一九〇九年には、一カ月に最大で五〇メートル前進したことが報告されている。それからフランツ・ジョゼフ氷河はまた後退し、そのあと一九二〇年代初めに退いた分の半ばくらいまでまた前進した。一九四六年には、その七五年前とくらべて、少なくとも一キロは短くなっていた。このように前進と後退を繰り返すパターンは今日でもつづいているが、後退する期間のほうが前進よりも長くなっている。

ニュージーランド・アルプスは、世界でもめずらしく、氷河が多雨林のなかを突き進んでいる場所である。このフランツ・ジョゼフ氷河のふもとにきて初めて、私は小氷河期の最盛期が地球の反対側にあるアルプスの山村の人びとを心配させただけのものではなく、本当に地球規模の現象だったことを悟った。

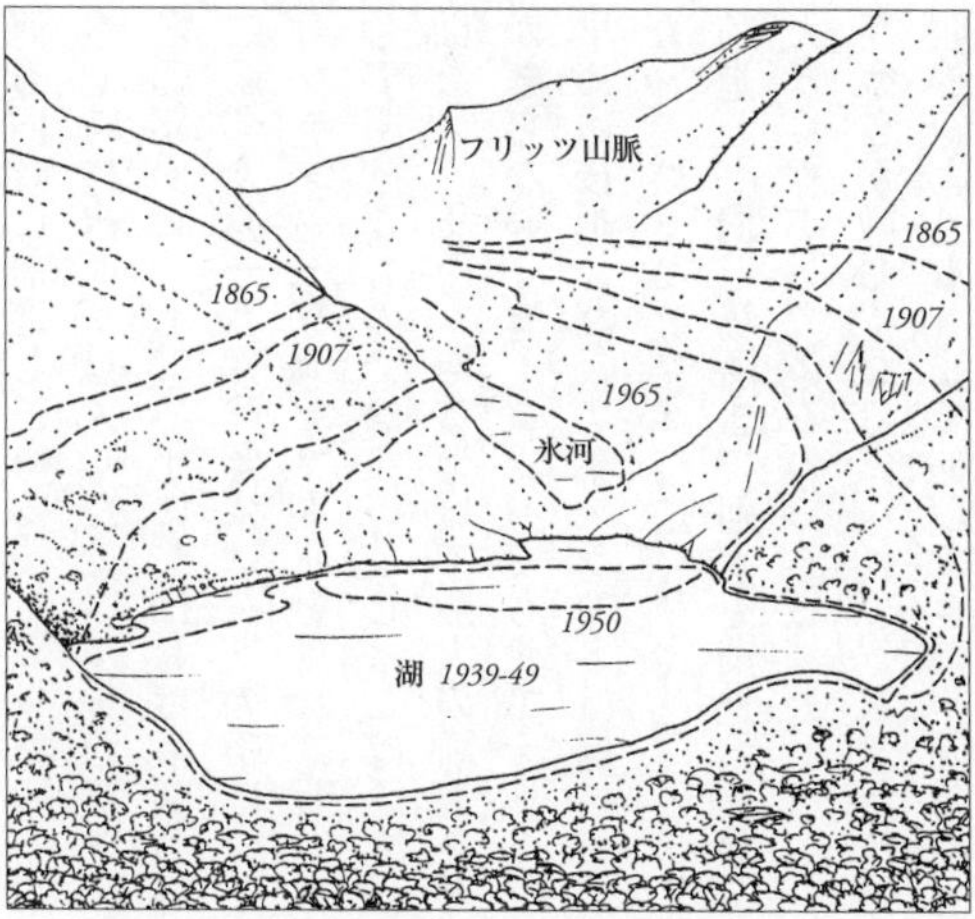

ニュージーランドの南島、フランツ・ジョゼフ氷河が1865～1965年に後退した様子。氷河の前面は1960年代以降さらに後退している。ニュージーランド政府の資料をもとに再現。ジャン・グローヴの『小氷河期』も参照

フランツ・ジョゼフで最も氷河が前進したのは、十七世紀末から十九世紀初めにかけてだが、これはヨーロッパ・アルプスの氷河が最も前進したのと同時期だ。アルプス山脈の氷河は一六〇〇年から一六一〇年にめざましく前進し、一六九〇年から一七〇〇年、一七七〇年代、一八二〇年ごろから一八五〇年にもやはり前進した。アラスカや、カナダのロッキー山脈、アメリカ北西部のレーニア山にある氷

河も同時に前進している。十九世紀は、カフカス山脈、ヒマラヤ山脈、および中国でも同時に氷河が拡大した。ペルーのアンデス山脈南部のケルカヤの雪氷コアは、一五〇〇年から一七二〇年にしばしば厳寒の時期があったことを証明しており、また一七二〇年から一八六〇年には長期の干ばつと寒い時代があったことを示している。

フランツ・ジョゼフ氷河を見ればわかるように、氷河の前進と後退のサイクルは決して明確なものではない。しばしば急激に起こり、継続した期間が一定だったためしはない。また、ある地域で最大の前進をとげた時期に、別の地域でもそうだったとはかぎらない。ヨーロッパでも北アメリカでも、北部の氷河は小氷河期の末期に前進し、早めに後退した（アイスランドは例外で、ここの氷河が最大になったのは十九世紀末だった）。ところが、ニュージーランド・アルプスのような南の氷河は、早い時期に前進し、同じ場所まで何度も前進と後退を繰り返し、十九世紀末から二十世紀初めに大きく縮小しているのである。

寒さが厳しくなるにつれて、氷河だけでなく、山の雪線にも影響がおよび、今日の限界線よりも下まで伸びてきた。降り積もった雪は春になっても解けなかった。エクアドルのアンデス山脈の高山は、少なくとも十九世紀末までは一年中、雪をかぶっていた。スコットランドを旅行した人は、ケアンゴーム山地の高度一二〇〇メートルから一五〇〇メートル付近が万年雪におおわれていると報告している。ということは、二十世紀半ばよりも、気温が二度から二・五度低かったはずだ。ジョン・テイラーという旅行者がディーサイド一帯について一六一〇年にこう書いている。「年寄りの住民によれば、これらの丘の頂上は冬も夏も雪をかぶっているのしか見たことがないという」[*4]。気温が一・三度下がっただけでも（この当時イングランド中部で記録された程度）、スコットランドの山の雪線はすぐに一二〇〇メートル付近まで下がり、日陰の峡谷では氷河が形成されただろう。[*5]

気温の低下は生物にも大きな影響をおよぼしたが、それがどの程度だったかを知るには、今日の植物や樹木や動物の行動から推測するしかない。北の森林限界の近くにあるカバやマツなどの木は、気候が温暖になると、近辺の新しい場所へと分布範囲を広げていく。寒冷化すると後退するが、かならずしも即座にそうなるわけではない。一八九〇年から一九四〇年代には北大西洋振動（ＮＡＯ）は高モードになっており、穏やかな気候が訪れて、北ヨーロッパ一帯には低気圧がつねに流れこんできていた。このような暖かい時代に、ヨーロッパの鳥類の多くは、北に生息域を広げていった。鳥は積雪の量やその期間、夏の長さや暑さ、そして冬の厳しさにきわめて敏感だからだ。生物の分布範囲は、好みの餌があるかどうかも表わしている。たとえば、ツノメドリは一九二〇年から一九五〇年にかけてイギリス周辺で急激に数が減少した。ツノメドリが餌とする種類の魚が、冷たい海域を好んだためである。一九五〇年代以降に海水の温度が下がると、イカナゴが戻ってきて、北部のツノメドリのコロニーもふたたび増えてきた。

アイスランドには、二十世紀の前半にヨーロッパのあらゆる鳥がきていた。繁殖にやってくるユリカモメのつがいや、ツバメ、ムクドリ、ノハラツグミなどがいた。さらに驚いたことに、セイオウチョウまでが生息していた。十八世紀には西地中海一帯の森林の日当りのいい周辺部でよく見られた鳥だ。それが一八七六年には、中央ヨーロッパの大半でコロニーをつくるようになった。現在はオランダやフランス北部、そしてスカンディナヴィア半島のような北の地域でも繁殖している。一九六〇年代に緯度の高い地域で気温が下がると、シロフクロウのような鳥は南に移動してシェトランド諸島で巣づくりをし、ハシグロオオハムは北からスコットランドに戻ってきた。

こうした変化や、蛾や蝶の生息域の移り変わりは、小氷河期の最も寒かった時代に生物の分布範囲に起こっていたにちがいない変化にくらべれば、大したことはない。当時の人びとはそうした変化に気づいていたのだろうか。経済的に重要なニシンやタラのような種を除けば、そのような観測記録はなく、少なくとも現代の学者の知るかぎりでは存在しない。しかし、身のまわりの動植物や自然に徐々に変化が起こっていることに人びとが目をとめていたとしたら、なかには一六四五年から一七一五年に太陽の黒点がいちじるしく減っていたことに気づいた人もいるにちがいない。

＊

黒点はよく知られた現象である。現在、太陽活動は一一年周期で活発になったり、衰えたりしている。しかし、黒点周期を生じさせる複雑な過程や、数が増減する理由を完全に説明した人はいまだにいない。黒点の数は一一年の周期のなかで最少で六個になるのが一般的で、黒点活動が数日間、ときには数週間起こらないこともある。ただし、一カ月間もつづいて活動がないことは非常にまれだ。ところが、過去二世紀のあいだに一八一〇年だけは、黒点活動がまったく起こらなかった。どう考えても、小氷河期の最盛期には明らかに黒点活動が少なかったのである。

十七世紀から十八世紀は、科学が大きな進歩をとげ、天文学が盛んになった時代だった。太陽を観測した天文学者は、土星の輪に隙間があることを発見したり、衛星を五つ見つけたりした。彼らは金星や水星の通過を観測し、日食を記録し、木星の衛星の軌道を正確に観測することで光の速度を測った。太陽や黒点について細かい研究成果を初めて発表したのは、十七世紀の学者たちだった。一七一一年には、イングランドの天文学者ウィリアム・デラムが「大間隔」について意見を述べており、一六六〇年から一六八四年にかけて黒点がまったく観測されなかったとしている。デラムのコメントがなかなかいい。「黒点だって、これだけ多くの太陽の観察者の目を逃れることはまずできなかっただろう。彼らは望遠鏡を使って世界のあちこちで年がら年中、太陽をのぞいているのだから」[*6]。しかし、現代の科学者にとっては残念なことだが、黒点は一七七四年までは太陽の雲だと考えられていたため、どれだけ継続して観察されていたかを知るすべはない。

一六四五年から一七一五年の期間は北極光や南極光がきわだって少なかった。その前後とくらべても、この期間の観測記録のほうがはるかに少ない。一六四五年から一七〇八年には、ロンドンの上空では一度もオーロラが観測されなかった。一七一六年三月十五日にオーロラが現われると、ほかでもないグリニッジ天文台長のエドマンド・ハレーがそれについて論文を書いている。科学者になって以来、ハレーは一度もオーロラを見たことがないまま、すでに六十歳になっていたのである。地球の裏側では、中国、朝鮮、日本で紀元前二八年から西暦一七四三年まで黒点が裸眼で観測されており、一世紀につき平均で六度ほどの観測記録が残されている。これは黒点の活動が最大になったときと一致すると考えられる。一六三九年から一七〇〇年のあいだには観察記録はひとつもなく、オーロラの報告もない。

一八九〇年代には天文学者のF・W・G・シュペーラーとE・W・マウンダーが、十七世紀末から十八世紀初めにかけて長いあいだ黒点活動のない時期があったことに注目している。十七世紀の観測者たちの言うとおりだとすれば、黒点のほぼすべての活動が七〇年間にわたって停止したのである。今日の太陽の動きとは大違いだ。黒点活動が見られなかったこの期間は、それ以来「マウンダー極小期」として知られている。

のちの論文のなかで、マウンダーはいくつか驚くような主張をしている。第一に、一六四五年から一七一五年の七〇年間は、黒点がほとんど見られなかったというものだ。第二に、この時期のほぼ半分に当たる期間（一六七二〜一七〇四年）には、太陽の北半球には黒点がひとつも観測されず、一六四五年から一七〇五年にかけては、一度にひとつの黒点群しか見られなかった。そして最後に、七〇年間を通じて見られた黒点の総数が、現在の太陽活動の活発な年に一年間に発生する数よりも少なかったことである。マウンダーは当時の観察記録を数多く引用しており、そのなかにはフランスの天文学者ピカールが一六七一年に記したものもある。ピカールはこう書いている。「黒点が発見できて喜ばしい。ときにたいへんな努力をして黒点を見ようとしていたにもかかわらず、最後に見てから まる一〇年もたっているのだ」[*7]。マウンダー自身は、太陽の歴史におけるこの明らかな異常は地上の気象に重要な影響をおよぼしていたかもしれないと指摘し、それはふだん一一年周期で繰り返している黒点活動よりもはるかに重大なものだっただろうと考えていた。

太陽によるオーロラの活動史については、これまで知られていなかった昔のアジアの学者による黒点観測や新たな樹木年輪からのデータなど、さらによい資料がでてきているが、いずれもマウンダー極小期がたしかに存在したことを裏づけている。放射性炭素で年代を測定した年輪も、日射の変動についての貴重な情報源だ。炭素14（^{14}C）は大気中における宇宙線の活動によって形成される。そして、この宇宙線は黒点活動によって影響を受ける。太陽の動きが活発で、黒点活動が最大になると、地球に入ってくる宇宙線の一部が途中で阻まれて地上に到達しなくなり、その時期の年輪に含まれる炭素14の割合が減少するのだ。反対に黒点活動が減少すると、地球への宇宙線の影響が増し、炭素14のレベルも上昇する。年代を測定した年輪を見ると、西暦一一〇〇年から一二五〇年のあいだに炭素14のレベルがはっきりと減少し、黒点活動がピークになったことがわかる。この時期はヨーロッパの中世温暖期の最中である。太陽の活動が一四六〇年から一五五〇年に鈍くなると（シュペーラー極小期）、炭素14のレベルはきわだって上昇し、その後いったん下がり、やがて一六四五年から一七一〇年のあいだにふたたび急激に上がっている。ピークは一六九〇年ごろだが、それが非常に例外的なので、最初にそれを発見したオランダの科学者にちなんで、ドゥ・フリース変動と呼ばれている。この異常な時期は、マウンダー極小期とぴったり一致する。

太陽の活動と小氷河期にはなんらかの関係があるのだろうか？　過去一〇〇〇年間の地球の大きな気温変動と、樹木年輪の炭素14のレベルに変化が見られる年は、たしかにほぼ完全に一致する。このことから、日射が長期にわたって変化すれば、地上の気候が数十年、あるいは数世紀間も多大な影響を受けると言えそうだ。たしかに太陽活動がつねに一定していたことはないし、過去一〇〇〇年間には、活発な時期と不活発な時期が今日よりもずっと明確に分かれていた。[*8] 太陽と短期の気候変動の直接的な関係を理解することはできないのかもしれない。それでも、太陽活動が長いあいだ不活発だった時期と小氷河期の最盛期には、どう考えても関連がある。

*

寒い冬や突然の熱波に襲われれば、ふつうのヨーロッパ人なら文句を言っただろうし、気まぐれな気候に翻弄された農民であればなおさらだ。しかし、彼らの苦しみも、アルプス山脈の陰で暮らしていた人びとの不安とくらべればまだましだった。

氷河の前進による脅威は、かなり以前から感じられていた。聖ペトロネラの教会が氷河に押しつぶされたときには、迷信深い人びとは悲嘆した。聖ペトロネラの信仰は、古くは十一世紀ごろからアルプス地方で盛んになっていた。この聖女は熱病を癒すと信じられていたためである。教会はアイガー山のふもと、グリンデルヴァルトの氷河の陰にあり、一五二〇年まではそこにひとりの修道士がいた。それから三〇年ほどのちに、トゥーンの修道院長ハンス・レープマンがこう書いている。「山〔アイガー〕の中腹の聖ペトロネル〔原文ママ〕には、かつてチャペルがあり、巡礼が訪れる場所だった。しかしいまでは巨大な氷河が張りだし、あたり一帯を完全におおっている」[*9]。地元の言い伝えでは、晴れた日には氷を通して教会の扉を見ることができたという。

アルプスの氷河は、一五四六年から一五九〇年のあいだにすでにじりじりと前進しており、一六〇〇年から一六一六年にふたたび猛烈な勢いで移動してきた。中世から栄えていた村々も存続の危機に瀕するか、すでに破壊されていた。危険な地域の地価は下落した。それとともに、十分の一税による収入も減った。氷河が長期にわたって後退し、あまり動きがなかった時代に、農民たちは、まるで動かないように見える氷河から一キロ未満の土地でも安全だろうと考えて開墾していたのだ。しかし、彼らは子孫の代になって、楽観視したつけを払わされることになった。彼らの村も暮らしも脅かされていたのである[*10]。

氷河は情け容赦なく移動をつづけた。アルプス東部のフェアナークト氷河は一五九九年から一六〇〇年に大きく前進し、巨大な氷の障壁の後ろに大きな湖ができた。一六〇〇年七月十日に堰が切れると、氷河から解けた水が大津波のようになって農地や橋や田舎道を水浸しにし、二万フロリン相当の損害をあたえた。氷河は翌年も成長しつづけ、ふたたび湖ができた。さいわい、水は暖かい季節のあいだに徐々に引いていった。

一六二七年から一六三三年に、雨の多い冷夏が七年つづいたために、アルプス地方一帯で氷前線沿いに氷河が大きく前進し、大きな岩が落ちてきたり、洪水になったり、木や農場や橋が壊されたりした。シャモニーでは、一六二八年から一六三〇年のあいだに雪崩や雪、氷河、洪水などで土地の三分の一が失われ、残った場所もつねに危険にさらされるようになった。一六四二年にはデ・ボワ氷河〔メール・ド・グラース氷河の別名〕が「毎日、マスケット銃の射程ほどの割合で前進し、八月ですら進みつづけた」。ローゲイションタイドの人びとは厳粛に宗教行列をし、氷河から守ってくれるように神に祈った。一六四八年には、この村の住民は地元の収税吏に「最近、この教区で起こったそのほかの損失や損害や洪水」を考慮してほしいと懇願した。このころになると、氷前線の近くに住む人びとは、一年の大半は雪でおおわれる畑にオート麦とわずかな大麦を植えているばかりだった。彼らの先祖は十分の一税を小麦で払っていた。ところがこの時代には三年に一度しか収穫がなく、そういう年でも穀類は刈り入れた後に腐ってしまうのである。「ここの人びとはろくに食べていないので、みすぼらしく薄汚れた様子で、死にかけているように見えた」[*11]ありがちなことだが、氷の前進という災難は天罰と見なされていた。デ・ボワ氷河がアルヴ川を堰き止めそうになると、シャモニーの住民は村の指導者たちをジュネーヴの司教のところに送り、窮状を訴えた。彼らは氷によってつねに脅かされている状況を話し、自分たちが罪をおかしたために罰せられているのかとたずねた。一六四四年六月初めに、レ・ボワ村に「巨大で恐ろしい氷河」が迫っている場所で、司教みずからが三〇〇人ほどの行列の先頭に立って練り歩いた。司教は迫ってくる氷河を清め、それからラルジャンティエール村の近くにある別の氷河と、ル・トゥールの上にのしかかっている氷河、さらにレ・ボソンにある四つ目の氷河で儀式を繰り返した。これらの村は文字どおり、移動してくる氷にとり囲まれていた。今日では、氷河はゆうに一キロは離れたところにある。さいわい、この清めは功を奏したようだ。氷河は一六六三年まで徐々に後退した。だが、あとにはすっかり痛めつけられて不毛になった土地が残され、そこではなにひとつ作物が育たなかった。

アレッチ氷河は、シャモニーの周辺の氷河よりもいくらかあとに前進した。一六五三年に、危険を感じたナターザーの村人がジダースのイエズス会の村に代表を送り、援助を求めた。村人たちは、苦行などの「キリスト教徒としての善き行ない」をする心構えはできていると言った。シャルパンティエ神父とトマス神父がナターに一週間滞在して説教をし、それから徒歩で四時間ほどのところにある氷河まで行列を率いた。人びとは雨のなかを帽子もかぶらずにとぼとぼとつづき、道すがらずっと讃美歌や聖詩をうたった。氷河の前面までくると、イエズス会士たちはミサを執り行ない、氷河のところで説教をした。「最も重要な悪魔祓いの呪文が使われた」。それから氷河の末端に聖水を振りかけ、そのそばに聖イグナチウスの像を置いた。「それは、敗走する軍隊にではなく、飢えた氷河そのものに休戦を命ずるユピテル像のようだった」[*12]。イエズス会士の神への語りかけはうまくいった。いまも、聖イグナチウスが「氷河の動きをとめた」のだと言われている。

氷河はしばらくのあいだ後退したようだったが、また前進しはじめ、シャモニーをはじめとする各地ではまたも祈禱や説教が必要になった。氷河はあらゆる方向からしかかってきた。一六六九年にこの地にやってきた塩の収税吏は失望して、ある女友達に手紙を書いている。「ここにはまさに貴女のような山が三つ見えます……頭の先から爪の先まですべて氷でできている五つの山は、その冷たさを変えることがありません」[*13]。一六七〇年代にはアルプス東部で、氷河が近代史上最大の前進をとげた。とくにフェアナークト氷河は大きく移動し、神の慈悲を請うためにその地に派遣されたカプチン会修道士がその様子を描いている。前進をつづける氷河がロフェンタール峡谷を堰き止めると、放浪者が黒魔術を行なっていると疑われて捕えられ、すっかり理性を失った村人によって火あぶりにされた。五年連続して夏に氷の堰が切れ、その下にある村が冠水した。氷河舌が数メートル以上後退したのは、一七一二年になってからだった。

災害はつづいた。一六八〇年七月に、成長しつづけるアラリン氷河に堰き止められたマットマルクゼー湖はその周辺の山の牧草地にあった小屋を水没させた。その夏は非常に暑かった。七月には、湖は薄くなった氷の堰を破り、その下にある峡谷にどっと押しよせた。人びとは宴や祭り、舞踏会やトランプなどを四〇年間控えることで天罰をかわそうと誓った。ツュルブリュッゲンの年代記作者はこう書いている。「人びとは何かが起こったあとはかならず賢く、用心深くなる。災害が起こったり、馬が急に駆けだしたり、氷河が境界線を突破したりしたあとにはそうなるものだ」[*14]

一六八〇年以降、氷河はいくらか後退した。ジュネーヴ司教のジャン・ダレントンは、シャモニーの人びとが前任の司教の訪問を感謝していることについて書き残している。村人は、自分たちで費用を負担して年老いた元司教をまた招待し、迫っていた氷河が八〇歩ほど後退したところを見てもらったのだ。老人は律儀に村を訪問し、ふたたび祈りを唱えた。「これはたしかに天の祝福だ……氷河はこれまであった位置から八分の一リーグほど後退し、いままでのような大混乱を引き起こさなくなった」。しかし、後退はわずかで、過去一世紀半に見られた動きとはまるで比較にならなかった。それはル・ロワ・ラデュリが言うように、「単なる振動であり、長期にわたる満潮のなかでの局地的な小さい波の谷間にすぎない」[*15]。氷河が後退しても、シャモニーの人びとは君主であるサルデーニャ国王に税金の免除を嘆願している。嘆願書には、転がってくる岩や洪水や氷の落下に苦しむ様子が描写されている。

このように一時的に後退はしたものの、アルプスの氷河はルイ十四世の時代には、今日よりもはるかに巨大だった。一六九一年に、フィリベール・アメデ・アルノーは、アルプス山脈の峠や峰について報告書を残している。有能な判事であり、工兵であり、山登りの達人でもあるアルノーは、生涯の大半をサヴォイア公国の周囲にある山の要塞を視察してまわっていた。好奇心の強いアルノーは三人の猟師からなる登山隊を組織し、「足に登山用の鉄具をつけ、手には鉤と斧をもち」、サヴォイアからシャモニーに大昔から氷のないアルプス越えの道があるという噂を確かめに行った。最新の登山装備ででかけたにもかかわらず、一行は氷に行く手を阻まれて引き返すはめになった。アルノーの時代には、氷河はヴァル・ヴェニをはじめとする峡谷の下のほうにまで進出していたのである。現在、このあたりにはモレーンだけが残っており、氷河は山の奥深くに後退し、峠は楽に行き来ができる。

一七一六年に、シャモニーの住民はまたも、氷河による洪水にたいして政府が手をこまぬいていると不満を述べている。村は崩壊の危機に瀕していた。エッツタール地方にあるグルグラー氷河は大きな湖をつくり、まもなくそれが長さ約一キロ、幅約五〇〇メートルに拡大したのである。一七一八年に、地元の村人が氷河まで宗教行列を行ない、氷河のそばの岩の上でミサをあげた。ミサの効果は目に見えて現われはしなかったが、湖があふれて下流の土地が水没することはなかった。行列に参加した人びとは、その前年にヴァル・ダオスタにあるル・プレデュバルの村が惨事に見舞われたことを聞いていた。九月十二日、その村は氷河による地滑りによって消滅していた。あまりにも突発的な出来事で、木にとまっていた鳥さえも犠牲になった。同じ年に、トリオレ氷河の前面が崩れて巨礫と水と氷の大洪水となり、それがものすごい勢いで下流に押しよせて「あらゆる動産を根こそぎ押し流した。一二〇頭の雄牛と雌牛、チーズがやられ、七人の人間が即死した」[*16]

最盛期は一七四〇年から一七五〇年にかけてやってきた。これはまた、裕福な旅行者たちがアルプスの氷河を発見した時代でもあった。一七四一年に、イギリスの貴族ジョージ・ウィンダムは外国の旅行者として初めてシャモニーを訪れた。彼はこの地域に恐るおそるやってきた。「そのあたりでは、生活必需品はほとんど見つからない」と聞いていたからだ。ウィンダムの一行は馬に荷物をずっしりと積み、テントをもって旅をした。テントでも「いくらかは役に立った」。ウィンダムによれば、村から見ると氷河の前面は「白い岩か、あるいは巨大な氷の塊のように見えた」[*17]。ガイドの話では、氷河は「毎年、大きくなりつづけている」という。ウィンダムは緩んだ岩や乾いて崩れかけている土の上を慎重に歩いて氷の前面にたどりついた。その一年後に、フランスの旅行者ピエール・マルテルが、デ・ボワ氷河のふもとにあるアルヴェロン川の源流まで登っている。「氷の下にふたつの氷の洞窟があり、水はそこから流れだしている。妖精が住んでいると言われる水晶の洞窟のような光景だ……でこぼこの天井は高さ八フィート（一フィートは約三〇センチ）あまりあり、すばらしい光景だ……その下を歩いて通ることはできるが、ときどき氷の破片が落ちてくる危険がある」[*18]。アルヴェロンの洞窟は人気のある観光地となり、「巨大な氷の塊から、自然の手で削られた」洞窟として知られるようになった。日の光が変わるたびに、氷は白く不透明な色から、透明で「アクアマリンのような緑色」に変わった。しかし、つづく一世紀半のあいだにデ・ボワ氷河は後退し、この洞窟は一八八〇年ごろに姿を消した。

氷河はそのほかの場所でも拡大した。一七四二年から一七四五年に、ノルウェーの氷河は現在の位置よりも数キロ先まで前進して農場を破壊し、貴重な夏の牧草地をおおいつくした。アイスランドの氷河もやはり前進したが、その動きは火山の噴火によって複雑なものになった。たとえば、一七二七年のオーライヴァヨークトルの噴火はスケイダラールヨークトル氷河を激しく振動させ、「その下から数えきれないほどの川が流れだし、それがほとんど瞬時に現われたり消えたりした」。見物していた人びとは砂丘に避難しなければならず、それから何カ月ものあいだ誰もこの一帯に足を踏みいれることはできなかった[*19]。

アルプス山脈の氷河の「満潮」は一五九〇年ごろから一八五〇年までつづき、そのあと干潮になって今日にいたっている。小氷河期の最盛期にあたるこの二世紀半のあいだに、ヨーロッパの社会では重大な変化が起こった。

8章「夏というよりは冬のよう」

土地を囲い込み、カブやクローバーなどの草の種をまけるようになれば、これらの作物は土を改良し肥沃にするので、同じ土壌でも数年もすると、以前の二倍近い収穫が期待できるようになる。ロームや粘土の土地がすばらしく改善されることがあるのは言うまでもない。うまく植えれば、耕作地にするよりも牧草地として、二倍の価値を永続的に生むようになる。

――ナサニアル・ケント
「ノーフォーク州の農業についての概論」一七九六年

ロンドン市民にとって、一六六六年の夏は忘れがたいものになった。当時、この大都市は中世のころの境界線を越えて拡大しつづけていた。ロンドンは人口の密集した迷路と化し、一〇九もの教区教会と同業組合の壮大な会館が、狭い路地やむさくるしい小屋のあいだに建っていた。大金持ちと貧乏人が同居するロンドンは、商業の中心地として人でごった返した港町であり、巷には疫病や犯罪や暴力があふれていた。一六六五年には、ペストで少なくとも五万七〇〇〇人が死亡し、まったく被害を受けなかった家はないにひとしかった。ペストは一六六六年初頭の寒い冬のあいだに下火になり、やがてひどく暑く乾燥した夏がきた。九月には、ロンドンの木造の家屋はすっかり乾き切っていた。日記作者のサミュエル・ピープスはこう書いている。「これほど長く日照りがつづいたので、石ですら燃えあがりそうだった」。ロンドン市民はみな、それ以前に市内で起こった火事には充分に対応していたが、誰ひとりとして、市当局でさえ一六六六年九月二日の日曜日に火事場風が発生するとは予想もしていなかった。[*1]

北大西洋振動（NAO）はおそらく低モードになっていて、北ヨーロッパ一帯に高気圧が張りだしていたのだろう。何週間も北海の上を乾いた北東風が吹き、ただでさえ乾き切っていたロンドン市内をさらに乾燥させた。「ベルギー風」が吹きやまないため、当局はひどく神経を尖らせていた。というのも、イングランドはオランダと交戦中で、その風は北海の向こうからの攻撃に適していたからだ。九月二日の夜更け、プディング・レーンのパン屋ロイヤル・ベイカーで火事が発生し、通りの向かいの宿屋に飛び火した。午前三時には、火は強い風にあおられて、急速に西へ広がっていった。炎はすでに一軒の教会をのみこみ、最終的には八〇以上の教会が犠牲になる。ところが、ロンドン市長は火事を眺めて、こともなげに「フン、女の小便でも消せるな」[*2]と言ったために有名になった。市長はベッドに戻ったが、そのあいだに三〇〇以上の建物が焼失した。朝になると、火事は川の北岸にある木造の倉庫群に広がった。何十という家が引き倒され、防火帯をつくって炎をくいとめようとむなしい努力がつづいた。巨大な炎の滝が空に舞いあがり、近くの屋根に火をつけた。その一方で、侵略してきたオランダ軍が大火災を起こしたという噂が広まった。消防車はあったが、狭い路地では身動きがとれなかった。サミュエル・ピープスが市内を歩きまわると、「通りはとにかく人でいっぱいだった。それに馬や家財を積んだ荷車が、たがいにぶつかりそうになりながら、焼けた家からものを運びだしてほかへ移していた」。テムズ川には数多くのはしけや船が家財を積んでひしめきあっていた。夕暮れにピープスが見たところでは、炎は「まるで一本の火のアーチのようになり……一マイル〔約一・六キロ〕以上にわたっていた。……教会も家もひとつの炎に包まれ、あっというまに燃えた。炎は恐ろしい音をたて、崩壊した家々からはパチパチという音が聞こえた」[*3]。

　ロンドン大火は手のほどこしようもなく三日以上にわたって燃えつづけ、市内を横断しながらその道筋にあるものすべてを破壊した。国王チャールズ二世はみずから消火活動を手伝った。九月五日に北東風はついにやんだが、火はなかなか燃えつきず、その週の土曜日までつづいた。暑さで疲れきったピープスは、焼け野原となった市内をさまよった。「脇道や狭い路地は瓦礫《がれき》の山となり、誰も自分がどこにいるのかよくわからなかった。どこかの教会や会館の焼け跡に、目につく塔や尖塔でもあれば別だが」[*4]。市の検査官は被害総数を調べた。四〇〇以上の通りや裏小路で一万三二〇〇軒が焼失し、人口六〇万人のうち一〇万人が焼けだされた。驚くべきことに、これほどの大火で焼死したロンドン市民は、わずか四人だった。九月九日の日曜日に何週間ぶりかの雨が降り、十月は一〇日間ずっと雨が降りやまなかった。しかし、地下の石炭貯蔵庫に封じこめられていた燃えさしが発火する事件が、少なくとも翌年の三月までつづいた。

ロンドンが乾燥した火口《ほくち》箱《ばこ》と化したのは、長い日照りと北東風のせいだと言う人は誰ひとりいなかった。この大惨事の始末は主にゆだねられることになった。十月十日が断食と屈辱の日と決まった。神の赦しを求めて国中で礼拝が行なわれ、「国民のひどい過ちを、とりわけこの最後の重い審判を下されることになった罪を快く赦してもらえること」を祈った[*5]。ロンドン市は以前とほぼ同じ都市計画で再建されたが、ひとつだけ重要な違いがあった。条例によって、今後すべての建物は煉瓦か石で建てることが義務づけられたのである。

＊

十七世紀後半にはたびたび厳しい冬が訪れた。これはおそらくNAOがずっと低モードだったせいだろう。ときおりひどい暴風が吹き荒れ、漁船や商船が大きな損害をこうむった。一六六九年十月十三日には、北東の強風のためにスコットランド東部で海面水位がふだんよりも一メートル上昇し、「船は壊れてぶつかりあった……。カークコールディの船は港から漂いでて、岩に激突した」[*6]。陸地そのものも動いていた。ノーフォークやサフォークの砂地のブレックランズでは、かつて安定していた砂丘が強い風によって吹きとばされ、貴重な農地が何メートルもの砂の下に埋まって不毛の地になった。砂はその後何十年ものあいだ少しずつ前進しつづけた。一六六八年に、イースト・アングリアの地主トマス・ライトは王立協会の会報のなかで「とてつもない量の砂に、私もあわや埋まりそうになった」と描写している。砂はレイクンヒースにあるライトの家の南西八キロほどのところからやってきた。レイクンヒースでは、巨大な砂丘が「猛烈な南西風によって崩され、近隣の土地に砂が吹きとばされたのである」。砂はその一帯にどんどん広がり、一軒の農家を半ば埋め、一六三〇年ごろにスタントン・ダウンハムの村のはずれでとまった。それから一〇年か一二年後に、砂はわずか二カ月間で「さまざまな家を破壊して埋め、穀物畑をおおいつくし」、近くの川を堰き止めた。一〇万トンから二五万トンもの砂が村を埋めつくし、モミの木を利用しても、「廏肥や良好な土を何百杯も」まいても無駄だった。[*7] 一九二〇年代に入るまで、この一帯に森林を復活させることはできなかった。

一六八四年一月二十四日に、日記作者のジョン・イーヴリンはこう書いている。「凍結が……ますますひどくなり、ロンドンのテムズ川には、市内の通りにあるような屋台が並び……。地上に厳しい審判が下されたのだ。木が雷に打たれたように割れただけでなく、あちこちで人や家畜が死に、海ですらすっかり凍りつき、どんな船も出航できず、入港することもできない」[*8]。その寒さはスペインのような南の国でも感じられた。翌年の夏は猛暑になり、それからまたテムズ川の凍る厳冬が訪れ、そしてまた暑い夏がやってきた。一六八〇年から一七〇〇年の二〇年間は全般的に気温が低く、降水量の多かった一世紀の最後にあって、寒さと天候の不順がひときわ目立った。

一六八七年から一七〇三年は、春や夏に寒く雨の多い日がつづき、ブドウの収穫は一般に遅かった。この期間は不作の時代で、夏の気温の低さは翌世紀とは比較にならないほどである。憂鬱な天候がつづくなかで、スペイン領ネーデルラントとファルツは九年戦争〔大同盟戦争〕に巻き込まれ、アウクスブルク同盟を結成して、ルイ十四世のフランス軍と戦った。遠征する双方の軍は貧しい人びとの食糧となったはずの備蓄の穀類を食いつくした。いつもながら、戦費をまかなうために増税が実施されたため、農民は種を買うお金がなくなり、不作の年には自分たちの食べる分も満足に生産できなかった。

一六八七年から一六九二年には、寒冬と冷夏のせいで不作があいついだ。一六九二年四月二十四日にはフランスの年代記作者が「ひどく寒く、季節はずれの天候となり、木にはほとんど葉がない」と悲観している。[*9] アルプス地方の村人は木の実の殻を砕き、それに大麦とオート麦の粉を混ぜたパンを食べて生き延びた。フランスでは、冷夏のせいでときどきブドウの収穫が遅れ、ときには十一月までずれこむこともあった。植物の疫病が広まって多くの作物がやられ、一三一五年以来の最悪の飢饉がヨーロッパ大陸を襲った。フランスは、フェネロン大司教が恐れをなして「食糧もない荒廃した大病院」と表現したような状態になった。フィンランドでは一六九六年から翌九七年に、飢饉と疫病で人口の三分の一ほどが失われた。凶作は原因のひとつだが、政府が救済策を講じようとしなかったせいでもある。

予測不能の気候変動は、つぎの世紀に入ってもつづいた。乾燥した厳しい冬に荒天つづきの雨の多い夏の時期と、湿度の高い暖冬に暑夏の時期とが交互にやってきた。こうした突然の変動が人間の生活や苦しみに強いた犠牲は、ときとして非常に重かった。

カルビンの地所はスコットランド北東部の北向きのマレー湾沿いにあり、フィンドホーンの村の近くにあった。十七世紀には、カルビン男爵領は農場として成功していた。そこはふたつの湾のあいだにはさまれた低い半島で、フィンドホーン川の河口を囲むようにカーブしていた。農場は南西の卓越風によってできた海岸沿いの砂丘に守られていたが、風に運ばれてくる砂に長年苦しめられ、作物の生長にも影響がでていた。しかし、小麦、大麦、オート麦はこの砂丘の陰の土地でよく育ち、川をさかのぼってくるサケも収益をもたらした。

一六九四年には、キネアド家が地主のアレグザンダーのもとで、カルビン男爵領とその一四〇〇ヘクタールの価値ある土地を所有するようになった。地主自身は立派な大邸宅に住み、独自の農場と一五の飛び地と多数の小作地をもっていた。その年は冷夏で、やがて荒天つづきの秋がきた。すでにロンドンも低温に見舞われ、十月末には北風と北西風が一〇日間吹きつづけて、それとともに霜や雪やみぞれになった。北方から海氷が急速に近づいており、北からたえず吹きつける風によって速度を増していた。大麦の収穫が遅れていたために、農園の働き手たちが必死になって仕事をしているところへ、十一月一日か二日に北海から猛烈な北風もしくは北西風が襲ってきた。海岸の砂丘に、暴風と高波が五〇ノットか六〇ノットないしそれ以上と推定される強さで、三〇時間以上にわたって襲いかかった。

風は砂丘の谷間を吹き抜けて猛烈な砂埃を巻きあげ、まるで雹《ひょう》のような状態になっ

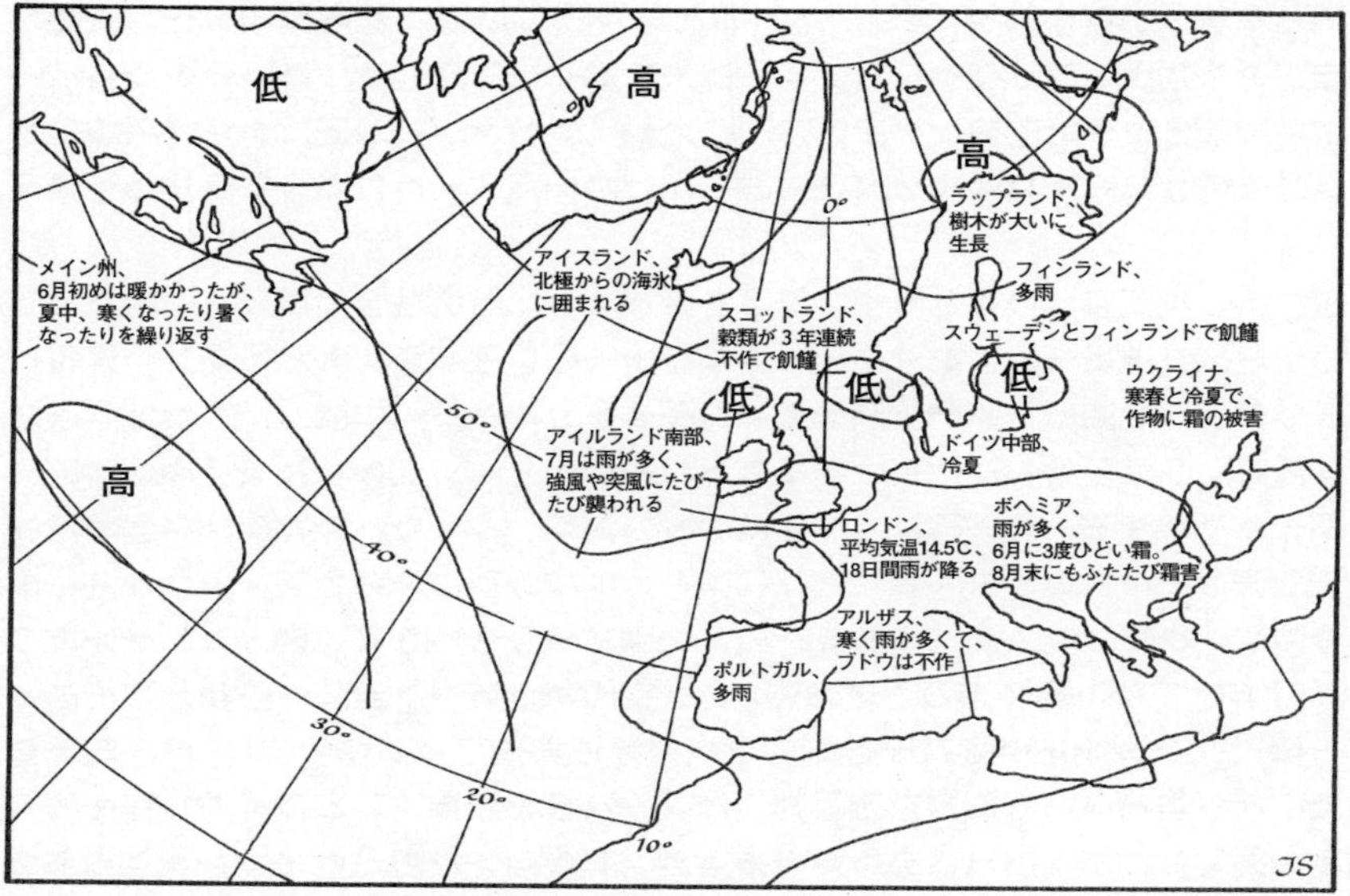
低
高
高
高
低
低
低
0°
10°
20°
30°
40°
50°
ラップランド、
樹木が大いに
生長
メイン州、
6月初めは暖かかったが、
夏中、寒くなったり暑く
なったりを繰り返す
アイスランド、
北極からの海氷
に囲まれる
フィンランド、
多雨
スコットランド、
穀類が3年連続
不作で飢饉
スウェーデンとフィンランドで飢饉
ウクライナ、
寒春と冷夏で、
作物に霜の被害
アイルランド南部、
7月は雨が多く、
強風や突風にたび
たび襲われる
ドイツ中部、
冷夏
ボヘミア、
雨が多く、
6月に3度ひどい霜。
8月末にもふたたび霜害
ロンドン、
平均気温14.5℃、
18日間雨が降る
アルザス、
寒く雨が多くて、
ブドウは不作
ポルトガル、
多雨
JS

1695年7月の西ヨーロッパおよび北大西洋の気候状況

た。脆くなった砂丘は、内陸部の農場になんの前触れもなく滝のように砂を降らせた。農場で刈り入れをしていた人びとは、刈り束を放り捨てて逃げだした。吹きあげる風に息を詰まらせた男は、鋤をおいて逃げた。数時間後に戻ってきてみると、刈り束も鋤も消えていた。「恐ろしい突風が人びとの住居の上に砂をまきちらし、農夫の小屋も地主の大邸宅も区別なく埋もれていた」[*10]。家の後ろの壁を破らないと外にでられない村人もいた。彼らはわずかな所持品だけをかき集め、近づきつつある砂丘から牛を逃がすと、風と雨のなかを高台目ざして逃げたが、堰き止められた川の水が上昇してきて身動きがとれなくなった。砂嵐によって起こった洪水は、川が新たな水路を通って海へとそそぎだすと、フィンドホーンの村を押し流した。さいわい、住民はなんとか逃げおおせた。翌日、カルビンの地所には家も農地もなにも残っていなかった。ここには一六軒の農家と農場が二〇平方キロメートルから三〇平方キロメートルにわたって点在していたが、すべて三〇メートルの崩れやすい砂の下に埋まってしまったのだ。

豊かな地所は一夜にして砂漠と化した。地主のアレグザンダーはわずか数時間のうちに資産家から貧困者に落ちぶれ、議会に地代の免除と債権者からの保護を請願しなくてはならなくなった。彼は三年後に失意のうちに亡くなった。それから三世紀のあいだ、この一帯は砂漠だった。十九世紀にここを訪れた人びとは、「まるで荒々しい大波で盛りあがったような広大な砂の海」を歩いた。高さ三〇メートルもの丘が「きわめて軽い砂でできており、その表面には細かい風紋が刻まれていた」[*11]。今日、大惨事の面影はほとんど残っていない。一九二〇年代に植えられたコルシカ松がびっしりと砂丘をおおうようになり、いまではイギリス最大の海岸林を形成している。

＊

猛烈な嵐は十八世紀に入ってからもしばらくつづき、一七〇三年十一月二十六日と二十七日の大嵐で最高潮に達した。いつになく強い風が二週間以上つづいたあと、中心気圧九五〇ミリバール〔ヘクトパスカル〕の大型の低気圧がロンドンの北二〇〇キロのあたりを通過した。首都の気圧は急速に二一ミリバールから二七ミリバールも下がった。ダニエル・デフォーは「嵐」と題した記事でこう述べている。「風は並々ならぬ強さで……ほぼ一四日間吹きつづけていた。晴雨計はこれまで見たこともないほど下がり……子供たちがいたずらしたのではないかと思うほどだった」[*12]。デフォーは嵐に関してはちょっとした専門家だった。一六九五年の大嵐のときに、ロンドンの通りで落下してきた煙突にあやうく首を切断されそうになるという経験があったのだ。その嵐では多数の犠牲者がでた。「デューク・ストリートのミスター・ディスティラーと妻とメイドの全員は、自宅の煙突からのごみの山に埋もれ、ドアをすべて塞がれた」[*13]。ディスティラーは死亡し、妻とメイドは瓦礫のなかから救いだされた。

一七〇三年の嵐を起こした低気圧は、イギリス諸島を北東へと横切って、十二月六日にはノルウェー沖に移動した。それにつづいてさらに激しい低気圧が南西からやってきて、イギリスの北東部と北海を四〇ノットほどの速さで進んでいった。デフォーはこの嵐が四、五日前にフロリダ沖で起こった季節はずれのハリケーンの名残ではないかと考え、こう書いている。「聞いたところでは、あの運命［の日］の数日前に、［フロリダおよびヴァージニアの］海岸は並はずれた大嵐に襲われたという」[*14]。おそらくデフォーの言うとおりだったのだろう。この嵐は陸上で九〇ノット以上の桁はずれの強風をもたらし、それとともに一四〇ノットを超えるような激しいスコールがやってきた。

大嵐は強烈なジェット気流に乗り、イギリス南部をどんどん移動した。コーンウォールでは荒れ狂う南西風が屋根を吹きとばし、家屋を倒した。デフォーによれば、小さな「ブリキの船」が男とふたりの少年を乗せたまま、十二月八日の夜中ごろにファルマス近くのヘルフォード川の河口から、推定六〇ノットから八〇ノットの風で吹き流された。船は帆も揚げないまま風に乗って、強風で荒れ狂う海の上を猛進した。八時間後、小船は三人を無事に乗せたまま、そこから東に二四〇キロ先のワイト島のふたつの岩のあいだに打ちあげられた。同じ晩、プリマス・サウンド沖では、建てられたばかりの豪華なエディストン灯台が巨大な波に押し倒され、灯台守たちとその家族、さらにたまたまそこを訪れていた設計技師を死亡させた。

オランダでは、ユトレヒト大聖堂が一部を吹きとばされた。市内では海の塩が風のあたる窓ばかりか、陰になった窓にもこびりついた。高潮で数千人が死亡した。デンマークの海岸では何十隻もの船が沈没し、内陸部の被害も「悲惨」だった。黒雲が広がっているにもかかわらず、雨はほとんど降らなかった。運よく、嵐のあとには乾燥した日々がつづいた。ミスター・ショートという人物はこう書いている。「屋根を吹きとばされた人びとにとっては、幸運だった」[*15]

寒い気候はつづいた。一七〇八年から翌〇九年にかけての冬は、西ヨーロッパの大半できわめて厳しい寒さになった。例外はアイルランドとスコットランドだけだったが、そこでも厳しい天候のために、作物はひどい不作だった。アイルランドでは急激に死亡率が高まり、貧しい人びとはジャガイモに頼って暮らすようになった。さいわい、アイルランドの枢密院はすみやかに穀物の輸出を禁止し、多くの人の生命を救った。さらに東のほうでは、船がまたもや北海の南で動けなくなって使えなかったため、人びとはデンマークからスウェーデンまで氷の上を歩いて渡っていた。イングランドでは大雪になり、何週間も解けずに残った。フランスでは干ばつと厳しい霜で、木が何千本も枯れた。二十世紀までつづいた寒い天候のせいで、プロヴァンス地方ではオレンジの木がやられ、北フランスのブドウ畑はすべて放棄された。七年後、イングランドはふたたび異常な寒さに見舞われる。一七一六年の一月は寒く、テムズ川がすっかり凍りついたため、川の上の氷上縁日が大潮によって四メートルももちあがった。大勢の人がこの祭りにでかけたため、劇場はかんこ鳥が鳴いた。この時代の夏はたいてい平年並みだったが、一七二五年の夏は記録的な寒さになった。ロンドンでは「夏というよりは冬のよう」だった。[*16]

その後、一七三〇年以降になると、急に二十世紀のような暖冬が八年連続でやってきた。オランダの護岸専門の技師は、高潮に備えていちばん突端に設置された木製の柵に、フナクイムシが穿孔《せんこう》しているのを見つけている。これらの柵が石製のものにかわるには、それから一世紀以上を必要とした。また、技師たちはおもな港や川の沈泥問題を抱えていたし、お粗末な排水装置と工業排水による飲料水の汚染にも対処しなければならなかった。

*

十七世紀の農業改革のおかげで、イングランド人は突然の気候変動による最悪の影響はこうむらずにすんだが、もっと微妙な食糧不足の影響は受けていた。一七三九年の暮れにNAOが急に低モードに変わった。何十年もつづいていた低気圧の通り道は、ブロッキング高気圧によって移動した。南東からの空気の流れが、これまでの南西の卓越風にとってかわり、北極近くの半永久的な高気圧地帯が南へ拡大してきた。大陸の北極圏からの気団がロシアから西へとやってきて、冬の気温は零度前後を上下するようになった。ヨーロッパの人びとは強い東風と何週間もつづく厳しい寒さに震えた。

このころ初めて、かなり正確な気温の記録がつけられるようになったため、われわれも当時の寒さを知ることができる。[*17] 平均気温を下まわる長い時期が始まったのは一七三九年八月のことで、その状態は翌四〇年の九月まで変わらなかった。一七四〇年の一月と二月は平年よりそれぞれ六・二度と五・二度低かった。その年の春は雨が少なく、霜が遅くまで残り、つづく夏は涼しくて乾燥していた。雨がひどく多くて凍えるような秋のあと、早々と冬がやってきた。翌一七四一年には、春はまた寒くて雨が少なく、その夏は長い日照りがつづいた。一七四一年から翌四二年の冬は、その前の二年とほぼ同じくらい寒かった。一七四二年にようやく温暖な天候が戻ってきた。おそらくNAOがふたたび反転したのだろう。一七四〇年代前半の年間平均気温はイングランド中部で六・八度であり、一六五九年から一九七三年までを通じて最も低かった。

一七三九年のイギリスの作物の収穫は異常な寒さと多雨のせいで遅れ、穀類が大きな被害を受けた。イングランド北部では、「穀類はほとんど、とくに大麦は大部分がだめになった」[*18]。イングランドの穀類の価格は、一七三九年には三一年間の移動平均値を二三・六パーセント上まわったが、これは一部には作物の出来が悪かったせいであり、とくに西部では九月の嵐で小麦が被害を受けたためである。西ヨーロッパの大半は、低温のせいで穀類やブドウの収穫が異常に遅れた。スイス西部では、穀類の収穫が十月十四日ごろまで始まらず、これは一六七五年から一八七九年のあいだで二番目に遅い。バルト海の船は海上の氷のせいで十月末には動けなくなり、ドイツ国内の河川も十一月一日には凍りついた。テムズ川は十二月後半から二月末まで、船がまったく航行できなかった。激しい嵐や風や流氷で、船が陸に打ちあげられた。スウェーデンのストックホルムは、バルト海対岸のフィンランドのオーボと氷でつながった。岩のように固い地面に、農夫の鋤は曲がった。何週間も土を掘り返せない日がつづいたので、冬の穀類の収穫は多くの場所で平年をはるかに下まわった。

寒さから逃れられる場所は屋内にもなかった。一七四〇年一月の初めには、猛烈に寒い日々がやってきた。頑丈な造りで、少なくとも一部は暖房してあり、温度計のあるような裕福な家でも、室内の温度は三度にまで下がった。貧乏人はたいてい石炭や薪を買えなかったので、掘建て小屋のなかで身を寄せあいながら寒さに震え、ときには凍死することもあった。都市の路上生活者はとりわけ悲惨だった。彼らには行くあてもなく、教区を中心にしたごく基本的な福祉制度からも見捨てられていたからだ。

ヨーロッパ（8〜10章）

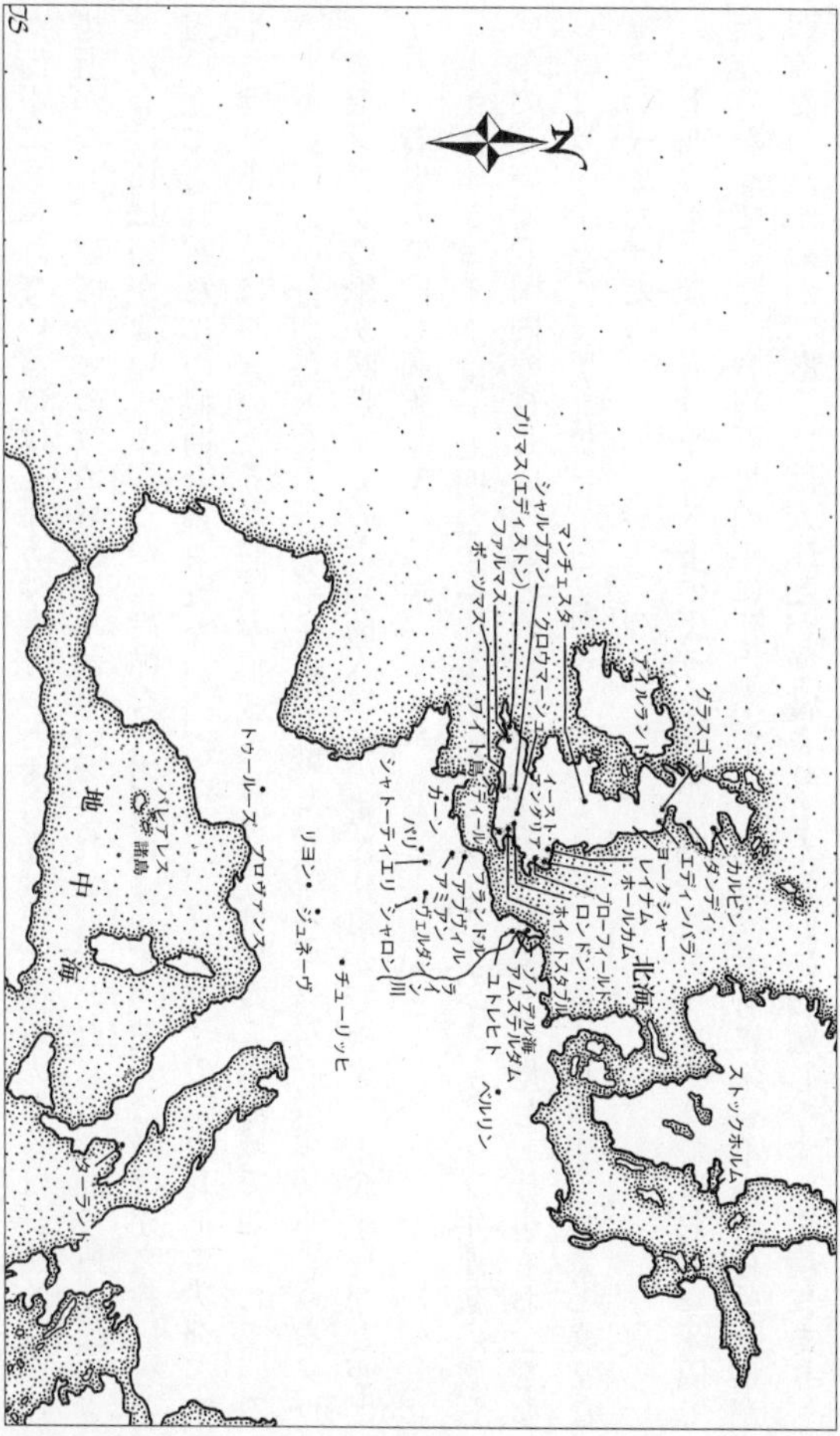
北海
ストックホルム
カルビン
ダンディ
エディンバラ
グラスゴー
アイルランド
ヨークシャー
レイナム
ホールカム
ブローフィールド
ロンドン
ホイットスタブル
アイデル海
アムステルダム
ユトレヒト
ベルリン
ライン川
マンチェスター
シャルブアン
プリマス（エディストン）
ファルマス
ポーツマス
クロウマーシュ
イースト・アングリア
ワイト島
ディール
ガーン
フランドル
アブヴィル
アミアン
ヴェルダン
シャロン
パリ
シャトーティエリ
チューリッヒ
ジュネーヴ
リヨン
プロヴァンス
トゥールーズ
バレアレス諸島
地中海
ターラント

『ロンドン・アドヴァタイザー』はこう書いている。「あのように大勢の惨めな人びとが街中にあふれているのは、見るのもぞっとする光景だ。彼らの多くは合法的な定住場所がなく、教区からの救済も受けられない。それでも、われらの仲間を飢え死にさせるわけにはいかない。ところが、冷酷な卑劣漢によって、彼らは教区から教区へと追い立てられ、なんの援助も得られないのだ」[*19]。エディンバラの『カレドニアン・マーキュリー』にはつぎのような記事が掲載された。「世界のこの地域で知られているうちで（あるいは記録されたうちで）最も厳しい冷えこみだ。身を切るようなノヴァ・ゼンブラの風が吹き、そのため商人は気の毒に仕事ができず……食事代などが上がり、石炭の値段も高騰している」[*20]

トマス・ショートは一七四〇年をいみじくもこうまとめている。「二年連続の厳しい冬のせいで、国内の貧しい人びとの状態は悲惨だ。食糧は不足し、仕事もお金もない」[*21]。何千人もが生命を落とした。飢えのためよりも、飢えに起因する病気と異常な寒さのせいだった。

一七四〇年には、もはやペストのような伝染病は、西ヨーロッパではおもな死因ではなくなっていた。食糧不足の年に死亡率が高いのは、おもに栄養不良から免疫系が弱くなったためか、あるいは人びとが通常よりもたがいに接触しやすい環境にあり、さまざまな伝染病にかかりやすくなっていたせいである。十八世紀のヨーロッパの生活環境は、都市部でも田舎でもきわめて不潔だった。慢性的な人口過密やどん底の貧困、ぞっとするような生活環境はどんなときでも伝染病の温床になったが、人びとが飢えで衰弱しているときにはその影響力はいっそう大きかった。産業革命前のイングランドでは、異常な暑さや寒さになると、死亡率が上がった。*22

このようにして死んだ人びとの多くが、寒さや暑さに長期間さらされていたわけではない。船乗りや戸外で働く人びとなら、そうした生活をいつもしている。これは偶発的低体温症と呼ばれる状態からだった。人はすっかり凍えると、血圧が上がり、脈拍が速くなり、身体がふるえつづけるようになる。これは筋肉を収縮することで、体温を上げようとする自律反射である。酸素とエネルギーの消費が高まり、温かい血液がおもに身体の奥深くの生命維持に不可欠な部分に流れる。心臓は強く脈打つ。しかし、体温が三五度以下になるとふるえはとまる。さらに体温が低下すると、血圧も心拍数も下がる。やがて、心停止によって死亡する。

偶発的低体温症の犠牲になったのは多くが年寄りか幼い子供で、通常の体温を保てない状態になった人たちだった。疲労していたり、非活動的だったり、栄養不良だったりすると、そのような状態に陥りやすい。一七四〇年代のヨーロッパでは、まともな暖房設備の整った家はほとんどなかった。今日でも、セントラル・ヒーティングのない家では、室内の温度が八度以下になると、老人が低体温症で死ぬことがある。一九六〇年代から一九七〇年代に、イギリスでは年間二万人もの人がこの症状で亡くなっているが、その大半が高齢者で、多くが栄養不良だった。一七四〇年には、想像もつかないほど環境が劣悪だった。たとえどんなに立派な家でも、暖かいのは炉や暖炉のすぐ近くだけなのである。一七四〇年から翌四一年の新聞には、「厳しい寒さ」を死因とする死亡記事がたくさん掲載されている。[*23]

同時に、気温が急激に変わると、肺炎や気管支炎、心臓発作、脳卒中なども増加する。高齢者はとくに気温の変化を感じとる能力が衰えているから、気温によるストレスを受けると感染症にたいする抵抗力も弱まるようになる。一七四〇年の最初の五カ月間におけるロンドンの週間死亡報告では、前年の同時期とくらべて、死亡届の件数が五三・一パーセント増えている。死亡率のデータの内訳を見ると、あらゆる年代層で上昇していることがわかるが、最も増加している（九七パーセント以上）のは六十歳以上の層だ。

飢えた人びとの多くは、飢えからくる下痢によっても死亡した。これは長いあいだの栄養不良と、腸内の異常によって体内の水分と塩分のバランスがくずれることで引き起こされる。下痢は消化不能な食べものや死んだ動物の腐肉を食べたあとに起こりやすかった。飢えがつづき、腸から水分が失われつづけると、患者の体重は減り、やがて極度にやつれた状態で死亡する。飢えによる下痢は、第二次世界大戦時の強制収容所でもよく見られた。食糧不足が長期間つづくと、しばしば「ブラディ・フラックス」とも呼ばれる赤痢も多発した。犠牲者の軟便に血が含まれているためにそう呼ばれるのである。

気温が低く、多雨または乾燥した年月がつづいて凶作になると、健康面に直接の影響がでてきた。田舎も都市も、共同体を根底から揺るがすような食糧難に襲われ、何千もの人びとが不充分な十八世紀版の生活保護該当者名簿入りする状況に追いやられた。飢えた人びとはしばしば家や村を捨て、救護院や救貧院に集まったが、こうした施設の衛生状態はぞっとするほどひどかった。また、収容者がひしめく監獄も、軍隊が使う宿舎もやはり伝染病の温床だった。このような状況下で、シラミから感染する発疹チフスや回帰熱、腸チフスがたちまち広まった。とくに寒い時期には、栄養不良の人びとが混みあった宿舎で暖を求めて身体を寄せあうために多発した。貧困者が死んだり所持品を売ったりすると、彼らの服や下着さえもが伝染病もろともほかの人に受けわたされた。

失業や飢えや戦争はとくに発疹チフスを広めた。一七四〇年初頭には、発疹チフスはイングランド南部のプリマスで大流行し、夏のあいだにピークに達した。一七四二年には、全国に広まった。とくに被害が大きかったのは西部のデヴォンシャーである。医師のジョン・ハクサムはこの伝染病を間近で観察した。「ひどい熱が長期間つづき……階級の低い人びとのあいだで大流行していた……その結果、胸膜炎を併発する者もあり、そうなると患者はいっそう早く死亡する」。やはり医師のジョン・バーカーは、この疫病の原因は天候の悪さと不作にあるとし、一六八四年から翌八五年に大発生したときとまさに同じ状況だと述べた。[*24] 腸チフスと発疹チフスはアイルランドのコーク州や南部のほかの地域やダブリンでも、何百人もの貧しい人びとの生命を奪った。

平常時でも、汚れた手や不潔な水、汚染された食べものによって簡単に広まる細菌性赤痢は、十八世紀のヨーロッパではいたるところで流行していた。ただでさえ高い貧困者の死亡率は、飢えによっていっそう高まるばかりだった。食糧難になると、人びとが故郷を離れて衛生状態がさらに悪化するため、病気の発生件数が爆発的に増える。一七四〇年と翌四一年の夏に長い日照りがつづくと、埃によって赤痢菌があちこちにばらまかれた。

一七四一年にスコットランドを旅行したイングランドのジェントルマン、トマス・バートは、幼い子供たちの悲惨な状況について述べている。「まったく惨めな子たちで、大半はあの病気［下痢］にやられている。年寄りのなかには、幼児期からずっとその状態がつづいている者もいる。寒い日の早朝、子供たちが素っ裸で小屋からでてきて、（こんなたとえが適切かどうかわからないが）堆肥の上に犬のようにしゃがみこむところを見たことがある」。[*25] 汚染された家庭のごみの山が住居の近くにあり、細菌を土のなかにふたたび浸透させて土壌を汚染しているのも、状況を悪くする原因だった。家庭のごみは畑の肥料の貴重な資源だったので処分されていなかったのである。最低限の生活環境とあれば、一七四〇年から翌四一年の冬のふつうの食糧不足でも、一三一五年の飢饉と同様に、何万人もが死ぬことになっただろう。死をもたらす原因は、寒さや当時の社会状況、それに寒さと飢えからくる病気だ。だが、自耕自給農業の生活から急速に抜けだしていたため、人びとの苦しみもいくらか緩和されていた。

＊

ロンドンのナショナル・ギャラリーを訪れるたびに私は、トマス・ゲーンズバラが一七五一年に描いた「ロバート・アンドルーズ夫妻」の絵の前でかならず足をとめる。いきな三角帽子をかぶったこの地方の若い名士は、庭のベンチにもたれ、手に火打石式発火装置付きのマスケット銃をもち、足元には犬がいる。彼の横には妻がしとやかにすわり、明るい色の夏のドレスが椅子の上に広がっている。しかし私の目はいつも、人物よりもその背景にある秩序正しい田園風景に引きよせられる。サフォークのなだらかな丘の上の畑には、きちんと束ねられた穀物の山があり、作物は何列にもていねいに植えられている。木戸の向こうには、青々とした牧草地が広がり、まるまるとした羊が草を食み、新たに建てられた納屋の横では牛が反芻している。絵のなかには田園のユートピアがあるが、なぜかそこには、この豊かな風景をつくりだしている刈り取り農夫や羊飼いや荷馬車屋、そのほかたくさんの農場の働き手の姿が見えない。アンドルーズ夫妻の肖像画は、十八世紀にイングランドの農業に起こった大きな変化の縮図なのである。[*26]

アンドルーズ夫妻は裕福な地主階級だった。イングランドの農地の四分の三近くを所有する二万ほどの家族のひとつである。四〇ヘクタール以下の土地を耕す小農もまだ多数いたが、その数は十八世紀のあいだにどんどん減少していった。囲い込みをして大農園をつくるという理論は圧倒的に有力で、反対の余地がなかった。開放耕地は徐々に景観から消えていき、イングランドの田園は現代のような様相を呈しはじめた。中世の農民は通常は穀物の栽培だけをしており、酪農は共同体任せにして自然の牧草地で行なっていた。進歩的な考えの人や地主たちが所有する囲い込まれた農場では、穀物づくりと畜産を兼業し、クローバーのような飼料作物で冬のあいだに家畜を太らせるようになった。一六九一年から一七〇二年のあいだにでまわったジョン・ホートンの『農業と商売を改善するための書簡集』のような時事回報や書物は、古い偏見を捨てて新しい考えを広める手助けをした。ロンドンの王立協会の科学者を含む有力な関係者は、食糧生産を増やし、大規模な商業的農業を推進する後押しをした。

商業的農業はそもそもイースト・アングリアや西部地域の一部のような、さらさらした土壌の場所から発達した。このような土地では、開放耕地制が本当に発展したことはなく、農地もブリストルやロンドン、ノリッジのような都市に比較的近かった。変化を促したのはおもに都市の市場からの需要と、北海貿易での輸出の拡大である。穀類や醸造者の麦芽用の大麦はイースト・アングリアの港からオランダに運ばれ、同じ船が帰路はクローバーやカブの種を運んだ。

改革心に富んだ地主たちが中心になって、農業革命の先頭に立った。彼らはそれまでの進歩にもとづいて実験を重ね、またあちこちで実際のやり方を披露して、多くの人びとの注目を集めた。地主のジェスロ・タルはさまざまな改革ですっかり評判となったため、「個人最大改革者」と呼ばれた。タルはオクスフォードシャーのクロウマーシュ近くのハウベリーに農場をもっており、のちにバークシャーのシャルブアンのそばのプロスペラス・ファームに移った。農場の働き手や保守的な隣人たちの反対を押し切って、彼は土壌の改良に努めた。フランス南部のブドウ園を訪れて、そこで使われている方法を観察してからはますます熱が入った。一七三一年に出版した『馬に犂《すき》を引かせる新しい農法』に、「根もとに鉄分を多くあたえれば、それだけ作物はよくなる」と彼は書いている。[*27] タルが提唱したやり方は、土を深く耕し、掘り返してさらし、きちんと畝をつくったところにていねいに等間隔に種をまき、作物の育つ畝と畝のあいだの雑草を馬に引かせた犂でとることだった。

「ターニップ」・タウンゼンド子爵はタルと同時代の人で、ノーフォーク州レイナムの地主だった。タウンゼンドは初め政治家になったが、義兄で有力な大臣だったサー・ロバート・ウォルポールと激しく争い、やがて政界を離れて農業を始めた。彼はノーフォークに昔から伝わる、土壌に粘土と炭酸石灰を混ぜた「マール」をまく方法をとり入れた。タウンゼンドはカブ〔ターニップ〕に力を入れ、広い農場で栽培し、それを小麦、大麦、クローバーと交替で植えた。これが四作物による有名なノーフォーク式輪作である。タウンゼンドは小麦と大麦をパンおよび醸造用に売り、カブとクローバーの干し草を家畜の飼料にした。彼のやり方は近隣の人びとにも非常にすばらしく思えたので、すぐにまねされるようになった。とくに冬のあいだの家畜の飼料が大量にできるので、秋に手持ちの家畜の大半を殺す必要がなくなった。

多くの地主は、もちろん遺伝学の知識などはなかったが、自分の牛や羊の品種を改良しようと努力し、先祖が苦労して得てきた経験を利用した。リンカンシャーのディシュリー・グレンジのロバート・ベイクウェルはそうした実験者のひとりだったが、向上心のある人で、丹念に自分の家畜の血統記録をつけ、残したいすぐれた特徴をもつ動物を繁殖用に選びだしていた。彼は羊毛のたくさんとれる羊やオランダ産の強い荷馬車馬、乳はあまりでないが肉牛としてはすばらしいロングホーン種の牛を育てた。多くの農場主がベイクウェルの家畜を見にきて、そのやり方に倣った。

改革には多くの関心が集まったが、変化はゆっくりだった。とりわけ土の重い地域ではそうだった。囲い込みのための費用を払う資金は不足していたし、農民は保守的で、大きな農園ですら近くの市場から離れていた。また、ひとつの場所で成功したからといって、たとえ数キロしか離れていないところでも、土壌の条件が違えば同じやり方がうまくいくとはかぎらない。それでも新しい農法はしだいに広まり、それはおもにアーサー・ヤングに負うところが大きかった。当時のイングランドで最大の農業著述家のひとりである。[*28] ヤング自身は農業を営んではいなかったが、あちこちを旅行して観察記録を一連の書物に書き、多くの人に読まれていた。フランスの貴族は自分の土地にたいして、収入源としてのほかにはあまり関心をもっていなかったが、イギリスの貴族の多くは農業に深い関心を抱いていた。ヤングはこうした紳士階級向けに本を書き、予備の食糧を確保するには土地の囲い込みによって、使用していない林地や荒地や丘陵地帯、あるいは開放耕地や共有地を生産的に利用する必要があると主張した。さらに、小農の保守主義と無知を厳しく非難し、大きな利益を生むことのできる土地を無駄にしていると指摘した。「怠け者で、盗人のような人びと」――自耕自給の農民を指していた――のいる田舎の自給自足の村は、新しい農業経済のなかでは時代遅れとなったのである。

必然的に、多くの小農は増えつづける囲い込み地のなかにのみこまれていった。今回は双方の合意のうえではなく、大地主が個別に提出して定められた議会制定法によるものだったが、囲い込もうとする土地に住む一部の人びとからは少なくとも合意を得ていた。[*29] 一七〇〇年から一七六〇年には、一三万七〇〇〇ヘクタールが議会の措置で囲い込まれた。その大半は一七三〇年以降に実施され、その世紀の後半になるとさらに多くの農地が囲い込まれた。共有地、すなわち囲い込まれず、土地改良もされていない牧草地は、急速に縮小していった。そのころ世の中では、荘園の封建領主はとうの昔に姿を消し、地主と小作人が労働者を雇って自分の土地で働かせるようになっていた。一八六五年に囲い込みが法律によって規制されたころには、共有地はイギリスの土地のわずか四パーセントになっていた。

囲い込みがもたらした社会的なつけは莫大だった。共有地はかつては小さな村に住む何万人もの貧しい人びとを支えていた。彼らはそこで豚や牛を飼っていたが、「飢えて腹の突きでた貧相な牛で、乳を搾るにもくびきをつけるにも適していなかった」。[*30] アーサー・ヤングはノーフォーク州ブローフィールドの例を引用している。そこには三〇家族が不法に居住しており、二三頭の牛と一八頭の馬のほか、さまざまな動物を二八〇ヘクタールある共有地のうち一六ヘクタールで飼っていた。共有地がなくなったいま、それらの人びとは生まれ故郷の村で極貧の生活を送るか、都会にでて工場で働くかのどちらかを選ばざるをえなくなった。多くの自耕自給農民の子孫にしてみれば、それまでのその日暮らしの生活から、賃金を払う地主や小作人に雇われる別の生活形態に変わったにすぎない。一方、地主たちの多くにとっては、失業率は高いほうがありがたかった。農作業の賃金を安く抑えることができるからだ。農村の貧しい人びとは、あたかも「下層階級」という別の種類の人間に落とされたかのようだった。農業労働者にも最低限の土地をあたえてはどうかという提案がだされたが、この考えは貧困者に寛大すぎると考えられた。イギリスの多くの地域では、農場の働き手は最低生活もままならない飢餓賃金、もしくはそれ以下しか支払われていなかった。しかも、親切で自由な家で支払われる賃金および、ほかの家族が内職をしたり、薪を拾ったりして得た収入を計算に入れてもその程度だったのである。小作人の小屋は「労働や食糧やこやしを最大限有効に使うためのあらゆる改善措置」がとられておらず、地主のなかでそうした不衛生な小屋を建てかえる措置をとった人はほとんどいなかった。[*31]

一七八〇年になると、イギリスにはデンマークやスウェーデン、プロイセン、あるいは革命後のフランスとは異なり、農業労働者でなんらかの土地を所有している人はほとんどいなくなった。農地の九〇パーセントは小作人が耕作し、彼らが臨時雇い人のおもな雇い主になった。ジャーナリストであり改革者でもあるウィリアム・コベットは、著書『田舎の旅』（一八三〇年）にこう書いている。「人間がこれほど悲惨な状態にいるのを見たことがない。アメリカの自由な黒人でもこれほどひどくはない[*32]」。

一八〇〇年のイングランドにおける平均的な農場労働者の生活水準は、今日の第三世界の自耕自給農民の多くよりもさらに低かった。十八世紀から十九世紀のイギリスの田舎の労働者はひどく不潔で、ボロをまとい、パンとチーズと水でかろうじて生き延びているような状態で、絵画や絵葉書によく描かれている、リンゴのような頬をした愛すべき村人とは似ても似つかぬ存在だった。ロバート・トラウ＝スミスはこう書いている。「この当時の田舎で、笑いや清潔感や健康などというものがあるとすれば、苦しんでいる人間がその環境に打ち勝ったということだ」[*33]。仕事があったとしても、せいぜい種まきと収穫の時期だけの季節労働であり、それですら脱穀機の開発で大幅に減っていた。

十八世紀半ばには、イギリスはもはや生まれたときから権利が定まっている厳格な階級社会ではなくなっており、むしろどんな資産を所有しているかがいちばん重要になっていた。社会はより流動的になって、地主階級と都市の大金持のあいだの結婚はあたりまえになり、結婚や功績によってより高い地位に出世するのもめずらしくなかった。土地を所有しているのは、もはや閉鎖的な一階級ではなくなった。これはフランスと大きく異なる点である。フランスでは、商売や事業に手を染めた貴族は、その活動が国民の利益につながると考えられる場合以外は、貴族としての特権を失うことがあった。イギリスでは、貴族より下の階級の法的な定義づけは急速になくなりつつあり、田舎と町の違いも明確ではなくなっていた。それでも人口の半数以上は「貧困者」――小売商人や、職人、機械工、肉体労働者、兵隊、船乗り、浮浪者や乞食――であり、凶作による被害や老後への備えは充分ではなかった。彼らは慈善事業に頼ったり、盗みをはたらいたりしなければ生きていかれず、法や秩序を最も脅かす存在となって政府を悩ませた。[*34]

新しい農業経済のさまざまな要素と、小氷河期の最盛期の悪化する気候、産業革命の下地をつくった経済的、社会的な条件を結びつけていた因果関係の環は複雑で、ほとんど理解されていない。なかには結びつきの明らかなものもあるが、はっきりしないものもある。一六六四年に、リチャード・エバーンという名のサマセットの聖職者は、一年間に一万六〇〇〇人を植民地に大量移民させ、増えつづける貧困者に対処しようと提案している。それから一世紀後、イギリスの人口はさらに増え、土地所有欲は高まり、失業は深刻な問題になっていった。多くの職人や農場労働者は海外への移住に活路を見出しはじめた。十九世紀になって、蒸気船と鉄道により初めて大量輸送が可能になると、この流れは大洪水となった。何万人もの農場労働者が、十九世紀のあいだに北アメリカやオーストラリア、南アフリカ、ニュージーランドに移民した。それらの土地では、一所懸命に働いて土地を手に入れさえすれば、れっきとした農民になれたのである。だが、その結果として起こった広大な森林の伐採は、大気中の二酸化炭素の濃度に重大な影響をもたらし、十九世紀後半から始まった地球の温暖化の主要な原因となった。

9章　食糧難と革命

土地から作物が穫れなくなったばかりか、耕作地も減っている。多くの場所では、耕作するだけ無駄になっていた。大土地所有者は、戻ってくることのないお金を小作人に前貸しするのに疲れ、改良するには多額の費用のかかる土地をそのまま放置している。耕作地の割合は減り、荒地が拡大している……農民があのように半ば飢えていたら、不作になったところで驚くことがあるだろうか。あるいは、土地が枯れて作物を実らせないからといって、なんの不思議があるだろう? 毎年の収穫では、もはや一年分の食糧をまかなえない。一七八九年が近づくにつれて、自然はますます収穫を減らしている。

――ジュール・ミシュロ

歴史家のフェルナン・ブローデルはかつて、産業革命前のフランスの農業について詳述した論評のなかで、十五世紀の絵画「ノートル・ダムの時間」に描かれた収穫の風景と、フィンセント・ファン・ゴッホが一八八五年に描いた「収穫をする人」とをくらべている。ふたつの風景には三世紀以上の隔たりがあるが、収穫をする人びとはまったく同じ道具を使って、同じ動作をしている。彼らの生産技術は、十五世紀よりももっと昔からのものだ。イギリスで農業革命がゆっくりと進行しているあいだ、フランス国王ルイ十四世の何百万もの民は、中世のころとほとんど変わらない農業の世界で暮らしていた。イポリット・テーヌは一七八九年の革命前夜のフランスの貧困者についてこう書いている。「人びとは、まるで池のなかで口もとまで水に浸かって歩いているようだ。地面がほんの少しでもくぼんでいれば、あるいはわずかなさざなみが立てば、足をとられてしまう。その人間は沈み、窒息してしまうのだ」[*1]。テーヌの言葉は、十五世紀から十七世紀の時代にも同じようにあてはまる。

*

イングランドの農業にめざましい変革が起こったのは、変わりやすく、おおむね寒冷な気候がつづくあいだに急に熱波が襲ってくるような一世紀間においてだった。南部や中部で農場の規模が大きくなり、集約農業が広く行なわれるようになるにつれて、飢饉は減って局地的な食糧難が周期的に訪れる程度になり、飢えそのものよりも、栄養不良や不充分な衛生設備による感染症で死ぬことのほうが多くなった。イギリスは、気候によって引き起こされる凶作の被害を受けることが少なくなり、気候がいちじるしく変動した世紀でも、なんとか乗り切れるようになったのだ。一方、フランスではそれとは対照的に、昔からほとんど変わらない農法がつづけられており、この時代に繰り返し起こった国内の飢饉に苦しみつづけていた。

ブドウの収穫を見ると、十七世紀の気候の気まぐれぶりがわかる。この毎年の行事は、ブドウ栽培で生計を立てている人びとや、日ごろワインをよく飲む人には、きわめて重要なことだった。ブドウの収穫は、少なくとも長期にわたる豊作の年と不作の年に関するおよその情報をあたえてくれる。

ブドウの収穫日は、毎年ブドウの熟し具合から慎重に判断され、村で指名された専門家によって定められて公的に発表されていた。[*2] たとえば、一六七四年九月二十五日に、フランス南部のモンペリエで、九人の「ブドウの成熟度審査員」が「ブドウは充分に熟し、一部は萎《しな》びはじめてさえいる」と宣言している。そこで彼らは収穫日を「明日」に決定した。一七一八年には、収穫日はどこの地域でも早く、九月十二日前後だった。収穫日は毎年変わり、ブドウの発芽から実がしっかりつくまでの夏の気温に大きく左右される。生育期間に気温が暖かく晴れているほど、ブドウはそれだけ早く完熟する。夏の気温が涼しく曇りがちであれば、収穫は遅れ、ときには数週間もずれこむことがある。もちろん、今日でもそうだが、ほかの要因が関係することもある。たとえば、安いワインの生産者は品質にはあまりこだわらず、できるだけ早く収穫しようとする。また、収穫の日は品種によっても変わる。高品質のワインはわざと収穫を遅らせることによってできる場合が多い。危険はあるが、それが功を奏することもあり、この方法は十八世紀以降、広く実践されるようになった。それでも、いちばん大きな決定要素は夏の降雨量と気温だった。

過去に多くの歴史家が、気象記録や、教会および市の古文書、あるいはブドウ園の書類を調べ、ブドウの収穫日を現在から十六世紀までさかのぼって計算してきた。ル・ロワ・ラデュリは、一四八〇年から一八八〇年までのフランス東部とスイスのブドウの収穫日を計算している。クリスチャン・プフィスターをはじめとするスイスやドイツの歴史家は、ヨーロッパ東部のきわめて詳細にわたる収穫記録をつくっている。[*3]とくに一七〇〇年以前については、正確ではないにしても、これらの記録は明らかにあるパターンを示している。同じ年の穀物の収穫日と照らしあわせてみれば、いっそうよくわかる。夏の低温と多雨のせいでブドウの収穫が遅いときは、穀物の出来も悪いことが多い。ブドウが豊富に穫れ、穀類も豊作のときは、夏が暑く、乾燥していたことを示している。ラデュリはこう書いている。「酒神バッカスは気候情報を豊富にあたえてくれる。この神にはワインを捧げなくてはなるまい」[*4]

ブドウの収穫を見ると、十七世紀は一六〇九年まではどちらかというと涼しかったことがわかる。一六一七年から一六五〇年までの期間はきわめて気候が変動しやすく、

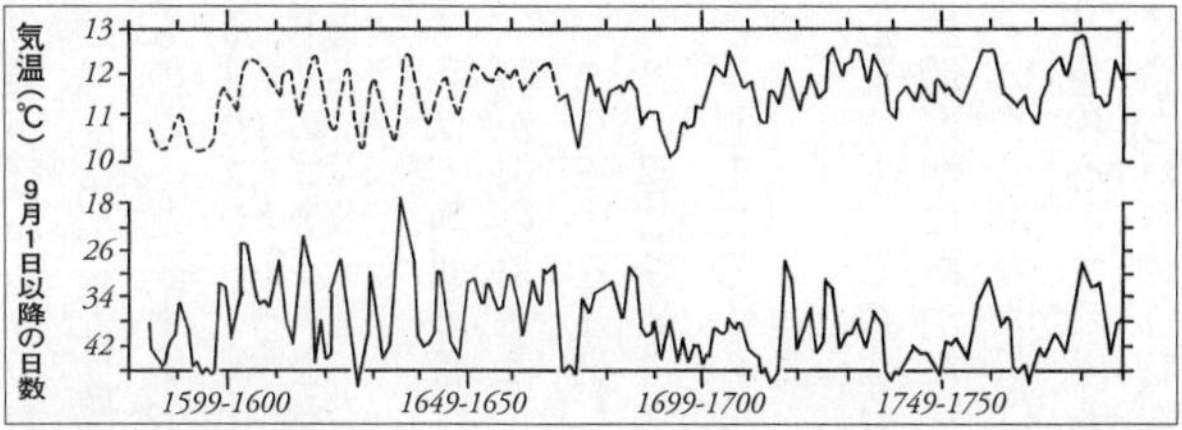

1599〜1800年の南ヨーロッパにおけるおおまかなブドウの収穫時期。9月1日以降にずれこんだ日数（下の線）と気温の推移（上の線）を示す。データはエマニュエル・ル・ロワ・ラデュリの『気候の歴史』や、クリスチャン・プフィスター等による『16世紀の中部ヨーロッパにおける気候の証拠書類』Documentary Evidence on Climate in Sixteenth-Central Europe より編集

冷夏がつづき、作物の出来もあまりよくなかった。変わりやすい気候のせいで、食糧を確保するのはひどく困難になった。その年の収穫をあてにして暮らしている人びとは、不作になるとつぎの年にまく種まで食べてしまう恐れがあった。したがって不作がつづけば惨事になり、飢饉が起こった。十七世紀末期になると、フランスはますます気候による影響を受けるようになった。ところが、フランスの農民の対応は、オランダやイングランドの農民とくらべてはるかに立ち後れていた。

＊

フランスの王家も、イングランドのチューダー家と同様に、自国が慢性的な食糧不足に悩まされていることを充分に承知していた。また、何をなすべきかについて、助言に事欠くこともなかった。十六世紀には、農業に関して少なくとも二五〇の

事業が行なわれており(それにたいしてオランダではわずか四一、イギリスでは二〇)、その大半は農産物の生産を増やし、作物の種類を多様にすることを目的にしたものだった。土壌の違いを見極め、それぞれに見合った耕作方法を開発したものもある。カブや米、綿花、サトウキビのような新しい作物を提唱したものもある。クロード・ビゴティエなる人は小さなカブを褒《ほ》め称え、感動のあまり詩までこしらえている。[*5]

私は、同朋の善行と
わが国の栄光と、愛するカブのすばらしさを称えたい。
この三つを主題にするのが滑稽だと思う人には、
思い起こさせよう。偉大なものはしばしば、
一見してなんの変哲もないものの陰に隠れていることを。

しかし、このような文学上の活動はあっても、フランス人の大半は食うや食わずの生活水準にあった。

いくつかの改革は、北海沿岸低地帯に近い地域を中心に個別に行なわれていた。パリを中心とするイル・ド・フランスの市場向けの農園では、エンドウなどの窒素を多く含む豆科の作物が植えられ、やがて休閑地はなくなっていった。ほかの場所では、

タイセイ〔染料用のアブラナ科の植物〕やサフランのような収益性の高い特殊作物が集中的に栽培された。一五九五年に宗教をめぐる戦争が終わると、フランスは経済復興の時代に入った。とくにアンリ四世の時代には、農業上の実験が大いに奨励され、湿地帯がどんどん干拓されて新しい農地がつくられた。アンリ四世は、一六〇〇年に出版されたカルヴァン派のオリヴィエ・ドゥ・セールの大著『農業経営論』に強い影響を受けていた。この本には、地方の地所をどのように経営すべきかが書かれており、牛の品種改良のような改革も提案されているが、その後一五〇年以上、実践されることはなかった。

セールは土地を小作人に貸し付けることには反対だった。小作人は信頼するに足らず、土地の価値を低下させることが多いと考えていたのだ。自分の土地は所有者自身が管理し、自分で農夫を監督して最大の利益をあげるべきだというのがセールの持論だった。そうすれば不作の年にも備えられるし、飢饉や暴動の危険も減らすことができる。セールは労働者との関係についてもなかなかの意見をもっており、農場には調和が必要だと考えていた。地主は家父として、勤勉で仕事熱心であるべきで、なおかつ用心深く、やりくり上手でなくてはならない。地主は農場の働き手やその家族を尊重し、彼らに慈悲深く接する義務があり、飢饉や食糧不足のときにはなおのこと気づかってやるべきだ。賃金労働者にたいしてはどんな幻想も抱くべきではなく、彼らは一般に野卑で、飢えていることも多いので、つねに仕事をさせなくてはならないとセールは述べている。

セールの著書は十七世紀に広く読まれたが、この本の勧めに従った人はほとんどいなかった。たいていの土地は小作人や分益小作人に賃貸しされ、彼らはそこで家族や雇い人の助けを借りながら耕作した。フランスの農業はけっして停滞していたわけではないが、多くの地主が無関心であり、貴族の生まれの人と一般的な金持ち、および貧乏人とのあいだには社会的な溝があったため、大規模な改革はほとんど不可能だった。その溝は、歴史的な背景や昔からの封建的慣習、労働に関する先入観、あるいは「畜生のように」暮らしていると考えられていた貧困者にたいする恐怖から生じていた。

自耕自給農民は十八世紀になっても圧倒的な数で存在しつづけた。彼らはますます重い税を支払わされ、ろくに面倒もみない不在地主の貴族によって共有地をとりあげられていった。中世の農民と同様に、これらの農民の多くはその年の収穫に頼って暮らし、天候と独裁的な政府に振りまわされていた。農民のあいだでは飢えにたいする恐怖が消えることはなかった。生存の危機は政治のなかでは日常の光景と化しており、パン騒動は容赦なく鎮圧された。

＊

太陽王と呼ばれたルイ十四世は、ヨーロッパ最強の国に一六四三年から一七一五年まで七二年間にわたって君臨し、神のように崇められた。[*6] ルイは絶対君主であり、その時代の象徴であり、また至高の王権を最も純粋なかたちで体現している国王だった。「朕《ちん》は国家なり」と宣言したと言われ、自分でもそう信じていたようだ。ルイは反対意見を聞き入れようとはせず、どんな中央の立法機関ももたずに支配し、宣伝の才を駆使して完璧な権力という幻想をつくりだした。パリ近郊のヴェルサイユにあるルイの大宮殿は、きらびやかな光景を演出するための舞台であり、神のごとき絶大な権力のイメージを伝えるものだった。王宮では舞踏会やバレエ、コンサート、祭典、狩猟、花火などが催され、それによって貴族たちを自分のもとに侍らせ、国家に仕えさせた。「自己の権力を強大にすることは君主の仕事として最もふさわしく、快いものだ」とルイは一六八八年にドゥ・ヴィラール侯爵に書いている。[*7] ルイはそれをじつに効果的に利用した。

ルイ十四世と、その後継者であるルイ十五世（在位一七一五〜一七七四年）およびルイ十六世（在位一七七四〜一七九二年）は聡明な人間ではあったが、革新的な考えをもち、新しいことを試みる君主ではなかった。政治や経済のおもな改革は、国王の側近の権謀術数によってさまたげられていた。太陽王以上に意志強固な君主であっても、陰謀や特権で成り立っている制度を改革するのは容易ではなかっただろう。国王に顔のきく者が既得の権利を享受しているとなればなおさらだ。理論的には、国王の権限は地方行政長官に委譲され、彼らが中央政府に報告することになっていた。政府の機構は単純だったが、堕落して腐敗しきった五万人以上の王国の役人たちの効率の悪さと優柔不断と無気力のせいで混乱していた。大半の貴族、すなわち第二身分の人びとは、農業には収入源としての関心しか抱いていなかった。その多くは昔の封建時代に手に入れた権利であり、なかには風見を設置する権利だとか、森でどんぐりを拾う権利といった妙なものもある。

たとえ貴族が本腰を入れて改革にとり組んだとしても、フランスの農業には問題があった。パンという厄介なものが、生産者だけでなく、中間商人、輸送業者、そして消費者をも経済的に身動きのできない状態にしていたからだ。フランス農民は、その大半がジャガイモなどの新しい食品には見向きもせず、穀類とブドウに頼って生計を立てていた。穀類は食べるため、ブドウは換金作物としてである。

国王の大臣たちは織物などの製品や外国との貿易には高い関心をもっていたが、農業にはたいてい目もくれなかった。彼らの唯一の関心事は社会の混乱を防ぐことであり、パンの値段を安くして不満を封じこめることだった。したがって、必要とあらば、穀類を輸入してでも価格を維持した。同時に、国王は国民に重税を課して、宮廷の莫大な経費とたびたび行なわれる軍事遠征費をまかなわせた。一六七〇年から一七〇〇年にかけて、ルイ十四世は近隣諸国にほとんどたえまなく戦争をしかけていた。当時は気温が低く、天候は予測不能で、そのために作物の出来が悪く、農産物の生産高が落ちこんでいた時代だった。

十七世紀末の極寒の冬を迎えたころ、フランスでは食糧不足にたいしてなんら備えがなかった。一六八〇年以降、農業生産高はひどく落ちこみ、一六八七年から一七〇一年の寒く雨の多い時代には悲惨な事態になった。深刻な生存の危機が何度かつづき、穀類の値段は十七世紀で最高のレベルにまで上がった。一六九三年から翌九四年の冬には、北ヨーロッパの大半とフランスに一六六一年以来最悪の飢饉が訪れた。かたやイングランドは、農産物の生産性が高く、作物が多様化されており、バルト海地域からの穀類の輸入経路もよく整備され、農業技術や農法が進んでいたため被害が少なかった。フランスの農民の大半はまだひたすら小麦に執着していたが、小麦は豪雨にきわめて弱い。また、フランドルの農法や飼料用作物を、暖かく乾燥しがちな南部で採用するわけにもいかなかった。穀物だけをつくる農民たちは長いあいだわりあい穏やかな気候に恵まれてきたので、ブドウの収穫が十一月まで延びるような寒くて雨の多い気候にたいして、充分な備えができていなかったのだ。不作になるたびに、穀類の不足が痛感された。多くの貧しい人びとは、木の実の殻を挽き、そこに大麦とオート麦の粉を混ぜてつくったパンを食べて飢えをしのいだ。リムザンのある役人が予言するようにこう書いている。「四旬節が過ぎたら、人びとは飢えはじめるだろう」[*8]。浮浪者や失業者などの根なし草の人びとが急増した。管区や教区は軍隊からのひっきりなしの徴用に応ずるために穀類を蓄えつづけたが、その一方で、土地の人びとはみな飢えに苦しんだ。パン騒動はあったが、自分たちの飢えを支配者の行動と結びつけて考える農民はほとんどいなかった。この無頓着ぶりが、独裁政府のいちばん大きな強みだった。

最終的には、ルイ十四世の国民のうち一〇分の一が、一六九三年から翌九四年の飢饉とそれに伴う疫病によって死亡した。ヴェルサイユでの華やかな暮らしは、なんの影響も受けることなくつづいた。君主も貴族も農民も、生産性のひどい落ちこみを目のあたりにしても、誰ひとりとして常食にする食糧の幅を広げたり、新しい農法を推奨したりしようとはしなかった。慢性的な食糧不足は、季節の移り変わりや汚職をする小役人と同じくらい、ありふれた日々の出来事として受けとめられていたのである。

とはいえ、フランスは飢饉と栄養不足と病気で弱体化し、度重なる戦争で荒廃していた。何千ヘクタールもの耕地が放棄され、町の人口は減り、商業はひどく落ちこんだ。困難つづきの時代に、多くの貴族は脅《おび》えた。海峡の向こうのイングランドで起こった一六八八年の「名誉革命」のことをよく知っていたからだ。この革命によってスチュアート家の君主は追放され、オランダから招かれたオラニエ公ウィレム〔オレンジ公ウィリアム〕が王座に就き、イングランドには真の民主主義の形態が生まれた。こうして初めて、貴族や知識人のあいだで、これまでの服従と信奉がくずれて最初の反対運動が起こり、独立した政治思想が生まれたのである。

一七一五年にルイ十四世が死去すると、国王も顧問たちも民衆からの批判に耳を傾けようとしなかった時代は終わりを告げた。それまでフランスには、イングランドの議会のような公共の政治討論の場となる公的な機関が存在しなかった。全国三部会が最後に開かれたのは一六一四年のことで、しかも会議は議員同士の言い争いに終始し、国王への反対を表明することはなかった。だが、ルイ十五世の時代になると、教会や地方の裁判所やさまざまな政治信条の著述家など、あらゆる方面から声高に反対意見があがった。時まさに啓蒙思想の時代であり、これまで神聖視されていた正統派があらゆるところで攻撃され、国王や顧問たちは、やかましい反対の声を受けてますます決断力が鈍っていた。ときおり有力な大臣が農業改革や政府の財政の立て直しなどの新しい考えを提唱し、書物や新聞や冊子や演説などからたえず浴びせられてきた政治批判に応えようとすることはあった。だが、こうした改革は君主が躊躇したり、廷臣たちがつまらない競争意識から足を引っぱりあったりしたせいで、いつも決まって失敗に終わった。政府はいっそう世論の攻撃にさらされるようになった。フランス国内の緊張の高まりと、イギリスやプロイセンやロシア帝国のような強敵の登場は、ブルボン家の君主たちの絶対的な権力、ひいては旧体制《アンシャン・レジーム》をひそかにむしばんだ。そのうえ、フランスの上層部の構造全体がひどく不安定な経済的基盤の上にあり、イギリスとくらべて急激な気候変動にはるかに翻弄されやすかった。それでも、フランスの政治改革にかかわった人びとのなかに、彼らの食糧をつくり、不作の矢面に立たされた農民に関心を払った人は誰もいなかった。

ルイ十五世の時代も、初期のころはよい気候に恵まれていた。一七三〇年から一七三九年には、北大西洋振動（NAO）は高モードで、西からの風が強く吹き、そのため冬は温暖で雨が多く、夏は涼しく乾燥することが多くなった。大西洋上を前線がつぎつぎと通過し、西ヨーロッパに大量の雨を降らせた。何十年ぶりかに暖冬が訪れ、イングランドでは気温が平年よりも〇・六度高めになり、オランダでは一・三度も高かった。厳しい冬の記憶はすぐに消えてなくなった。一七三五年から一七三九年には、北海沿岸低地帯での季節ごとの気温は、一七四〇年から一九四四年までを通じて最も高かった。[*9]

そうしたなかで、一七三九年から一七四〇年の急激な寒さは衝撃となった。一七四〇年の初めに、パリでは七五日間霜が降りつづけ、「あらゆる食糧が大欠乏」した。[*10]

フランスではいたるところで農民が餓死寸前になった。多くの人が偶発的低体温症や飢えからくる病気で死んだ。北フランスの住宅環境は劣悪だったので、何千人もの子供が寒さのために死亡した。雪解けの時期になると、「大洪水でとてつもない被害がでて」、川は土手を越えて氾濫し、何千ヘクタールもの耕作地を水浸しにした。一七四〇年の春は気温が低く乾燥しており、種まきが六週間も遅れた。そのあとはヨーロッパのほとんどの場所で雨が降りすぎて、伸びはじめた穀物やブドウ畑に損害をあたえた。物価は上がり、食糧は乏しくなり、危機感を覚えた官僚たちは、まだ記憶にある過去の飢饉との類似点を調べはじめた。

二世紀半を隔てたいまになってみれば、十八世紀末のフランスにおける環境からのストレスや人口による圧力の徴候は、簡単に見分けがつく。そのような状況に陥れば、産業革命前の国家は、国の一部または全体が崩壊の危機に立たされる可能性がきわめて高い。政治や社会が混乱していればもっとそうだろう。

同じような例は、過去の歴史のなかにいくつもある。[*11]古代エジプト文明が紀元前二一八〇年に崩壊寸前になったのは、エルニーニョによる干ばつでナイル川の水位が激減し、中央政府が飢えている村人たちを養えなくなったからだ。地方の有能な総督たちの努力があったからこそ、なんとか急場は救われた。中央アメリカのマヤ文明にも、驚くほど類似した例が見られる。西暦八〇〇年には、ユカタン半島南のマヤの都市国家は、環境面で崩壊しかけていた。野心的な支配層は競争と戦争に明け暮れており、周辺の地域に迫りつつある環境危機には目もくれなかった。彼らは環境が悪化しているときに、庶民にたいしてますます多くの食糧や労働力を提供させていた。土地はやせて危険な徴候を見せはじめており、人口密度は高まる一方だった。つまり、マヤ族は自分たちの住む環境を文字どおり食いつくしてしまっていたのである。つづく一世紀のあいだに猛烈な干ばつがたびたび襲い、すでに政治的にも社会的にも混乱していた社会に大惨事をもたらした。

十八世紀のフランスは、環境面で崩壊しかけていたわけではないが、土地が不足していたうえに人口が増加して不作の被害をいっそう受けやすくなっていた。そこに突然の気候変動が起こり、それ以前の時代には考えられないほど地方の情勢を悪化させることになったのである。

＊

一七八八年までは、農民の窮状が十八世紀フランスの不安定な政情に反映されることはほとんどなかった。十八世紀後半の時代でも、フランスの人口の七五パーセントから八〇パーセントは農民だった。そのうち四〇〇〇万人は自分の土地をもち、残りの二〇〇〇万人はほかの人の土地で暮らして地代を払っていた。大規模な農場を営む人はおもに北部か北東部にいて、その多くは不在地主から土地を借りていた。小さな土地を所有して、なんとか暮らしている農民も若干はいたが、大半はわずかな借地に住みつき、ほかで農作業をして収入を補いながら、豊作の年にはどうにか自給自足の暮らしをしていた。農民の最下層には土地なしの貧農がいた。数百万の人びとが臨時雇いのみで暮らしており、共有地のはずれに住んだり、あちこちを放浪したりしていた。十八世紀末になると、農村の人口が増え、複雑な遺産相続法によって土地がさらに細分化されたため、慢性的な土地不足が生じた。土地を囲い込もうとする動きや、空地をめぐる激しい競争があり、必然的に貧しい放浪者の人口が増えた。*12

全国的に見ると、平均的な人数の家庭で最低限の暮らしをするためには、約四・八ヘクタールの土地が必要だった。しかし、大半の家にはそれだけの土地がなかった。地域による違いはあるが、臨時雇い労働者を含む農民の五八パーセントから七〇パーセントは、二ヘクタールないしそれ以下の土地しかもっていなかった。人口が過密な地域では、農民の七五パーセントが一ヘクタール以下しか所有していなかった。イギリスの農業著述家のアーサー・ヤングは、革命前夜のフランスをあちこち旅してまわり、その状況を簡潔にまとめている。「土地が細分化された地区に行ってみるといい。そうすれば、たいへんな貧苦と悲惨な状態を目のあたりにし、おそらくはひどい農業が行なわれているのがわかるだろう。それほど細分化されていないところでは、もっとまともな農業が実践され、窮状もはるかにましなことに気づく」[*13]。イングランドやオランダにくらべると、フランスの農業の多くは驚くほど時代遅れだった。農場の建物は粗末で、設備も整っておらず、イングランドやオランダではいまや日常的に実践されている集約農業も大半の地域には伝わっていなかった。食糧や家畜の飼料が充分にある農民はほとんどいなかったので、日照りがつづいたり、牧草が不作になったりしたときには、秋に多くの牛を殺すことになった。三年のうち一年は農地を休耕地にし、ときにはそれが三年のうち二年になることもあった。わずかな年間の収穫のうち、四分の一は食糧としてではなく、来年にまく種としてとっておかなくてはならなかった。多くの農民が鉄の鋤すらもっていなかった。

フランス南部のペラックに近い豊かな田園地帯で、ヤングはこう書いている。「この土地ではどこに行っても、女や女の子は靴も靴下も履いていない。農作業をする男たちも木靴は履いていないし、靴下には足の部分がない。これほどの貧困は国家の繁栄を根もとから脅かすだろう」[*14]。フランスの民衆の大半は、かろうじて生き延びている状態だったのである。

広範囲にわたって凄まじい貧困がはびこっていたので、パンの値段がわずかに上がっても、たちまち人びとは動揺した。フランス人の食事はほぼ完全に穀類中心であり、ライ麦かオート麦のパンとさまざまなおかゆ、それにスープという内容だった。裕福な人だけが小麦のパンを食べていた。貧しい人びとは、一七八九年以前は一日に一キロもパンを消費し、パンを買うためだけに収入の約五五パーセントを費やしていたのである。小売商店主や職人のように暮らしぶりのいい人なら、一日に三〇スーから四〇スーは稼いでいたが、パンの価格が五〇〇グラムで二スー以上となると、彼らでさえ実際に飢えが間近に迫るようになった。

人口密度が高まりつづけていることが、状況をさらに悪化させた。一七七〇年から一七九〇年だけでも、フランスの人口はさらに二〇〇万人増加した。シャロン地方のラ・コールの村人がこう書いている。「子供の数が多すぎて、われわれは絶望的な状態に追いこまれている。子供たちを養うすべも、衣服をあたえるすべもない。多くの家では子供が八人から九人はいる」[*15]。一七八〇年代末期になると、人びとは必死になって土地を探し求めるようになった。貧困者はすでに共有地を占領し、森や沼地にもあふれていた。慢性的な欠乏状態のなかで、不信感が広まった。農民はもはや粉屋やパン屋を信頼しなくなり、隣人さえも疑うようになった。逆に、町の人びとは、田舎の住民が襲ってくるのではないかと恐怖に脅えながら暮らすようになった。地方を放浪する人は誰でも略奪者と見なされた。当然ながら、事態が深刻になるにつれて、裕福な地主への不満が高まった。多くの人びとが国王の所有地を売るか、無償で分けあたえるよう求め、広大な地所を小さな耕作地に分割するよう要求した。

土地のない人びとは家族を養うために仕事を探さなくてはならなかったが、田舎では雇用の機会は比較的かぎられていた。例外として仕事があるのは、粉屋や居酒屋の主人や石切り工のような職人だけだった。農村にいる貧困者の大半は大農園で職を探したが、収穫期やブドウ摘みの時期を除いてはほとんど仕事がなく、それですらきわめて低賃金だった。冬の農閑期には、農村はほぼどこに行っても失業者だらけだった。一般の労働者は慢性的な飢えとひどい貧苦を味わった。たとえ機織《はたおり》や紡績のような家内工業が、雀の涙ほどの収入をもたらしても大した足し前にはならなかったのである。都市でも低賃金は変わらなかった。フランス北部のある町議会がこう宣言している。「一日に二〇スーしか稼がなければ、大家族を養えないのは確かである。一日に一五スーであれば、まったくの貧乏である」[*16]

何世紀ものあいだ、農民には収穫後の農地で落穂を拾う権利と、鎌で刈り取られなかった切り株を集める権利があった。彼らはその麦藁を屋根の修理に使ったり、馬小屋の床に敷いたりして使った。また、昔からの法律で、休耕地や二度目の収穫後の農地で牛に草を食べさせることも許可されていた。ところが、こうした権利は、十八世紀後半になって地主や貴族たちにどんどん奪われていった。農民は必死の抵抗をした。これらの大事な権利を失ったら生きていかれないのを知っていたからだ。彼らはすでに教会や国や教区からも重税を課せられており、さらに賦役のような労働力で支払われる役務も強いられていたのは言うまでもない。

一七七〇年以降は気候変動がいっそう激しくなって不作がつづき、豊作の年はごくまれにしかなかった。不安定な気候のせいで、市場は安定を失った。生産市場は商品を大量供給したかと思うと品薄になり、それにともなって賃借料は上がり、収入は下がった。一七七八年にはブドウの収穫は壊滅的だったが、一七八〇年代初めになるとワインが供給過多になった。一七八四年と翌八五年は、アイスランドでラーキ山が噴火した一年後だったが、そのせいで西ヨーロッパは冷夏が訪れて猛烈な干し草不足になり、何千頭もの牛や羊が殺され、最低価格で売られた。[*17] 四月末にはブルターニュ半島に雹《ひょう》が降り、洪水のあとは長い日照りになった。

当時まだごく単純な農業技術を用いていた農民にとっては、この状況は大惨事となった。収穫方法もまだ非常に原始的で、脱穀は人間が殻竿で打つやり方で行なわれていた。つまり、穀物は冬のあいだに少しずつ食べられる状態になっていったのである。したがって、大きな納屋がなければ、収穫した穀類の多くは刈り束のまま戸外に置かれていたわけで、そのためにすぐに腐った。不作であれば、穀物倉庫はつぎの収穫期がくるはるか以前に空になった。穀類の備蓄が充分にあったためしはなく、商人が在庫を一掃して穀類をよそに売ってしまえば、いっそう窮乏した。農民たちはひどく保守的で、新しいことには警戒心を抱き、牧草の生産高や果樹専門の土地を増やすための措置を講じようとすると反対した。彼らにとって、重要なのは穀類だけだったのである。軍隊による略奪行為やたえまなくつづく戦争によって、状況は悪化の一途をたどった。兵士たちは土地に侵入し、穀物倉庫を空にした。役人は戦費をまかなうために度重なる増税を実施した。[*18]

恵まれた年でも、田舎では失業者や身体障害者や病人などの乞食がうろついていた。公的な救済策はないに等しく、教区でだけは行なわれていたが、それも地元に住む貧しい人のみが対象だった。物乞いがひとつの商売になった。大家族で、いくらか土地をもつ人びとですら、子供たちにパンを物乞いさせた。毎年、収穫期にやってきては去っていく季節労働者とはまた別に、村人や都市の失業者もなんとか生活の糧を得ようとして、つねに移動をつづけた。これらの放浪者の存在はつねに社会不安の原因になった。一七八八年の不作の年には、浮浪者が集団になって夜に農家の戸をたたくようになった。彼らは家の男たちが畑にでかけるのを見計らって物乞いにやってきた。わずかなものしかもらえないと思うと、勝手に家に上がりこむ。手荒なまねをされ、報復されるのを恐れて、誰も彼らを追い返そうとはしなかった。たとえば、果樹を切られたり、牛を殺されたり、作物を焼かれたりするかもしれなかったのだ。とりわけ収穫期は悲惨な状況になった。まだ熟していない穀物が夜中に刈られたり、放浪者の集団が農地にやってきて、落穂を拾ったりするのである。シャルトルの近くに住むある人がこう書いている。「人びとの感情はひどく昂ぶっている……収穫期が始まったら、さっそく略奪して腹を満たすのが認められているとでも考えているかのようだ」。[*19] 略奪者の一団が農民を脅してものを奪うようになり、地方での犯罪が増加した。飢えからくる恐怖は、一七八八年に気候が大変動を起こすはるか以前から農村に広まっていたのである。

＊

一七八八年の春は乾燥していた。夏のあいだは典型的な高気圧がつづき、作物は広範囲にわたって不作になった。これは日照りのせいであり、またフランスの農業の悩みの種である雷雨によるところが大きかった。七月十三日にはパリ一帯が雹を伴う大嵐に襲われた。イギリス大使のドーセット卿によれば、直径四〇センチにもなる雹もあったらしい。「朝の九時ごろ、パリはひどく暗くなり、空の様子からとてつもない嵐になりそうな予感がした」。雷雨と雹と大雨が周辺の田園地帯に降りそそぐと、雲は散っていった。国王自身も狩りにでかけた先で、農家に雨宿りをしなければならなくなった。巨木が根こそぎになり、作物やブドウは倒され、何軒かの家も地面にたたきつけられるように倒壊した。「四〇〇から五〇〇の村がひどく困窮しているのは確かなことらしく、政府が緊急に援助しなければ、住民は間違いなく生命を落とすと思われる。不幸な被害者は今年の作物を失ったのみならず、この先三、四年は収穫が望めない」[*20]。のちの報告書で、大使はブロワからドゥーエーの一帯で、一二〇〇から一五〇〇の村が被害を受けたと推定しており、その多くは大損害だったと書いている。「巨大な雹が降る前に空から聞こえた音は、言葉ではとても言いつくせないほど恐ろしいものだったという」[*21]。小麦の収穫は、過去一五年の平均を二〇パーセント以上は下まわっただろう。

必然的に食糧不足が起こった。嵐の直後の凶作のせいだけでなく、政府が食糧難に備えていなかったためでもある[*22]。一七八七年は豊作の年で、負債を抱えた政府は対応策として大量の穀類の輸出を奨励し、穀類の貿易上のあらゆる規制を撤廃して農業を推進しようとした。一七八八年が豊作ではなく食糧難の年になり、輸出どころか輸入が急務になると、ふいをつかれた当局は穀類の輸入に転じたが、その量は不足分を解消するにはとても足りなかった。とはいえ、食糧不足はまったく当局だけの落ち度だったわけではない。トルコがオーストリアとロシアの同盟にたいして宣戦布告したそのころ、国外の政情も不安定になっていたからだ。スウェーデンをはじめとする諸国もそれに参戦する構えで、バルト海の航行が安全ではなくなり、肝心なときに穀類の輸入が急激に落ちこんだのである。

それとほぼ時を同じくして、スペインがフランス製の布地の輸入を禁止し、大勢の織工が仕事を失った。さらに、女性のファッションに変化が起こった。綿糸を平織りにした上等なローンの生地が好まれるようになったため、絹は流行《はや》らなくなり、リヨンの絹織物職人にとっては大きな痛手になった。長引く不況のために、それでなくとも落ちこんでいた経済環境のなかで穀物の価格が高騰し、そのせいでワインの値段が半分以下に下がった。一七八九年七月には、パン一塊の値段はパリで四・五スーとなり、よそでは六スーにまで上がったところもあった。危機の年に予想されるとおり、当然のように暴動が発生した。暴徒はパン屋などの店を襲って、ふつうの値段で穀類やパンを売るように脅したり、農民を土地に縛っていた封建制度の書類を破棄したり、領主の城に火をつけたりした。

不作が重なるのにこれほど悪い時期はなかっただろう。フランスは一七七六年にイングランドと不平等な通商条約を結んでいた。この条約によって、イングランド製品にたいする関税が引き下げられていた。フランスの製造業者に、競争の激化に応じて生産を機械化することを促すのがそのねらいである。海峡を越えてなだれこんでくる安い輸入品に、繊維産業はひとたまりもなかった。一七八七年から一七八九年のあいだに、布地の生産だけでも五〇パーセント減少した。一七八五年にはアミアンとアブヴィルに五六七二台あった織機は、一七八九年には二二〇四台に減った。三万六〇〇〇人が失業し、多くの貧しい労働者が路上に放りだされた。おりしも飢えた農民が食べものを求めて都会に押しよせていたときである。農村における危機は、同じ時期に都市で急激に失業者が増えていなければ、短期間で終わっていたかもしれない。パリでは、暴動を恐れた政府が補助金をだしてパンの価格を下げようとしたが、効果はなかった。まもなく事態は収拾がつかなくなっていった。

一七八八年のフランスは多くの政治問題で騒然としていたが、政治にまるで興味のない貧しい人びとにとって、ただひとつの関心事はパンだった。そして、パンは穀類からできていた。その穀類を充分に確保するためには、豊作を願うか大量輸入するしかなかった。一七八八年の天候は、もちろん、フランス革命を起こした最大の要因ではない。しかし、穀類やパンの不足や食糧難による苦境は、革命勃発の時期を決定するのに大きな役目をはたしていた。何世代にもわたってつづく慢性的な飢えによって生じたフランスの社会秩序の脆さは、一七八九年夏の歴史的事件の前の暴動を起こす引き金となった。「一七八九年の大恐怖」はフランス国民の大半を集団ヒステリー状態にさせ、フランス革命を引き起こし、農民を政治の舞台に引きずりだしたのである。

一七八八年から翌八九年にかけての厳しい冬には、深く積もった雪で道路がふさがれ、おもな河川は凍結し、商業活動はほとんど停止した。春になると、雪解け水が何千ヘクタールもの農地に氾濫した。三月にはブルターニュ半島でパン騒動が発生し、その後、フランドルをはじめとする地域にも飛び火して、暴徒が店や市場の商品価格を決定した。四月になると、不穏な動きはパリにも波及した。市民は、前年分の蓄えがつきてからつぎの収穫がある夏の終わりまでの食糧の乏しい時期を心配していた。パン騒動は夏のあいだ、農民が週に一度定期市に来る大小さまざまな町で散発的に発生した。飢えた臨時雇い労働者は、食品の価格をめぐる暴動に喜んで加わった。大混乱が起こっているという噂は、燎原の火のように全国に広まった。絶望的になった人びとは、穀類を積んだ荷車をとめてその荷を押収し、適切な価格を支払うか、あるいはただ勝手にもち去った。軍の護衛がつくのは、いちばん大きな輸送隊だけだった。総合的に警備をするほど充分な人手がなかったのである。誰もがたがいに不信感を抱き、相手を恐れた。都市の住民は農民が暴徒となって襲ってくるのではないかと、つねに不安を抱きながら暮らした。一方、農民は都市の人びとが大量に押しよせてきて、穀物倉庫を襲うのではないかと心配した。乞食や放浪者や暴動者はみな「略奪者」と見られた。必然的に、貴族がすべての平民に対抗して結束しはじめているという噂が各地で広まった。

パンの価格が二〇年来なかったほどに値上がりし、通りに繰りだす飢えた暴徒がもっと増えるのではないかと人びとは懸念した。実際に暴動のきっかけになったのは、レヴェイヨンという名の壁紙製造者がふと口にした言葉である。その男は公的な会合の場で、政府は穀物の値段を下げるべきであり、そうすれば賃金も一五スーに抑えられると言ったのだ。[*23]まもなく賃金が引き下げられるという噂が不安の高まる首都に広まった。その結果起こったのはいつもながらのパン騒動だったが、それはちょうど全国三部会が開催される直前だった。まもなく一連の騒動をしのぐ政治的事件が起こった。民衆に人気のあった改革派の大臣ジャック・ネッケルが国王に解任されたのである。ネッケルは首都に穀物を輸入しようとして懸命に対策を講じていた。七月十二日、ネッケルは退任した。バスティーユ牢獄の襲撃が起こったのはその二日後のことである。

パン騒動が起こったり、パリをはじめとする中心地から路上生活者を締めだそうとして厳重な警備態勢がとられたりしたため、人びとの不安はいっそうかきたてられた。誰もが貴族は略奪者と手を組み、貧民に戦争をしかけているのだと信じていた。実際には、この同盟の噂は、貴族の陰謀をたびたび見てきた革命家たちが流したものだった。国中で農民の集団が武装を始めた。

飢えと希望と不安が、一七八九年の農村の危機を高めた。しかし、今回の危機が従来とは違ったのは、まもなく代表者の選挙が実施されるという政治への期待感からだった。選挙では、農民ひとりひとりが投票権をもち、陳情書で苦情を述べる機会があたえられる。多くの人びとは、陳情書に書けばすぐに十分の一税の減税や、課税の緩和といった苦情を申し立てたことになるものと純真に信じていた。ところがなにも改善されないとわかると、農民は税金や地代を支払うのを拒否しはじめた。七月十三日以降、各地で騒動が起こり、とくに領主の城や邸宅に不満の矛先が向けられた。反乱者は穀物貯蔵庫をあさり、とりわけ封建的権利を制定した法的書類をねらって、見つけしだい焼き捨てた。将来もふたたび課税することはないと書いた宣誓書に、領主が無理に署名させられたケースもあった。反乱は驚くほど秩序だっていたが、領主やその代理人が暴力による抵抗を示した場合は別だった。そうなると流血や放火の騒ぎになった。こうした集団のなかには、国王自身による（と偽った）命令書を携えた男に率いられたものもあった。

破壊行為の余波や、農村で暴動が広がっているという報告は、まもなくパリにもとどいた。国民議会は、すぐさま封建的特権と農民の要求に議題をしぼった。一七八九年八月四日、リベラル派の貴族と聖職者は封建的特権と免税特権を手放した。国民議会は勝ち誇って、「封建制度は完全に破壊された」と主張した。だが、これは誤解を招く声明だった。彼らが放棄したのは農奴制の名残にすぎず、そのほかの特権は農民が買い戻せるようになったにすぎなかったからだ。その四年後、農民が主張を曲げず、武力行使を強めたため、ついにすべての負債が帳消しになった。

この混乱状態に追い討ちをかけるように、長い日照りがつづいた。川は干上がり、水車は動かなくなって小麦粉が不足し、食糧価格がふたたび急騰した。九月半ばには市場の女たちが煽動を始め、やがて十月五日の有名なヴェルサイユへの行進となった。抗議者たちは二列になって雨のなかを宮殿まで行進し、ルイ十六世に要求を突きつけた。国王はすぐさま首都に食糧を供給するように命じ、国民議会の八月の諸決定を認め、なかでも重要な人権および市民権の宣言を裁可した。これが新憲法の基礎の一部となった。国王一家は民衆とともにパリに強制的に連れ戻され、ここにアンシャン・レジームは崩壊した。

「一七八九年の大恐怖」は、結局のところ、何世代も前からくすぶりつづけていた生存の危機が頂点に達したものだったのである。過酷な土地政策や突然の気候変動によって引き起こされた慢性的な食糧難がこのときピークに達することで、何百万人ものフランスの農民が生死を分ける細い境界線の向こうに押しやられてしまったのだ。恐慌につづいて暴動が起こり、農民は貴族社会に背を向けた。結束を固めた農民はみずからに政治を動かす力があることに気づきはじめた。時代遅れになった封建制度への憎悪から、農民とブルジョワ階級が結びついてその破壊を目ざさなかったら、おそらくフランス革命は起こらなかっただろう。一七八九年の事件の発端は、寒冷で湿潤な時期と温暖で乾燥した時期が交互に訪れることで農民が被害を受けていたという重要だが目立たない事実にあったのである。一七七〇年にセバスチャン・メルシエが予言するかのように書いているように、「人を養う穀類は、人を殺しもするのである」[*24]。

10章　夏が来ない年

それにつづいて、地面がほぼ一時間にわたってものすごい勢いで揺れた。大きな窓枠が振動したので、それがはっきりとわかった。午後遅くになって、かなり激しい噴火がまた起こったが、灰が降ってくるのはほとんど見えなかった。大気にはもうもうと蒸気が立ちこめているようだった。太陽はほとんど見えず、半透明の物質の陰からつかの間ひどくぼんやりと顔をだすだけだった。

――一八一五年四月十一日にタンボラ山が噴火したとき、ジャワ島東部スラカルタに在住していたイギリス人

一八一五年四月十一日、ジャワ島の東にあるスンバワ島は、どんよりした熱帯の空気に包まれて、蒸し暑い夕方になっていた。突然、何発かの砲撃のような衝撃的な音が眠ったような夕暮れをつんざき、住民は震えあがって、いまの発砲音はなんだろうかと不安になった。オランダ領東インド諸島では、ナポレオンの送ったフランス人総

督がつい先ごろジャワ島から追放され、イギリスがこの一帯を統治しはじめたばかりだった。ジョクジャカルタの駐屯軍は派遣隊を出動させて、近くの守備隊の様子を調べに行かせた。日が沈むにつれて、一斉射撃の音はさらに激しくなるようだった。たまたま、イギリス政府の船ベナレス号が南セレベス海のマカッサルに停泊していた。この船は一団の兵とともに南のほうの島に偵察にでかけ、海賊がいたら駆逐しようとした。しかし、海賊の姿は見あたらず、ベナレス号は三日後に港に戻った。その五日後の四月十九日に、噴火がふたたび始まった。今回は猛烈な規模で、家も船も大揺れに揺れた。ベナレス号の船長はふたたび南に偵察にでかけた。空は暗く、月はほとんど見えなかった。一帯は完全な闇におおわれ、噴石や灰が何日間も村や町に降りつづけた。スンバワ島の北端にあるタンボラ山が、すさまじい大爆発を起こしたのだ。

　この大噴火の三カ月後、タンボラ山は一三〇〇メートルも低くなっていた。頂上は上空に立ちのぼる噴出物と細かい灰の雲のなかに消えていた。火山灰は六五キロ離れたところに住むイギリス人の家をおおいつくし、空は半径五〇〇キロにわたって暗くなっていた。イギリスのジャワ副総督サー・トマス・スタンフォード・ラッフルズはこう書いている。「とてつもない爆発音をはじめ、噴火の影響を受けた地域は周囲一〇〇〇マイル［約一六〇〇キロ］におよび、モルッカ諸島、ジャワ島、セレベス海のかなりの範囲、スマトラ島、ボルネオ島などが含まれていた……激しい旋風が人や馬や

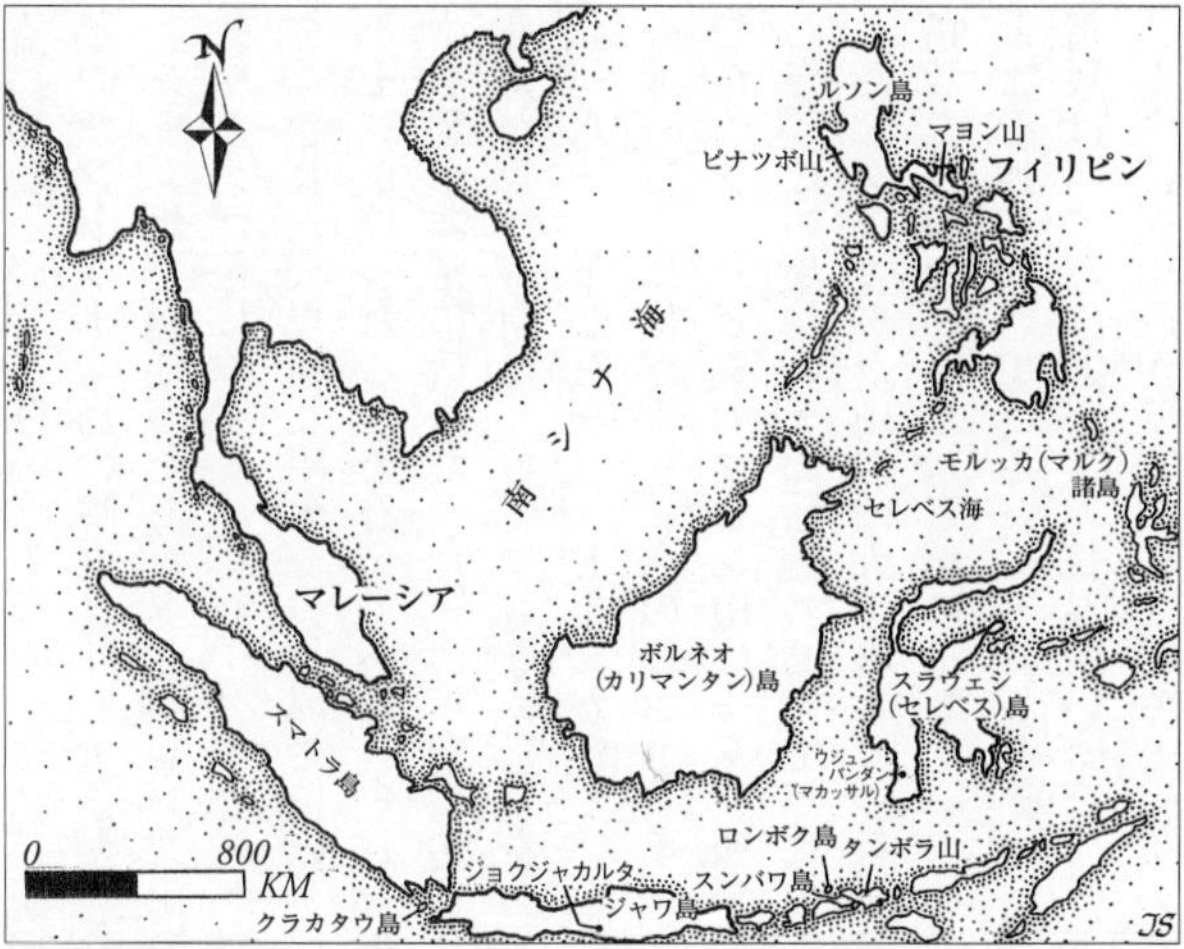

東南アジアの火山

牛や、その勢力範囲内にあるものすべてを空中に巻きあげた」[*1]。スンバワ島では少なくとも一万二〇〇〇人が噴火で死亡し、隣のロンボク島では降りそそいだ灰で飢饉が起こって、さらに四万四〇〇〇人が死んだ。流木が何キロにもわたって海を埋めつくした。溶岩は怒濤のように太平洋になだれこみ、何千ヘクタールもの耕地をおおいつくした。太平洋に漂う燃え殻が、数キロ四方にわたって、六メートルもの深さまで海面をおおった。

火山学者は、最終氷期よりあとに起こった五五六〇回以上の火山の噴火の日を特定している。タンボラ山はそのなかでも最大規模のもののひとつであり、アトランティス伝説のもととも考えられている紀元前一四五〇年のサントリーニ島の噴火よりも大きかった。タンボラ山の火山灰は一九八〇年にワシントン州で起こったセント・ヘレンズ山の噴火の一〇〇倍にもなり、一八八三年のクラカタウもしのぐ量だった。クラカタウの噴火はなんらかの系統だった研究が初めてなされた大規模な噴火で、世界のほぼ全域で直射日光を一五パーセントから二〇パーセント遮ったことで有名である。それを超える規模だったタンボラ山の噴火は、火山活動が非常に活発だった一〇年間に起こり、それでなくとも地球の気温が今日よりも低かった時期に、とてつもない影響をおよぼした。

一八一二年から一八一七年にかけて、大きな火山の噴火が少なくとも三度あった。一八一二年には、カリブ海のセント・ヴィンセント島にあるスーフリエール山が噴火した。フィリピンのマヨン山は一八一四年に、そしてその一年後にタンボラ山が噴火した。この異例の火山活動のせいで、火山性の塵が成層圏にまでもうもうと立ちのぼった。クラカタウ山の噴火をもとに、科学者は火山灰のベールの厚さを測る基本的な指数を決めた。一八八三年の指数を一〇〇〇とすると、一八一一年から一八一八年はおよそ四四〇〇である。一八三五年から一八四一年に連続して起こった大噴火では、指数は四二〇〇となり、気温がいっそう低下した。

上空に火山灰が厚く立ちこめると大気の透明度が低下するため、地球にとどく日射の吸収率が減って地表の温度が下がる。その影響は、一八八三年のクラカタウの噴火後に世界各地で測定された気温を基準にして測ることができる。この噴火では、日射量の月平均値は、一八八三年から一九三八年の平均値を二〇パーセントから二二パーセントも下まわった。散乱光と熱（拡散日射）が増えて減少分をいくらかは補うものの、地球に吸収される太陽エネルギーの量がわずか一パーセント上下するだけで、地上の温度は一度も変わるのである。スカンディナヴィア北部のような辺境の農地では、この違いは決定的になる。

日射が減ることで、高緯度の地方では地域内の大気の循環が弱まり、偏西風の吹く低気圧経路は赤道のほうへと南下する。亜極地帯の低気圧も南へ移動する。温帯地域の北部では、涼しく曇りがちな天候になり、ふだんよりも嵐が起こりやすくなる。火山活動がつづくと、多大な影響がでるのだ。一八一二年から一八一五年に起こった大噴火は、亜極地帯の真夏の低気圧域を北緯六〇・七度にまで移動させた。一九二五年から一九三四年までの七月の時期とくらべて、ゆうに六度は南下しているのである。

＊

一八〇五年から一八二〇年までの年月は、ヨーロッパの多くの場所で、小氷河期で最も寒い時期になった。一八一二年以降は、クリスマスには雪が降り積もってホワイト・クリスマスになるのがあたりまえになった。その年に生まれた小説家のチャールズ・ディケンズは、一六九〇年代以来、イングランドが最も寒かった一〇年間に子供時代を過ごした。ディケンズの短編小説や『クリスマス・キャロル』は、感受性の強かったこの時期に大きく影響されているようだ。その寒さを引き起こした犯人のひとつが火山だった。タンボラ山の灰はほぼ地球全体の上空に二年間もとどまり、異常気象をもたらした。一八一六年一月末にハンガリーで二日間吹き荒れたブリザードは、茶色やベージュ色の雪を降らせた。イタリア南部のターラントの住民は、ふつうの雪ですらめったに降らないところに、赤や黄色の雪が降ってきたのを見て恐れおののいた。アメリカのメリーランド州でも、四月と五月に茶色や赤や青みがかった雪が降った。いたるところで、埃が乾霧のなかを漂った。イングランドの教区牧師がこう書いている。「この時期ずっと、毎朝、太陽は煙のなかを昇るようだった。赤く、輝きがなく、わずかな光や熱しか放たず、夜になると厚く立ちこめた水蒸気の雲の陰に沈み、地上を通った痕跡すらほとんど残らない」[*2]

一八一六年という年は、大西洋の両側ですぐさま「夏が来ない年」と呼ばれるようになった。西部および中央ヨーロッパでは、いちばん肝心な作物の生育期間に豪雨が降り、それとともに気温が異常に低下した。その夏の各月の気温は、平均気温よりも二・三度から四・六度は低かった。イングランド北部は、記録のある一九二年間で最も寒い七月を迎えた。激しい雹や雷雨は生長しつつあった作物をたたきのめした。七月二十日付のロンドンの『タイムズ』紙にはこう書かれている。「このまま雨天がつづけば、穀物は確実に打ち倒され、そんな災難がこのような時期にふりかかると、農民にとってはもちろん、大半の人びとにとっても破滅的である」[*3]。イングランドでは暖かい地方であるケントでも、わずかばかりの小麦の収穫が終わったのは平年なら九月三日のところが、十月十三日だった。作物は「すっかり湿っていて、そのまま使うわけにはいかなかった」[*4]。

ヨーロッパは、何十年もつづいた戦争や経済封鎖からいまだに立ち直っていなかった。軍需産業が縮小し、陸軍や海軍から大勢の兵隊が復員してきたために、失業者が大量に増え、多くの貧困家庭はすでに飢えはじめていた。不作になると、穀類やパンの値段はすぐに貧しい家庭には手のとどかないものになった。一八一六年のイングランドの小麦の生産高は一八一五年から一八五七年のあいだで最低になり、しかもこの時代には労働者の家計の三分の二は食糧と飲料に費やされていた。さいわい、その前年の穀類の備蓄がかなりあったので、イングランドの穀類の値段はしばらくのあいだはまともな価格に抑えられていた。

フランスでは、「パンは食べられなかった。ナイフにくっついて離れないのだ」[*5]。洪水や雹を伴う嵐があちこちで起こった冷夏のあとなので、作物は国全体で平年の半分しか実らなかった。ブドウの収穫は十月二十九日ごろに始まり、数年ぶりの遅い収穫となった。ヴェルダンでは、ブドウはまったく熟さなかった。ひと時代昔とくらべて輸送設備が整ってきたため、多くの場所では飢えの脅威は緩和されていた。飢饉というよりは、食糧難だった。フランスの田舎では急激な物価高になっていたが、パリでは政府が補助金をだしたため、パンの値段は低く抑えられた。

ヨーロッパの辺境の地や山間部では、状況は急速に悪くなった。ドイツ南部では、一八一六年には作物がまったく穫れず、その年の冬は「本格的な飢饉になった……われわれのいるこの文明国でこのようなことがいまだに起こるのだ」。この言葉を書いたカール・フォン・クラウゼヴィッツは、貧しい村や遠くの町についてつぎのように描写している。「とても人間には見えない、生ける屍《しかばね》のような人びとが畑のなかをうろつき、収穫されなかったものや、完全に実らないまま半分腐りかけているジャガイモのなかから、食べられるものを探している」[*6]

ジュネーヴの夏の平均気温は、一七五三年以降で最低だった。そのころジュネーヴには、イングランドの詩人バイロン卿がロンドンに妻を置き去りにしたまま、ヴィラ・ディオダーティに住居を構えていた。バイロンの湖畔の隠れ家には大勢の客が訪れ、そのなかにパーシー・ビッシュ・シェリーと妻のメアリーがいた。寒さのせいで家にこもっていた彼らは、たがいに話を聞かせあった。このときメアリー・シェリーが創作した話は、のちに恐怖小説の古典『フランケンシュタイン』になっている。旅行者たちは飢饉に見舞われた。穀類やジャガイモの価格は三倍になり、三万人以上のスイス人が失業し、パンもない生活を送っていた。貧しい人びとはスイバ〔若芽を食用とする酸味のあるタデ科の植物〕やアイスランドゴケや猫を食べた。チューリッヒの街中には物乞いをする大人や子供があふれていたので、一八一七年は「乞食の年」として知られるようになった。「彼らは公共および民間の慈善事業や、慈善鍋の配給で支えられている」*7。その対応策として、政府ははるばるロンバルディアやヴェネツィアから穀類を輸入した。この貴重な荷は、山道やコモ湖上で盗賊にたびたび横取りされてしまった。放火や強盗をした者は打ち首にされ、盗みをはたらいた者は鞭で打たれた。赤ん坊を殺したために、三人の女性が首を切られ、自殺者の数は急増した。

飢えが広まると必然的に宗教熱が高まり、神秘主義や、世界がまもなく滅びるという予言が横行した。ドイツ南部のバーデンでは、伝道に熱心なあまりこの町から追放されたジュリアーヌ・フォン・クリューデナー男爵夫人が、自分の宝石を売ったお金や地所からの収入、裕福な支援者からの寄付金による基金などを通じて、あらゆる機会に慈善をほどこした。この「神聖同盟の貴婦人」はスイスでつぎのように教え説いて、大騒動を起こした。「主がふたたび統治を始めるときが近づいています。主はみずから信者の群れを養われるでしょう。主は貧しき者の涙を乾かすでしょう。主が民を率いれば、闇の権力はすべて消え去り、あとに残るのは破壊と恥と屈辱だけです」。[*8]クリューデナー男爵夫人は路上生活者への対応策の不足に抗議し、奇跡が起こると主張したために、町から町へと追われた。

一八一六年には、社会不安や略奪、暴動、暴力事件がヨーロッパ各地で勃発し、翌春にはそれが最高潮に達した。何世紀ものあいだ、民衆は凶作や飢饉になると熱心に祈ったり、市民騒動を起こしたりしてきた。市民騒動はいつも同じように繰り返される。まずパン屋の前や市場のたつ広場で抗議運動が行なわれ、それとともに放火や略奪や暴動が起こるのだ。そして、食糧難になって穀類の価格が高騰すると、貧しい労働者が路上にたむろするようになる。それは十八世紀のフランスやそのほかの国々で、凶作になるたびに見られる姿だった。しかし、一八一六年から翌一七年の穀物騒動は、フランス革命以来の激しい暴動になった。

最初に問題が起こったのは、海峡の向こうのイギリスだった。一八一六年五月にイースト・アングリアで大雨がつづいたあと、穀物の値段が急激に上がり、田舎での働き口が減った。農場労働者の一団はひどい扱いをした相手の家を襲撃し、納屋や貯蔵してあった穀類を焼いた。彼らは鉄鋲を打った棒で武装し、「パンか血か」と書かれた旗を掲げて行進した。労働者たちはパンの値下げを要求したが、やがて民兵が出動し、騒擾取締令を読みあげて、従わなければ死刑だと脅した。夏のあいだは平穏が戻ったが、やがて不作になって物価がふたたび上昇してくると、さらに問題が発生した。スコットランドのダンディでは二〇〇〇人の群衆が一〇〇軒以上の食料品店に押し入ったり、穀物商人の家を襲って焼き払ったりした。このときもやはり、民兵を出動させて秩序を回復しなければならなかった。

イギリスでの騒動は、たんに食糧難の問題だけが原因ではなかった。商業や製造業の不振、広がる失業、さらには工業化が急速に進んで階級意識が芽生えはじめたために社会的な緊張が生じたことが、暴動やラッダイト運動〔機械化に伴う労働条件悪化に反対しておもに紡績業界で起きた機械打ち壊し事件〕の背景をなす要因である。たとえば、一八一七年三月には、マンチェスターで一万人の織工が集会を開き、六〇〇人から七〇〇人の代表を飢餓行進に送りだすことを決議した。抗議者はそれぞれ毛布を背負って、落ちこんだ製綿産業への救済措置をとってくれるよう摂政皇太子に陳情にでかけた。この痛ましい行進は、どう見ても政治的意味合いのないものだったが、すぐさま解散させられた。「毛布担ぎ人」のうち、ロンドンにたどり着いたのはたったひとりだった。

食糧不足はアイルランドではいっそう深刻だった。この国はいまやジャガイモに大きく依存していた。ティローン州では、一八一七年の春に何百もの小農の家族が家を捨て、物乞い生活をするようになった。彼らはイラクサやノハラガラシやキャベツの茎を探してまわった。食糧があまりにも不足していたので、「種イモが地面から掘り起こされ、生命をつなぐために使われた。人びとはイラクサなどの食べられる草を熱心に探し、空腹を癒した……国中が浮き足立っていた」[*9]。緊急の救済措置がとられたものの、少なくとも六万五〇〇〇人以上が死亡した。

フランスも一八一六年末にはパン騒動で悩まされるようになった。十一月に、トゥールーズで物価の上昇に腹を立てた群衆は、町から小麦が輸送されるのを阻止し、一〇〇リットルあたり二四フランの「適正」価格を強要した。この地域では穀類は不足していなかったが、人びとは貯蔵分がすべてほかに輸送されたらとんでもない事態になると心配していたのだ。重装備の騎兵隊がやがて暴徒を解散させた。ロアール川流域では、穀類を市場に運ぶ荷車の護衛にあたった警察や兵士が、腹をすかせた村人と争った。一八一七年の真冬ごろには、多くの治安判事が泥棒を捜すのをあきらめていた。パリ周辺では深刻な騒動が起こった。パリでは穀類の輸入と補助金によって物価が抑えられていたが、市外では人びとが食糧不足に悩んでいたからだ。地方から何千もの人びとが移住してきて、安い食糧を求めて市内になだれこんできた。一八一七年の人口調査では、パリの全人口七一万三九六六人のうち、一一・五パーセントもの人が「貧困者」として分類されている。地方では大勢の放浪者がさまよい歩き、シャトーティエリの町を占拠して食糧貯蔵庫を空にし、穀類を積んでマルヌ川を航行する船の行く手をふさいだ。軍がこの町を支配下に置くと、ナポレオンがクーデターを画策しているという噂のなかで、反乱は地方に広がった。

生存の危機は、ヨーロッパのいたるところで大量移住の引き金となった。それまで四半世紀にわたる戦争のせいで、移住を考えていた人びとは動けずにいた。だがここへきて、何万人もの人びとがライン川を下ってドイツ諸国からオランダに移動し、そこから海を越えてアメリカに渡ろうとしていた。しかし、アムステルダムの状況があまりにも悲惨だったので、多くの移民志願者は故郷に戻ろうとした。大勢の人が船の寝台を求めて殺到したが、お金をもっている人でも空きを見つけることはできなかった。当局は貧困者を故郷に帰し、国境でくいとめようとしたが、ほとんどうまくいかなかった。

移民者の故国でも、集団移住に頭を悩ませていた。スイスはこのころすでに時計と織物で有名になっていたが、重要な産業秘密を失うことを恐れて、一八一五年には他国への移住に難色を示すようになっていた。しかし、貧困者が増加し、食糧の価格が高騰するにつれて、大量の人びとが国外にでていくようになった。イングランドでも、ヨークシャーを中心に多くの国民が一八一五年から一八一九年のあいだに同じ理由でアメリカに移住し、アイルランドからも一八一八年に二万人が移住した。これらの移民のうち、ふつうの食糧不足ではなく、差し迫った飢えから逃れようとした人びとがどの程度だったかは不明だが、一八一五年から一八三〇年のあいだに、二万人以上のラインラント地方の住民が北アメリカに移住したのは確かである。彼らは、ひどく細分化された土地で自耕自給農業を営む惨めな生活から抜けだそうとしたのだ。そんな生活では、危険に陥る可能性があまりにも高く、収入を得る機会はあまりにも少なかったのである。

＊

一八一六年の夏のあいだ、コネティカット州ニューヘイヴンのイェール大学の学長ジェレマイア・デイ教授は、大学で気温の記録をつける仕事にあたっていた。これは一七七九年からつづいている気象記録だった。この任務では、真冬でも毎朝四時半に起床して、計器を読みとらなければならない。一八一六年にデイがつけた六月の記録は驚くほど低く、平均で一八・四度だった。これは一七八〇年から一九六八年の平均気温よりも二・五度も低い。その月、ニューヘイヴンはカナダのケベック市と同じくらい寒かったのである。

その年の春は乾燥していて、なかなか暖かくならず、五月半ばになっても霜が降りた。それでも作物は植えられ、生長しはじめていたが、やがてカナダからの季節はずれの寒波が三度、ニューイングランド一帯を急に襲った。六月五日から十日までの五日間、猛烈に冷たい風がこの地域を吹き荒れた。ニューイングランド北部では、雪が八センチから一五センチ積もり、その後また穏やかな日が戻ってきた。ヴァーモント州では豪雨となり、六月九日にはそれが雪に変わった。雪は丘をおおいつくし、羊が何十頭も立往生した。ヴァーモント州ベニントンの農民ハイラム・ハーウッドは日誌に、霜で凍りついた農地のことや、あまりにも寒いので昼まで畑では手袋をはめていることなどを書いている。六月十日には、ハーウッドのトウモロコシは「ひどくやられ、見るも無残になった」[*10]。毛を刈られたばかりの羊が何百頭も寒さのせいで死んだ。ニューハンプシャー州コンコードでは、ウィリアム・プラマー知事の就任演説に出席しようとした客が、会場に向かう途中で強風とにわか雪に襲われた。客のひとりであるセイラ・アンナ・エメリーが書いたところによると、着席してからも「歯がカチカチと鳴り、手足は凍えきっていた」[*11]。友人の「厄介な歯」は、寒さのあまり耐えがたいほど痛んだ。

ニューヨークやニューイングランド南部でも、状況は芳しくなかった。キャッツキル山脈は雪で白くなった。凍りついた田舎の森から渡り鳥が何千羽も逃げだし、ニューヨーク市内に集まって市街地で息絶えた。コネティカット州サウス・ウィンザーでは、副業に農場を営んでいたトマス・ロビンズ師が、実のならないいちじくの木のたとえ（ルカ伝十三章六－九節）を信徒たちに説いた。ある人がブドウ園にいちじくの木を植えておき、実を探しにきたが見つからなかったので、園丁に木を切り倒すように命じた。園丁は、今年は木をそのままにしておいて、来年も実がならなかったら切ってはどうかと熱心に勧めた。つまり、辛抱せよ、この苦しい時期はかならず去るのだから、ということだ。

寒波は過ぎ、ニューイングランド中の農民はまた種を植え直した。それから一カ月もしないうちに、いくらか穏やかな二度目の寒波がメイン州にひどい霜をもたらした。カナダ南部では多くの湖にまだ氷が張っていた。作物の被害が広がると、その冬の干し草が不足するのではないかという不安が高まった。新聞は農民にもう一度植え直しをするように説き、冬期の飼料にジャガイモの葉などを代用してはどうかと論じた。七月の残りの期間と八月の初めは暖かく夏らしい陽気になったが、日照りつづきだった。くじけることを知らないトマス・ロビンズはこのすばらしい変化を神に感謝したが、「雨が降らないことを心配した。八月二十日に、ロビンズは雨乞いのための「厳粛かつ興味深い季節の祈り」を行なった。その翌日、雨がやってきて、それと同時に季節はずれの厳しい霜が降り、これでかえってトウモロコシがまともに実る可能性が実質的に奪われてしまった。霜がくるのがもう二週間遅ければ、すばらしい収穫に恵まれていただろう。それでも多くの農民は、異常な天候にもかかわらず、なんとか切り抜けることができた。ヴァーモント州のハイラム・ハーウッドでは八月の初めに牧草を刈り取り、冬用の小麦は八月二十三日までに、オート麦はその数日後に収穫し、「めったに見られないほどみごとなオート麦の出来」になった。[*12]

ニューヘイヴンでは、春の最後の霜は六月十一日にやってきた。その前後の一〇年の記録とくらべて二〇日遅い。秋の霜の到来は例年より三五日も早く、八月二十二日だった。七月に霜が気まぐれに降りたことは別にしても、一八一六年は作物の生育期間が例年の一五五日間よりも五五日も短かったことになる。おもな原因は、地球の裏側でタンボラ山が噴火したことである。

多くの農民は果樹や野菜を救うことはできたが、この夏いちばん被害がひどかったのはトウモロコシだった。十九世紀のニューイングランドの主要産物である。一八一六年のトウモロコシの収穫のうち、人間の食用に適したものはわずか四分の一だった。残りは熟していないかかびており、かろうじて牛や豚の餌になる程度だった。田舎の小さな共同体の人びとはいつもお金に窮していたが、不作の年は冬が近づくにつれて現金不足がいっそう深刻になった。ケベック州の多くの教区では、パンや牛乳が不足した。『ハリファックス・ウィークリー・クロニクル』によると、ノヴァスコシアの貧しい農民は「さまざまな野草をゆでて、それを牛乳とともに食べ、惨めな生活を支えた。だが、牛乳が手に入り、やむにやまれぬ必要から乳牛を手放さずにすんでいる者はまだ幸せである」[*13]。ニューファンドランドのセント・ジョンズでは、移民しようとしていた九〇〇人がヨーロッパに送還された。町に食糧がほとんどなかったからだ。ニューブランズウィック州知事は穀物を輸出したり、穀類をなんらかの蒸留酒に醸造したりするのを禁じた。

食糧の値段はどれもこれも急騰した。ニューイングランド北部の奥まったところにある農地で穫れた植え付け用のトウモロコシは、一ブッシェル四ドルにまでなったが、農民はそんなとてつもない値段でも手に入れようとした。メイン州のジャガイモは、一八一六年春には一ブッシェル四〇セントだったのが、翌年には七五セントにまで上がった。トマス・ジェファソンの家計は、ヴァージニア州モンティセロのトウモロコシが不作だったためにひどく逼迫し、代理人から一〇〇〇ドルを借金しなくてはならなくなった。これは当時としては莫大な金額である。もっと南のノース・カロライナやサウス・カロライナでも、作物の出来はところによりふだんの三分の一に落ちこんだ。

一八一六年の寒さがおよぼした影響は、その後何年もつづいた。連邦政府はこの危機を乗り越えるための対策をほとんど講じなかったが、ニューヨークの議会は輸送システムを改善し、細いでこぼこ道を行くしかなかった地方とのあいだで食糧をもっと迅速に運べるようにする必要があると認識していた。ハドソン川とエリー湖を結ぶエリー運河は、一八一七年四月につながった。一八二五年十月二十五日に、全長五二三キロにおよぶ運河が華やかなファンファーレとともに開通した。もっとも、運河船は物資や食糧を運ぶには遅くて手間もかかったため、水路はやがて鉄道にとってかわられるようになった。

＊

一八一六年から翌一七年の冬の生存の危機は一八一六年の凶作によって引き起こされ、欧米では最後の広範にわたる深刻な食糧難となった。その影響はオスマン帝国から北アフリカの一部、スイスとイタリアの大半、西ヨーロッパ、そしてニューイングランドやカナダ東部にまでおよんだ。危機が起こったのは不作のせいだけではなく、ナポレオン戦争のあとで政治および社会不安がつづいている時代に、食糧の値段が高騰したせいでもある。

西欧では、ひどい寒さに起因する飢えそのものよりも、社会的な状況から死ぬ人のほうが多くなっていた。スイスでは一八一六年の死亡率は、前年の一八一五年よりも八パーセント高く、翌年には五六パーセント増になった。イングランドとフランスでは食糧の値上がりを抑えるための効果的な措置がとられたため、これほど急増せずにすんでいる。一七四〇年のときと同様に、死因の多くは栄養不良から感染症になったためだった。歴史家のアレグザンダー・ストールンワークが当時の新聞を引用している。「多くの人が、飢えそのものではないにしろ、少なくとも食糧が不足したりひどいものを食べたりしたために死んだ……。野山に自生している植物を食べれば、飢えはかなりしのげただろうが、動物のように草を食べるという考えは、これらの人びとには恐ろしいことに思われた」[*14]。イタリアやスイス、アイルランドでは、多くの物乞いがおもに発疹チフスや飢えからくる病気で死亡し、これらの国の死亡率を高めていた。「骸骨のようにやせ細った者たちが、猛烈な勢いで汚らわしい異様な食べものをむさぼるのを見るのは恐ろしい。死んだ動物の肉や牛の飼料、イラクサの葉、豚の餌などを食べているのだ」[*15]

一八一六年の凶作によって、イギリスでは発疹チフスと回帰熱が流行した。グラスゴーでは、一八一六年に人口一三万人のうちこれらの病気で三五〇〇人が死亡し、約三万二〇〇〇人が発病した。一八一六年秋には、ロンドンのスピタルフィールズに住む絹織工のあいだで発疹チフスが大流行し、市内の貧しい地区に急速に広まった。救貧院には「飢えかけた人びとがあふれた。多くは教区内の路上で寝ていたために救済を求めてきたが、彼らはすでに熱に冒されていた」。ロンドン治療院の医療管理者トマス・ベイトマンは、感染症は経済状態のバロメーターと考え、「感染症にかかるおもな原因は栄養不足である」としている[*16]。

春から夏、秋にかけて気温の低い日がつづき、雨ばかり降ると、泥炭や薪が湿ってしまい、炉に火を絶やさずにいるのが難しくなった。貧しいアイルランド人は汚い小屋や給食施設で暖を求めて身体を寄せあい、チフス菌をもったヒトジラミの糞をうつしあった。感染した糞が乾燥して粉になったものが外套や毛布などの毛織物についたが、人びとにはそのほかに身体を温めるものがないのがしばしばだった。一八一七年から翌一八年の冬にアイルランドでは、八五万人がチフスに感染した。

過去に飢饉が訪れるたびに発生していたペストは、このときもやはり広まった。ペストが大発生したのは、一八一二年にインドの中部および北西部で飢饉が起こってからである。一八一三年にはヨーロッパ南東部に広まり、ブカレストでは二万五〇〇〇人が死亡した。アドリア海や地中海の港には厳重な検疫の規制が敷かれたが、ペストは一八二二年まで広がりつづけ、西地中海のバレアレス諸島では一八二〇年に一万二〇〇〇人の死者をだした。西ヨーロッパでも不作になって多くの人びとが飢えていたが、ペストが広まることはなかった。東方との国境や地中海の港で厳重な検疫対策をしたおかげだったが、ほかに家庭内の衛生環境が大きく進歩していたためでもある。たとえば、町や都市では、木や土や藁で家を建てるかわりに、石や煉瓦やタイルが幅広く使われるようになっていた。

こうした変化を促したのは、火事にたいする大きな不安である。ロンドン大火のあと、火災で燃えた一万三二〇〇軒の木造の家屋は、九〇〇〇軒の煉瓦造りの家にかわった。アムステルダムやパリやウィーンなどのほかの都市も、徐々にそれにつづいた。この変化によってノミやネズミが棲みにくい環境がつくられ、それが衛生状態を改善するのにも役立ったのである。床に敷かれていた藁は姿を消した。また、各家庭で穀類を貯蔵するかわりに、造りがしっかりして管理の行きとどいた公共の施設が使われるようになり、それによって虫やネズミが入りこみにくくなった。東ヨーロッパや南西アジアの多くでペストが発生しつづけたのは偶然ではない。これらの地域では、人びとはそのころも土や木を使った住居に住んでいたからだ。清潔でネズミのいない建物は、ペストの発生しない環境を都市につくるための鍵だったのである。今日、ペストはおもに南アメリカなどの片田舎で発生している。これらの場所では、いまでも住宅環境が劣悪な場合が多い。

＊

一八一二年から一八二〇年にかけての寒い時期は、穀類やジャガイモの不作と食糧不足が重なった。さらに、ナポレオン戦争末期に経済情勢が変化したことで、それでなくとも不安定な社会のなかで、必需品の値段が高騰した時期でもあった。西ヨーロッパの必需品市場は、農産物の生産性が急速に落ちこむなかで混乱をきたした。実質所得は減少した。寒さや不作のせいで、物価は大きく変動した。どの作物を植えるべきかを決定するのに、経済的な理由をもとに、ときにはその場まかせに判断してきた結果でもある。人びとがなんとか食費を捻出しようとするなかで、工業製品にたいする消費者の需要は落ちこんでいった。失業率が急増し、貧しい労働者は路上に追いやられ、購買力は低下した。

物価がほとんどの労働者の手にとどかないところまで上がるにつれて、公共や民間の慈善事業に頼る人が増え、物乞いをする人も現われた。浮浪者になる人もいれば、東ヨーロッパや北アメリカに移住しようとする人もでてきた。さらに多くの人びとが路上を占拠し、暴動を起こしたり、犯罪に走ったりするようになった。結婚や出産は減少した。これらすべてのことが起こったのは、フランスがジャコバン主義に支配された時代が、現代のアメリカ人にとってのベトナム戦争以上に、まだ人びとの記憶に鮮明に残っていたころだった。政府は革命や大規模な農民の反乱が起こる危険を痛切に感じていた。こうして、社会混乱や感染症を恐れた政府は、公共の救済策を講じるようになっていったのである。だが、ヨーロッパの政府――たとえばフランスなど――には、この同じ脅威を感じた反動から、保守的で抑圧的な政策に向かうところもあった。とはいえ、長い目で見れば、初歩的な社会福祉政策は実施されはじめており、経済危機が訪れても、困窮した人びとの身の安全を最低限は守ろうとするようになっていた。これらの政策は、タンボラ山の噴火が残した最大の遺産である。

11章　アン・ゴルタ・モー――大飢饉

アイルランドはジャガイモの生産で有名である……この野菜はヨーロッパのどの国よりもこの地で長く栽培されてきた……アイルランドの人びとは賢明にも、昔からずっとこの作物をきわめて重要なものと見なしている。

――オースティン・バーク『神の訪れか――アイルランドのジャガイモ大飢饉』一九九三年

ロンドンの椅子駕籠《かご》担ぎ人やポーター、石炭運搬夫、それに売春をして生活をする不遇な女たち、すなわちイギリスの領土のなかでおそらく最も頑強な男たちと、最も美しい女たちは……アイルランドの最下層の出身と言われており、彼らは一般にこの根菜を主食にしている。栄養面でこれほどはっきりした価値のある食品はなく、また人間の身体の健康にこれほど適したものもない。

――アダム・スミス『国富論』一七七六年、アイルランド人とジャガイモについて[*1]

メキシコ湾流のおかげで、アイルランドは湿気の多い温暖な気候に恵まれ、通常は冬も春も穏やかな気候になる。アイルランド人は何世紀ものあいだ、夏はバターと凝乳と乳清を、冬は秋にとれるオート麦を食べて暮らしていた。穀物の栽培は容易ではなく、畜産と組みあせてもうまくいかなかった。春や夏に雨が降りすぎると、伸びはじめた作物がかならずやられる。飢饉は頻繁に起こり、そうなると決まっていろいろな感染症が広まり、それが飢えそのもの以上に多くの生命を奪った。アイルランドの農民にとっては、北大西洋振動（ＮＡＯ）指数が高くても低くても問題が生じた。指数が低いときには異常に寒い冬となり、ひどく凍結する。指数が高いときには、作物の生育時期に豪雨に襲われる危険がつねにある。この地では、過剰な雨とオート麦の不作と冬期の飢えの関係は、残酷なまでに直結していたのである。

アイルランドにいつジャガイモが伝わったのかについては、はっきりしたことはわかっていないが、十六世紀の最後の一五年間だったようだ。アイルランドの農民は、この奇妙な塊茎が雨の多い曇りがちなこの地の気候でも育つことにすぐに気づいた。大西洋の低気圧がたびたび襲って、雨でオート麦が大打撃を受けた年でも、ジャガイモは大量の収穫があった。高く土を盛って水はけをよくした畑に植えれば、アイルランドのようモはやせた土地でも非常によく育ち、確実に収穫が期待できた。アイルランドのように気温の変化が少なく、作物の生育時期の長い土地は、初期のころにヨーロッパで植えられていたジャガイモには理想的だった。この品種は長い夏のあいだに発芽して生長し、花をつけ、霜の降りない秋に塊茎をつける。つまり、こうした気候条件はアンデス山脈の大半の土地と似通っているのである。穀類とは違って、ジャガイモは突然の気候変動にも驚くほど強かった。これは北ヨーロッパのほぼどこでも同じだったが、湿気の多いアイルランドの気候はとくにジャガイモに適していた。ほかの作物が畑の上で腐っているときでも、ジャガイモは土のなかでひっそりと生長していた。調理するのも、保存するのも簡単なジャガイモは、アイルランドの貧困者の食べものとして理想的に思われた。なにより、飢饉のときには威力を発揮した。ジャガイモと穀類を組みあわせれば、どちらかの作物がだめになった場合の防衛手段になった。双方のバランスが保たれているかぎり、アイルランド人には飢えにたいしてそれなりの安全策があったのである。

当初、ジャガイモはアイルランド人の食事を補うものにすぎなかった。ただし、南部のマンスターは別で、この地方の田舎に住む極貧の人びとはごく初期からジャガイモを主食と見なしていた。一六八四年にある人が「貧しい人びとを大いに支えているのは、ジャガイモである」と書いている。ジャガイモは冬を越えるための食糧であり、「秋は八月一日から、春はパトリックの祝日まで」食べられた。*2 収穫はじつに簡単で、多くの農民はジャガイモを地面に埋めたままにし、必要になるたびに掘りだしていた。しかし、ひどい霜が降りるとたちまちだめになることを、彼らは痛い思いをして学んだのである。

ジャガイモの栽培は、つづく半世紀のあいだに二〇倍に増えた。ところが、一七四〇年と翌四一年は例年にない寒さからひどい飢饉になり、穀類もジャガイモも不作となった。この一七四〇年から翌四一年は、「殺戮の年《ブリアン・アン・アー》」として知られている。異常に寒い時期が長くつづき、穀類やジャガイモは大打撃を受け、家畜だけでなく海鳥までが死んだ。このころには、南部や西部の貧しい人びとはほぼ全面的にジャガイモに依存していたため、とくに大きな被害を受けた。このとき政府は積極的に介入し、穀類の輸出を禁じ、軍隊を使って飢饉の救済にあたった。ヨーロッパには余剰の食糧はほとんどなかった。不作もその一因だが、オーストリア継承戦争のせいでもあった。そのかわりに、「大量の食糧がアメリカからやってきた」[*3]。地方の領主や地主や英国国教会のメンバーは食糧を無料で供給したり、穀物に補助金をだしたり、無料の食事を配給したりして、大規模な慈善事業を行なった。この寛大な措置は、貧困者を思ってというよりも、社会混乱や感染症が広まるのを恐れてのことだった。このような援助が実施されても、多くの貧困者は路上で物乞いをしたり、食べものや職を求めるか、外国に出航する船を目あてにして町へ移動したりした。三〇万人から四〇万人が赤痢や飢えや発疹チフスで死亡した。これは一八四〇年代に起こった大悲劇の前兆となる飢饉だった。最終的には、アイルランドの人口の少なくとも一〇パーセントが、飢えやそれに起因する病気で死亡している。この飢饉で、ジャガイモもオート麦も、アイルランドの農業の問題を解決する万能薬にはならないことがわかった。保存されたジャガイモが、湿気の多い気候では八カ月しかもたないせいでもあった。

ところが、飢饉の記憶が薄れるにつれて、ジャガイモの栽培はますます盛んになった。十八世紀末は、アイルランドのジャガイモ栽培の全盛期であり、「宮殿から豚小屋にいたるまで、どこでも食べられていた」[*4]。ジャガイモは裕福な家庭では食事のかなりの部分を占め、貧しい人にとってはそれがすべてだった。この時期に改良されたアイルランドの優良種は、北ヨーロッパ一帯で人間の食用としてだけでなく家畜の飼料としても植えられた。一七九〇年代には、農民は毎年牛や豚に餌をやったあとでも、まだ大量に余っているジャガイモを捨てていた。「彼らは溝の後ろや柵の隙間にジャガイモを山積みにしたり、追肥にしたり、埋めたり、畑に積んで燃やしたりした」[*5]

アイルランドを訪れる人はみな、田舎の人びとの健康そうな様子や陽気な振るまいについて触れ、彼らがいつも歌をうたったり踊ったり、物語を話したりしていると述べている。十八世紀末には、医者がジャガイモを勧め、「子宝に恵まれない女性の夕食にすれば、跡継ぎが生まれやすくなる」と言っている[*6]。ジョン・ヘンリーは一七七

アイルランド（11章）

一年にこう書いている。「ジャガイモは食用として最も一般に利用されている。娘たちの肌はじつにきめ細かいので、年長者は親しみを感じてつい褒めてやりたくなる」[*7]。一七八〇年には、フィリップ・ラックサムという旅行者が、貧しいアイルランド人は一年中ジャガイモと牛乳で暮らしており、「パンや肉を食べるのは、おそらくクリスマスに一度か二度だろう」と述べている。[*8]

人びとはみなジャガイモを長方形の区画に植えており、隣人との境界には細い溝が掘られていた。それぞれの区画は幅が二、三メートルで、家畜の糞や細かく砕いた貝殻を肥料にし、海岸沿いの地方では海草が使われていた。ロイという鋤を使い、一〇人いれば一日で〇・五ヘクタールの土地をすき返し、種イモを植えることができた。穀物の種を同じ面積に同じ時間でまくには、人手が四〇人は必要だ。アイルランドの「高く盛った畑」はときには「怠け者のベッド」とも呼ばれ、一ヘクタールあたり一七トンものジャガイモを生産することができた。オート麦とくらべると驚くほどの収穫高である。ジャガイモは、極貧の暮らしをしている土地貧乏の農民には、明らかに利点が多かった。ジャガイモからビタミンをとり、数頭の牛からミルクやバターが手に入れば、どんな貧しいアイルランドの農民でも、豊作の年には簡素ながらも充分な食事をとることができた。

天候をはじめ、そのほかさまざまな要因から何が起こるとも知れないのに、アイルランドは危険なほど単一栽培に近づいていた。この国の南部や西部では、もはや穀類は主食の一部ではなくなり、北部でもほとんど換金作物になりつつあった。ジャガイモの利点は、パンを必要とするイングランド向けにオート麦や小麦を生産する労働者の主食になったことだ。イングランドの北東部でも、ジャガイモがなくなることはないという幻想から、アイルランドのジャガイモにたいする需要が高まり、急速に工業化が進んで人口が増えつづけるリヴァプールやマンチェスターで人びとの食糧になっていった。

ナポレオン戦争の最中の一八一一年に、『マンスター・ファーマーズ・マガジン』にジャガイモについてのこんな記事が載っている。「金持ちには贅沢品、貧乏人には食糧である。人口がこれだけ増えたおもな原因であり、飢饉に際しての最大の防衛策でもある」[*9]。しかし、さまざまな長所はあっても、ジャガイモは奇跡の作物ではなかった。夏に異常に雨が多かったり、逆に日照りつづきだったり、またとくに寒さの厳しい冬に見舞われたりすると、この国はいつも飢饉に襲われた。雨と霜が重なると、大穀類もジャガイモも駄目になることがときどきあった。作物が豊富にある年でも、大勢の貧民は慢性的に失業中で、政府の積極的な救済対策に頼っていた。多くのアイルランドの労働者は、たくさんのリネンの熟練工を含めて、飢えから逃れようと遠い地に移民している。一七七〇年だけでも、三万人がアルスターの四つの港をあとにして北アメリカに移住していった。彼らがでていったのは人口が急激に増えたためであり、時代遅れの土地保有の規則によって小さな農地がさらに細分化されたからであり、また飢饉の恐怖がいつもつきまとっていたからである。

＊

一七五三年から一八〇一年までアイルランドを周期的に襲った食糧不足は、その大半が局地的なもので、死者の数も比較的少なかった。[*10] 一七八二年から翌八三年の冬には、深刻な食糧不足が広がった。景気がひどく落ちこんでいるときに、低温と多雨のせいで穀類が大打撃を受けたのである。民間の救済努力と、アイルランド政府の積極的な介入によって、飢餓が広がるのは防ぐことができた。当時、アイルランド総督だったカーライル伯爵は、穀物生産者のロビー活動を無視して、穀物をイングランドに輸出するのを禁じ、一〇万ポンドを調達してオート麦と小麦の輸入の補助金にあてた。食糧価格はまもなく下がった。一七八三年から翌八四年の厳冬によって食糧危機が長引くと、総督はふたたび介入した。食糧の輸出を統制し、被害を受けている地域には教区レベルで援助金を拠出するように計らったのである。一〇日もしないうちにこの教区計画は功を奏し、困窮者にかなりの食糧が行きわたった。一日あたりパン一ポンド、ニシン一尾、それにビールが一パイントである。死者の数は、一七四〇年から一七四二年の災害時にくらべてはるかに少なかった。このときの政府の優先策は明快で人道的であり、必要に合わせた迅速な対応だった。

一八〇〇年、連合法によってイングランドとアイルランドが連合した。アイルランドは政治および立法上の自治と経済的な独立を失った。一八〇〇年からの一〇年間に、イギリスは急速に工業化を進めたが、アイルランドはそうした動きからはほとんどとり残されていた。むしろ、ヨーロッパの最先端を行くイギリスの高度な経済との競争で、芽生えたばかりの多くの産業が痛手を受けた。一八四一年には、イギリスの男性労働者の四〇パーセントは工業部門で働いていたが、アイルランド人は一七パーセントにすぎない。アイルランドの有名なリネン産業の規模が縮小したのは、機械が導入されて省力化が進んだのがおもな原因だった。紡績機械や蒸気機関が新たに登場することで、それまでは家内工業だったものが、北部のベルファストを中心とする巨大な工場施設に集約されるようになったのである。工場が出現するまでは、多くの人が小さな土地をもち、機織と紡績で暮らしをたてていた。重要な収入源を失ったいま、彼らは小さな土地に頼らざるをえなくなり、ますますジャガイモ一筋になった。ところが、不作の年にも、ロンドンの当局は、自治時代のアイルランド政府ほど、人びとに同情を寄せることはなかった。

アイルランドの商業的農業では、二〇〇〇万人分を養えるだけの牛と穀物を生産していたが、穀物の四分の一と家畜の大半は輸出用に割りあてられていた。アイルランドはイングランドの穀倉地帯になっていたのである。アイルランドのオート麦と小麦のおかげで、イングランドのパンの価格は抑えられたが、その一方で、大半のアイルランド人は借地でジャガイモを育てながら最低限の質素な暮らしを送り、きわめて被害を受けやすい状況にあった。ヨーロッパのどこを見ても、人びとがこれほど単一の作物に頼って暮らしている場所はなかった。しかも、土地所有の形態上、この作物はわずかな土地で栽培されており、余剰の作物を生産できる農民は皆無に近かった。

ジャガイモは食糧危機にたいする保険としては万全ではなかった。一八一六年の「夏が来ない年」には、六万五〇〇〇人以上が飢えと飢えからくる病気で死亡した。彼らが生命を落とした原因は、ひとつにはイギリスの当局が穀類の輸出を禁止するなど、食糧不足の初期に対策を講じなかったせいである。アイルランド担当相のロバート・ピールは、もっともらしい根拠を述べてこれを正当化した。すなわち、政府が飢饉対策で大きな責任をもてば、民間の慈善事業家が努力をしなくなるというのである。一八一七年六月には、ピールはつぎのような間の抜けた声明を発表した。「高い階級の人びとは、家庭でのジャガイモの利用をやめ、馬にあたえるオート麦の量を減らすべきである」[*11]

＊

一八二〇年には、初期のころにアイルランド人を支えてきたジャガイモの品種は衰退しつつあった。ブラック、アップル、およびカップはすぐれた品種で、なかでもアップルは葉が濃緑でイモは丸く、味がよくてほくほくしており、歯ごたえがパンに似ていると言う人もいた。しかし、寒さに強く生産性の高いこれらの品種は、十九世紀初期にむやみに異種交配が行なわれたために品質が落ちはじめていた。これらにかわって、評判の悪いランパーがでまわるようになった。ホース・ポテトとも呼ばれたこのイモは、もとはイングランドで家畜の飼料用に使われていた。ランパーはじつによくイモがなり、やせた土地でも簡単に栽培できた。耕作地がわずかしかないところでは、これは大きな利点だった。一八三五年ごろには、ぼそぼそして水っぽいランパーが、アイルランドの家畜や南部と西部の大半に住む貧困者の常食となっていた。だが、ランパーを褒めている人はほとんどいない。ヘンリー・ダットンはこう述べている。「わずかな肥料でも生産性が高い……が、どんな動物にとってもまずいイモだ。豚ですら、ほかに餌があればこれを食べようとはしないという」*12

農業著述家のアーサー・ヤングは、一七七九年にアイルランドをまわり、ジャガイモのことや、それがいかに人びとの食生活に役立っているかを熱心に書いている。しかし、人口が増えつづけ、収穫が減るにつれて、ジャガイモの欠点が明らかになってきた。ランパーは翌年までは貯蔵できなかったので、不作になっても翌年の備蓄にするわけにはいかなかった。そのため、アイルランドの貧困者は、栄養価の疑わしい下等なジャガイモを食べて暮らしていたうえに、予備の食糧がなにもなかったのである。土地もまたなくなりつつあった。アイルランドの人口は急速に増え、ついにはイングランドとウェールズを合わせた人口の半分を超えるまでになった。人口が急増することで、農地には非常な負担がかかるようになった。しかも、大規模な農場では、輸出向けの穀類の生産や畜産にどんどん切りかえはじめていた。そのため、ジャガイモを生産する貧しい農民は、丘陵地帯ややせた土地へと追いやられていったのである。必然的に、収穫量は落ちた。食べものの少ない夏の時期に、人びとはつい種イモに手をだすようになり、塊茎ができるとまだ小さいうちから掘り起こしさえした。年々生活が苦しくなるにつれて、大量のアイルランド人が厳しくなる一方の故郷の生活から逃れて、北アメリカに移住した。アイリッシュ海の両岸から聞こえてくるのは、いずれも先行きを悲観する声ばかりになった。「アイルランドの状況は日に日に悪くなる」と、ジョン・ウィギンズは一八四四年に出版された『アイルランドの恐ろしい窮状』に書いている。アイルランドは「砂の上に建てられた家だった……それゆえ風が吹き、海が荒れたとたんに崩れる運命にあった。強風がほんのひと吹きしただけで、ひとたまりもなかったのだ」[*13]。ウィギンズはすぐさま行動に移るよう主張した。

しかし、時はすでに遅すぎた。大西洋の向こう側で繁殖した微小な病原菌が、すでにヨーロッパに向かってきていたのだ。この状況を見守っていたマーティン・ドイル博士という人は、手紙のなかでアイルランドの状況についてこう述べている。「食糧が不足する事態になれば、飢饉と疫病が一緒に広まり、おそらく一〇〇万人の同朋が死ぬことになるだろう」[*14]。災害は待ち構えていたかのように襲いかかり、人びとの無関心と無気力によってさらに悪化した。議会は委員会をいくつも設置してアイルランドの状況を調べたが、ただそれだけで、手をこまぬいていた。オースティン・バークの印象的な言葉を借りると、「それぞれがかわるがわる大鍋の蓋をもちあげては、不正と偏見と飢えと絶望でごた混ぜになった中身を途方に暮れながら見て、またそっと蓋を閉めたのである」[*15]。

＊

ジャガイモも、ほかの作物と同様に、疫病にかかりやすかった。一八三二年から一八三四年にカーリング病というウィルス性の疫病が大発生し、それにつづいて乾腐病が広まった。しかし、いずれも被害が長引くことはなかった。一八四三年にアメリカ東部の主要な港の後背地で、ジャガイモ疫病菌（*Phytophthora infestans*）が生育期のジャガイモを襲った。「レイト・ブライト」とも呼ばれるこの病気の菌の胞子はものすごい勢いで拡散し、ジャガイモの葉や茎やその周辺の土壌で発芽する。疫病は初めのうちは黒い斑点のように見え、やがて柔毛が生えてくる。作物はすぐに腐り、生長していた塊茎も変色して、ぐにゃぐにゃになる。その独特な匂いで、ジャガイモ疫病になったことに気づくことが多い。ジャガイモ疫病はそれから二年のあいだに、ニューヨークからフィラデルフィアにかけての一帯から、アメリカの南東部と五大湖やカナダなどの西方に広がった。胞子はもちろん大西洋も越えた。ジャガイモ疫病がいつ、どこから、どのようにヨーロッパに広がったのかはわからない。識者によっては、一八四四年にはすでに、ペルーからのグアノ（鳥糞でできた肥料）を積んだ船で輸入したジャガイモについてきたと考える人もいる。メキシコや北アメリカが発生源だと指摘する人もいる。ジャガイモ疫病はいったん足がかりをつかむと急速に広まり、そのときの気候しだいでさらに勢いは加速した。

一八四五年の夏は涼しく曇りつづきで、例年よりも雨が多かったが、十九世紀半ばにしてはけっしてめずらしい天候ではなかった。ひどく変わりやすい風と雷を伴う弱い低気圧が、ヨーロッパ大陸の内陸部まで入りこんでいた。湿気の多い肌寒い天候と変わりやすい風は、ジャガイモ疫病の胞子があらゆる方角に飛散するのに好都合だった。当時、ヨーロッパで植えられていたジャガイモはこの疫病に弱く、なかでもランパーは影響を受けやすかった。ジャガイモ疫病は恐ろしいほどの勢いでランパーの栽培されている区画にとりつき、ときにはほとんど一夜にしてジャガイモを腐らせた。

ジャガイモ疫病がベルギーで最初に報告されたのは、一八四五年七月のことだった。八月には、パリやラインラントの畑でも感染した葉が見られるようになり、イングランド南部やチャネル諸島もほぼ同じころに襲われた。手の打ちようはなかった。植物学者や識者たちは、この未知の疫病について説明しようとやっきになり、異常に涼しく曇りがちな夏のせいだとか、ジャガイモが徐々に退化したためだとか、なかには「大気圏外で発生したものが空気感染している」と提唱する人まで現われた。そのあいだにも、ジャガイモ疫病は情け容赦なく広まった。八月の終わりには、ついにダブリンの植物園で最初の感染例が報告された。

当初、アイルランドの新聞はジャガイモ疫病の蔓延を重視せず、たまたま収穫期にそうなったかのように論じていた。民衆があわてふためいて騒ぎだしたのは、十月に入って夥しい数の成熟したジャガイモが畑のなかで腐ってからだった。広く読まれていた『ガーデナーズ・クロニクル』の編集者ジョン・リンドレー博士は「ジャガイモが全部腐った場合、アイルランドはいったいどうなるのか？」と問いかけている。[*16] 被害が大きかったのは、夏に最も雨が多かった地域だった。一八四五年には、ジャガイモが腐ったことによるアイルランドの損害は平均で約四〇パーセントになり、飢饉に襲われるのは時間の問題となった。

初めのうちは、ジャガイモの供給量は充分にあった。人びとは無事だったジャガイモを急いで売るか、すぐに食べてしまった。飢饉が本格的に始まったのは、ジャガイモがひとつ残らず消費されてしまった五、六カ月後のことである。救済活動はまともな道路がなかったために難航し、またアイルランドの地主の多くも慢性的に赤字で、小作人を助けるのはほとんど不可能だった。ロンドンでは、首相になったサー・ロバート・ピールが凶作の報告に応えて、科学委員会に問題の調査分析と被害の状況報告を命じ、対応策を提案させた。委員会は、作物の半分はやられているか貯蔵庫内で腐っていると推定したが、原因を突きとめることはできず、アメリカから一〇万ポンド相当のトウモロコシを緊急輸入する命令をだすべきだと首相に勧告した。ピールはこの措置をとれば、飢えたジャガイモ農民に食糧を供給できることよりも、むしろ穀物の価格を安直に安く抑えられて、しかも政府が穀物市場に介入していると非難される危険がないだろうと考えた。

一八四六年四月には、人びとが種イモを食べていることが下院で報告された。その結果、ジャガイモの植えつけ面積が三分の一ほど縮小し、品薄になるのは避けられなくなった。春は肌寒く雨が多かったが、五月と六月は暖かく乾燥していた。人びとは希望を抱いた。ジャガイモは畑ですくすくと育っているように見えた。だが、八月の初めにジャガイモ疫病は前年よりまる二カ月早く現われ、卓越風に乗って一週間に八〇キロの速度で東や東北に広がっていった。ジャガイモはほぼ全滅だった。当時、禁酒運動家として有名だったマシュー神父は、七月二十七日にコークからダブリンまで旅をした日のことを書いている。「この不運な植物は、いかにも豊作のように葉を茂らせていた。三度目に戻ったとき、私は腐った野菜が乱雑に捨てられているのを目にしてやりきれなくなった。あちらでもこちらでも、惨めな人びとが腐っていく畑の柵にすわって苦しげに両手をもみあわせ、彼らの食糧を奪ったこの惨事をひどく嘆き悲しんでいる」[*17]。畑は何百キロにもわたって、火事にでもあったかのように黒くなった。腐ったジャガイモの悪臭があたりに充満した。

前年の一八四五年のときには、被害は深刻だったものの、大きな痛手にはならなかった。平年並み以上の収穫があったし、救済策もある程度は功を奏したからだ。だが、この年はまったく壊滅状態だった。新しくとれたジャガイモで、食いつなぐことすらできなかったのである。すでに衣類や所持品は寝具にいたるまですべて質に入れてあるか、食べものと交換してしまっていた。リメリックからダブリンまで、青々としたジャガイモ畑はどこにも見あたらなかった。豪雨が降り、激しい雷雨が黒くなった畑を襲い、疫病にやられた土地には濃い霧が立ちこめた。九月二日、ロンドンの『タイムズ』紙は、ジャガイモは「全滅」だと報じた。

穀物の出来が悪かったために、一八四六年はヨーロッパ各地で食糧不足となり、地中海地方や北アメリカから食糧を輸入しようとして、各国が競争入札をする事態になった。フランスやベルギーが高値を支払い、イングランドは入札に負けてアイルランドの救済はより困難になった。民間の商人はアイルランドのための貯蔵物資を買い占めた。これらの卑劣な商人は、ごくわずかな穀類を法外な価格で救援団体や、それを買うことのできるわずかばかりの個人に売りつけた。しかも、政府の無関心な態度が問題を悪化させた。イギリス政府の高官は、アイルランドやその経済について、中国に関して知らないのと同程度の知識しかもちあわせていなかった。政府はアイルランドの農民にジャガイモのかわりに穀類を食べるようにと言いながら、この飢えた国からの穀類の輸出を制限する措置は何ひとつ講じなかった。当時は自由貿易主義が一般的だったので、穀類を輸出すれば、アイルランドの商人がジャガイモのかわりに低価格の食糧を買って輸入することはできたかもしれない。しかし、アイルランドの貧しい西部では、食糧の輸入について知る人は誰ひとりいなかったし、それをそこに運ぶ交通網もなかった。

九月末には、末期的な状況になっていた。人びとはクロイチゴやキャベツの葉で食いつないだ。店にはなにも商品がなかった。輸出用のオート麦を運ぶ荷車の護衛をするために、軍隊が派遣された。しかし、食糧が輸出されずに国内にとどまっていたとしても、人びとの暮らし向きは大してよくはならなかっただろう。彼らにはそれを買うお金がなかったからだ。飢えた人びとを公共事業で雇うという法案はイギリス政府内で棚上げにされ、過酷な仕事と低賃金にたいする抗議に対処するのが先決で先送りされた。貧困労働者への政府の支払いですら、銀貨が不足していたせいで定期的に行なわれなかったのだ。やせ衰えた人びとがくまなく捜したあとの畑には、小さなイモひとつ残っていなかった。子供たちが死にはじめた。十月の終わりには急に冷えこみ、十一月にはティローン州で雪が一五センチ積もった。災難に追い討ちをかけるように、北大西洋振動（NAO）が急に低モードに変わり、人びとの記憶にあるかぎり最も厳しい冬がやってきた。

アイルランドの冬は通常は穏やかで、貧しい者は家のなかで泥炭を燃やして冬を過ごすのが一般的だった。しかし、この年の冬は生き延びるために戸外で働かなくてはならなかった。十一月には、二八万五〇〇〇人を超える貧しい人びとが公共の救済事業で肉体労働に従事し、わずかばかりの手当を受けとった。風雨にさらされて多くの人が死亡した。さらに何千人もの人びとが、溝のなかや海岸のそばの小屋を捨て、町になだれこんだ。その結果、畑を耕す人がほとんどいなくなって、農作業は滞った。その一因は、無理もないが、小作人たちが地代のかわりに収穫物を地主に差し押さえられるのを恐れたことにあった。西部のクレア大修道院を訪れたウィン大尉という人は、あまりの惨状に勇気をくじかれたと告白している。「女や幼い子供たちにはとくに見られたが、人びとはカブ畑のあちこちに飢えたカラスのように群がり、生のカブを貪っている。母親たちは裸に近い恰好で雪やみぞれのなかで震えながら絶望的な叫び声をあげ、子供たちは腹をすかせて泣き叫んでいる」[*18]。犬でさえ食用に供された。

コークの行政長官ニコラス・カミンズは、アイルランド西部のスキバリーンを訪れた。廃屋のような小屋に入ってみると、そこには「やせ衰えた亡霊のような骸骨が六体、どう見ても死んでいるようで……一角に固まって汚らしい藁の上にあった。足の先はボロの馬衣のようなものでおおわれ、貧弱な足は膝から上がむきだしのまま突きでていた。ぞっとしながら近づいてみると、低いうめき声が聞こえたので、生きているのがわかった。彼らは熱病に冒されていた。四人の子供とひとりの女と、かつては男だった者である」[*19]。カミンズはたちまち二〇〇人以上の飢えた男女にとりかこまれた。通りには死体が転がり、ネズミがそれを貪っていた。ロンドンの政府は、救済は「地元の救済委員会」の責任だと主張した。そんなものは何ひとつ存在せず、スキバリーンの市場には食料品があふれていた。だが、貧しい人びとにはそれを買う金がなかった。

飢餓のあとには、判で押したように疫病がやってきた。田舎には病院も診療所もほとんどなく、医療制度ははなはだ不充分であり、貧民収容施設は死にかけた犠牲者であふれかえっていた。患者は床に寝かされた。政府はテント式の病院を供給するなどの救済策を打ちだしたが、あまりにも微力で、あまりにも遅すぎた。飢えそのものによるよりも、高熱によって一〇倍もの人が死亡した。これは一七四一年にヨーロッパで起こったのと同じ状況である。

一八四七年はすばらしい夏とみごとな収穫に恵まれたが、それでも飢饉はつづいた。種イモが不足していたため、通常の五分の一ほどしかイモが植えられず、そのため作物の出来はよくても、人びとを養うだけの充分な量はなかった。また、貧しい者は食糧を手に入れることもできなかった。前年の三分の一の値段に下がっていても買えなかったのである。仕事はどこにもなく、日銭を稼ぐことさえできない。イギリス政府は自由市場を守ることが重要だと頑なに信じ、市場介入を最小限にとどめる政策に固執していた。当時のヨーロッパ諸国の政府では、この考え方が主流だったのだ。大臣たちは、貧困は自業自得なので、貧乏人は自助努力することが大切だと考えていた。彼らのおもな関心事は、社会不安を引き起こさないことと、穀類商人や企業家のように政治的に力をもつ実力者たちの機嫌を損ねないことだったのである。イングランドでは穀類の値段が急落し、また鉄道株に無謀な投機が行なわれたことから経済危機が起こっていたため、政府にはアイルランドにこれ以上の財政援助をしないですませる口実ができた。アイルランドでは道端に死体が転がり、誰もそれを埋めるだけの力もないというひどい状態だというのにである。人びとは貧民収容施設の門の前で死に、地主は自暴自棄になった小作人に殺害された。暴力事件が発生すると、当局は軍を出動させた。一八四七年末には、飢えと熱病に痛めつけられ、働き口も皆無の土地に一万五〇〇〇人の軍隊が駐屯していた。

一八四八年には二月に大雪が降り、寒い春になった。人びとは厳冬になればジャガイモ疫病の再発が防げると楽観視しており、あらゆる努力をしてできるかぎり多くのジャガイモを植えた。五月から六月にかけて天候は良好だったが、七月には涼しくなり、雨ばかり降るようになった。ジャガイモ疫病はほぼ一夜にして襲った。八月に豪雨によって小麦とオート麦が被害を受けると、この年の災害の大きさが明らかになりはじめた。一八四八年のジャガイモの凶作は、一八四六年と同じくらい壊滅的だった。何千人もの人びとが地代を払えずに地主から土地を追われたが、その地主たちも途方もない借金を抱えて破産しかけていた。お金をかき集められる人はみな、国外移住を考えた。国をでたのは貧乏人だけでなく、かなりの土地を所有していた農民も同様であり、彼らを失うのは国としても痛手だった。農村はみるみる過疎化していった。北西部のメイヨー州バリナの周辺では、何千ヘクタールもの土地が荒廃し、戦場のあとのように見えた。マンスターでは農地が放置され、地主たちにもなすすべがなかった。貧困者は作物のない耕地に、耕す力もなくしゃがみこみ、溝のなかで暮らしていた。商売は国中どこに行っても行きづまっていた。店は板で囲われ、「大勢の人が貧民収容施設に運ばれ、食べものをくれと叫んでいるが、手のほどこしようがなかった」[20]。一一万四〇〇〇人を収容できる貧民収容施設に、二〇万人近くがひしめいた。刑務所は避難所と化した。すてばちになった若者たちは罪をおかして流刑になろうとした。マイケル・ショーネシー弁護士の報告によれば、貧しい子供たちの多くが「裸同然で、髪は逆立ち、目はくぼみ、唇には血の気がなく、小さな関節から骨が突きだしていた」。ショーネシーはこう問いかけている。「私は文明国にいるのだろうか？　これが大英帝国の一部なのだろうか？」[*21]

「大飢饉《アン・ゴルタ・モー》」による最終的な犠牲者の数が判明することはないだろう。一八四一年の人口調査の記録では、アイルランドには八一七万五一二四人が住んでいた。その数は一八五一年には六五五万二三八五人に減少した。当時の人口調査委員の計算では、通常の増加率からすれば、全人口はちょうど九〇〇万を超えるくらいになるはずだった。つまり、二五〇万人がいなくなったのである。そのうち一〇〇万人は移民として国を脱出し、残りのおもに西部の住民は、飢饉とそれに関連する病気で死亡したのだった。それでも、これらはおそらく控えめな数字だろう。きわめて予測不能な天候と単一作物への過度の依存と政府の無関心があいまって、ヨーロッパで一〇〇万人を超える人びとが死に追いやられたのである。しかも、それが起こったのは、社会基盤が大いに発達したおかげで飢えに襲われることが急速に減りつつあったヨーロッパにおいてだったのである。

*

こうして、小氷河期は始まったときと同様に飢饉で終わり、その記憶は何世代ものちまで深く刻まれることになった。アイルランドはその結果、がらりと変わった。人口は、移民と結婚の遅れと独身者の増加によって、十九世紀の残りの期間を通じて減少しつづけた。移民の数は相変わらず多く、一八五四年に頂点に達した。一八六〇年代になってからも、年間九万人が国をあとにしている。これほどの割合で移民が流出したのは、一八七〇年代以降のイタリアまでない。一九〇〇年には、アイルランドの人口は飢饉以前の半数になっており、ヨーロッパ諸国のなかで特異な存在となった。人口の減少にようやく歯止めがかかったのは、一九六〇年代になってからのことである。

ジャガイモ疫病は一八五一年にはほぼ姿を消していたが、飢饉がもたらした荒廃はつづいた。生存者は長いあいだ健康を蝕まれ、精神的な病に冒される割合も高かった。貧困層では、罹病率や死亡率は高いままだった。アイルランドは老人と子供の人口比率が高くなり、そのせいで社会は保守化し、停滞していった。しかし、人口の大幅な減少はたしかに悲劇ではあったが、長期的に見れば利点もある。雇用口をめぐる競争が減り、移住者からの送金で、傾きかけていた西部の農場の多くは存続できるようになった。アイルランドの農業の構造は大幅に変化した。土地所有の形態は大型化して合理的になり、より多くの商品作物がつくられるようになった。労働力が減少した現実に農場主たちが順応するにつれて、穀類の栽培は畜産に切りかわっていった。

しかし、貧困者の生活水準はきわめて低いままだった。西部では、多くの人びとが相変わらずジャガイモに依存して生活していた。収穫高は大幅に減少した。肥料があまり大量に使われなくなったためであり、また荒地が多くなり、ときおりジャガイモ疫病も発生したためである。ランパーはもっと味のよい品種にとってかわられた。市場経済が発展し、地方にも鉄道が敷かれるようになると、人びとの食生活もしだいに変化に富んだものになっていった。それでも彼らはときおり発生する食糧不足の被害を受けやすく、そうなると一八四〇年代のような光景が繰り返された。もっとも、あれほどの規模になることはもうなく、餓死はまれになった。しかし、貧困者は近隣の裕福な農場主たちに深い恨みを抱きつづけ、農場主も労働者と富を分かちあうことはほとんどなかった。大飢饉の記憶や飢えや土地を追われる不安は、十九世紀の残りの期間を通じて根深い政治問題となった。大飢饉による心理的な傷とイングランドへの憎しみは、いまもアイルランド社会の根底に流れている。

アン・ゴルタ・モー（大飢饉）はヨーロッパで起こった最後の飢饉ではなかった。一八六七年と翌六八年に、ベルギーとフィンランドで不作と寒さから途方もない食糧不足が起こっている。政治的に引き起こされた一九二一年のヴォルガ飢饉や、一九三二年から翌三三年にかけてのウクライナのとてつもない飢饉は、アイルランドの惨劇をはるかに上まわるものだった。だが、恥ずべき出来事という点では、この大飢饉に勝るものはない。

＊

アイルランド人が飢えているあいだに、はるか北のほうでは温暖化が始まり、アイスランドの海岸から流氷が遠ざかるようになっていた。イルミンガー海流によって運ばれた温かい水は、一八四五年から一八五一年のわずかな期間、グリーンランド西部沖でタラ漁を復活させた。一方、ヨーロッパはブロッキング高気圧によって東風が吹いて寒くなり、アイルランドの貧困者は厳しい冬に苦しめられた。一八五五年に、NAOはふたたび変わり、流氷がアイスランドの海岸に戻ってきた。北大西洋上の西風が強まると、ヨーロッパは穏やかな気候になり、氷河がどんどん後退しはじめた。一八六八年の夏はとくに暑く、ロンドンの南のタンブリッジ・ウェルズでは、七月二十二日に三八・一度という記録的な暑さになり、三〇度を超す日が何日もつづいた。その冬は非常に穏やかで、平均気温は海洋性気候で温暖なアイルランドとあまり変わらなかった。暖かい時代が一八七〇年代までつづいたが、一八七五年からは、ときおり二月に冷えこみが厳しくなったり、夏に雨がひどく多くなったりした。

一八七九年にはまた急激に寒くなり、一六九〇年代に匹敵する気候になった。一八七八年十二月から翌年一月には、イングランドで氷点下の気温がつづき、そのあとの春も寒く、さらに夏はこれまで記録されたなかでもきわめて雨の多い冷夏となった。

イースト・アングリアの一部では、一八七九年はクリスマスが過ぎたあとまで収穫が長引いた。この時代は、イギリスの穀物市場に北アメリカの大草原でとれた安い小麦があふれたために、農業は全般に衰退してきたころで、一八七九年の災害によっていっそう落ちこむことになった。北西部の農場主は穀類の生産から牛肉の生産に切りかえたが、やがて畜産ですら、アルゼンチンやオーストラリアやニュージーランドから冷凍肉が輸入されるようになると、とてもそれに太刀打ちできないことがわかってきた。失業した大勢の農場労働者が故郷を離れて都会にでたり、オーストラリアやニュージーランドなど、より大きな可能性のある国に移住していった。一八七〇年代末は中国やインドも同じように寒く、寒さと干ばつにモンスーンが吹かなかったことが重なったせいで飢饉が起こり、一四〇〇万人から一八〇〇万人が死亡した。ニュージーランドやアンデス山脈では氷河が前進し、南極の氷は一世紀前のキャプテン・クックの時代よりもはるかに北まで進出してきた。オーストラリアからホーン岬をまわる快速帆船《クリッパー》の航路をたどって、南緯四〇度から五〇度の風浪の激しい海域の吠える《ローリング・》四〇度《フォーティーズ》を航海する船はみな、巨大な平板状の氷山を目撃している。ちょうど南緯三五度にあるラプラタ川の河口のような北の海域でも、氷山が見られることがあった。

寒い時代は一八八〇年代までつづき、ロンドンでは何百人もの貧困者が偶発的低体温症で死亡した。一八九四年から翌九五年の真冬にもテムズ川に大きな浮氷ができた。

そののち、長期にわたる温暖化が始まった。一八九五年から一九四〇年のあいだ、ヨーロッパはほぼ半世紀にわたって比較的温暖な気候に恵まれた。一九一六年から翌一七年と、一九二八年から翌二九年の冬だけが平年よりも気温が低かったが、小氷河期のように長く氷点下の日がつづくようなことはなかった。

このころには、人類の活動が地球の気候に影響をおよぼすようになっていた。原因は大気圏に排出される二酸化炭素だけでなく、公害もある。二十世紀に入ってからヨーロッパで最も寒かった年は一九六三年で、冬の平均気温はマイナス二度、一月の平均気温はマイナス二・一度だった。この気温は、ロンドン市民が凍ったテムズ川の上で氷上縁日を開いていた十七世紀や十八世紀の大半よりも低い。だが、一九六三年には川の水温が一〇度以下に下がることはなく、氷は張らなかった。産業排水などの汚染物質がひっきりなしに流れこみ、水温が人為的に高くなっていたためである。気候学者のヒューバート・ラムはこう語っている。「都市化が進行すれば……将来の厳冬期のレジャーは、ハンプトン・コート——ロンドンの最西端——ではテムズ川でスケートを楽しみ、ウェストミンスターの桟橋では水泳をすることになるだろう!」[*22]

第4部　現代の温暖期

人びとはいつの時代にも……喜びや幸せを見出してきた。中緯度地帯に住む人びとは、緑の大地や野に咲くユリや黄金色のトウモロコシを神に感謝し、そのほかの地帯に住む人びとは、極地や山の雪の美しさ、北の森のなかの隠れ家、砂漠の空にかかる大きな虹、熱帯林の巨木や花を感謝してきた。今日われわれが抱えるどれだけ多くの問題が、環境を理解せずに無謀な要求をつきつけていることから生じているのだろうか。

——ヒューバート・ラム『気候、歴史、現代の世界』一九八二年

12章　ますます暖かくなる温室

西暦二〇六〇年には、われわれの孫も七十歳に近づいているだろう。そのころはどんな世界になっているだろうか？

——サー・ジョン・ホートン
『地球温暖化——完全概要』一九九七年

私は本書を執筆しながら、自分が絵画をこれまでとは違った目で見るようになったことに気づいた。気候という観点から見るのである。絵の主題の奥を見れば、家のなかの様子や田舎の風景が観察できるし、農具や調理器具を細かく調べたり、みごとな楽器を鑑賞したり、紳士や淑女のファッションが目まぐるしく移り変わる様子もわかる。これらのファッションは、おそらく長引く冬の寒さの影響を受けていたのだろう。フランス革命後の女性のファッションは、かなり大胆に「身体を露出する」ようになったが、寒さが厳しくなるにつれて、デザイナーは顧客のために温かい下着をつくるようになった。そのなかには「ブザム・フレンド」という胸元を温めるものもあり、数年前まではあらわに見せていた胸の谷間を隠すようになった。[*1]

それから雲にも着目する。ハンス・ノイベルガーはじつに深く掘りさげた調査をし、アメリカとヨーロッパにある四一の美術館で、一四〇〇年から一九六七年までに完成された六五〇〇点の絵画に描かれた雲を研究した。[*2] ノイベルガーの統計分析によって、十五世紀初めから十六世紀半ばにかけて徐々に曇りがちの日が多くなり、その後、急速にすっかり雲におおわれるようになったことが判明した。低く垂れこめた雲（晴天の日の高い雲ではなく）は一五五〇年以降に急激に増えるが、一八五〇年以降はふたたび少なくなる。十八世紀から十九世紀初めの夏の光景を描いた画家は、夏空を五〇パーセントから七五パーセント、雲でおおっている。一七七六年にイングランドのサフォークで生まれた風景画家ジョン・コンスタブルは、イングランドの田舎の生活を描いて大きな成功をおさめたが、彼の絵の空は平均して約七五パーセントは雲が浮いている。また、コンスタブルと同時代のジョゼフ・マロード・ウィリアム・ターナーは各地を旅行してまわり、大聖堂やイングランドの風景を残したが、やはりほぼ同じ割合で雲を描いている。

ノイベルガーが調べた絵画では、一八五〇年以降、雲の量がいくらか少なくなっている。しかし、以前のような青空はなく、ノイベルガーはその現象の理由として、印象派の画家たちが好んだ短い筆づかいによって「かすんだ」雰囲気になっていることと、産業革命によって大気汚染が広まり、ヨーロッパの空が青くなくなったことを指摘している。

この変化は芸術上の流行によるだけでなく、おそらく実際の天候が曇りがちになったことが正確に描かれたためだろう。小氷河期の最後の数十年間は、気候がきわめて予測不能な変動をつづけた。一八二〇年代と一八三〇年代は春と秋が暖かく、一八二六年は一六七〇年から一九七六年のあいだで最も暑い夏となった。その反対に、一八二九年の八月は異常に気温が低くて雨が多く、スコットランドの低地では、この月の三一日間のうち二八日は雨天だった。洪水で橋が流され、作物はやられ、川筋も変わった。同じ年にスイスのボーデン湖では、一七四〇年以来ひさしぶりに湖が凍結した。この湖がその後ふたたび凍ったのは、異常な寒さに見舞われた一九六三年のことである。一八三七年から翌三八年にかけては、スカンディナヴィアに厳しい冬が訪れ、ノルウェーの南からデンマークの北端にあるスカーゲンの港まで氷が張り、陸地が見えなくなるほど西まで海が凍結した。

一八四〇年代にも同じように目まぐるしい変動がつづき、厳冬と冷夏が何度かやってきた。一八四六年をはじめとして、暑夏になった年には、高気圧がつぎつぎにヨーロッパ上空をおおい、穏やかで湿度の高い時期が長いあいだつづいた。西方からの熱波はシベリアの奥地にまで達し、レナ川を航行中のロシアの調査船は、急な雪解けであたり一面が洪水になったために、川の本流がどこにあるのか見分けがつかなくなった。怒濤のような流れに耳を傾けながら、船長が川筋を探るかたわらで、木の幹や巨大な泥炭塊が飛ぶように流れていった。そのとき突然、押しよせる水に乗って、完全に保存された状態のマンモスの頭部が船のすぐそばに流れてきた。氷河期から何千年ものあいだ永久凍土層に凍結されていたものが解けだしたのだ。乗組員たちは呆気にとられながらも、その毛むくじゃらの頭蓋をたっぷり観察したが、やがてそれは濁流のなかに消えていった。一八五〇年以降、気候がほぼ連続して徐々に温暖化していくのと同時に、気候の舞台には新しい役者が登場した。人類である。

一八一四年のクリスマスの日に、ニュージーランドのアイランズ湾のオイヒに、サミュエル・マーズデンという堅物の宣教師が上陸し、「馬と羊と牛と家禽と福音」をもたらした。機を見るのに聡いマーズデンは、好奇心に満ちたマオリ族に聖書の教えを説いてこう言った。「さあ、あなた方に喜ばしい知らせをもたらそう」。それから半世紀もたたないうちに、マーズデンのもたらした喜ばしい知らせはマオリ族の社会とニュージーランドの環境を、もとの面影もないほど変えることになったのである。[*3]

一八三九年には、キリスト教はニュージーランドに強固な足場を築いており、現地の部族との争いはほぼ終わっていた。宣教師たちによれば、その年、定期的に教会に通うマオリ族は八七六〇人いた。彼らが布教に成功したおもな要因は農業である。一八二四年に、伝道に加わったデーヴィスという名の農夫は、ロンドンのニュージーランド入植会社の後ろ盾でワイマテに試験的な農場をつくり、最新のイングランド式農業と畜産を実践してみせた。ヨーロッパ人が大量に入植してきたころには、デーヴィスの教えたやり方はマオリ族のあいだに広まっていた。一八四三年には、ニュージーランドには一万一五〇〇人のヨーロッパ人が住み、その大半は鬱蒼と森の茂る北島にいた。入植者たちは内陸へと進み、木を切り倒し、ヨーロッパ式の集約農業を営むために土地を開墾した。その影響でマオリの文化は大きな痛手をこうむった。一八六〇年から一八七五年にかけて、四〇〇万ヘクタール以上のマオリ族の土地が入植者の手にわたるにつれて、何千ヘクタールもの森林が農民の斧で切り倒されていった。

ニュージーランドだけではない。十九世紀の半ばには、土地を求める農民が、オーストラリアや北アメリカ、南アメリカなどの国々に大量に移住した。新しい移民は多くの木を伐採し、農地を開墾したり、都市の発展や産業革命の伝播のために薪や木材を提供したりした。それが地球の環境にあたえた長期的な影響は、絶大なものだった。

森林は、一平方キロメートルあたり三万トンもの炭素を木々のなかに含有でき、さらに下生えも多くの炭素を含んでいる。[*4] 樹木が伐採されると、この炭素の大半が大気に放出される。同様に、未開墾の草地には一キロ四方につき五〇〇〇トンの有機物が含まれているが、耕作を始めれば、六カ月でその半分が失われるだろう。ある推計によると、一八五〇年から一八七〇年の二〇年間に、世界各地で爆発的に開拓農業が進められたり、地形が変えられたりしたために、大気中の二酸化炭素の濃度が約一〇パーセント増加したという。これは世界中の海に吸収される分を考慮した数字である。樹齢の高いカリフォルニアのヒッコリーマツの年輪で同位体レベルを調べると、ちょうどこの年代に二酸化炭素の量が増加しているのがわかる。これでも当時はまだ、化石燃料による放出が比較的少なかった時代である。

この二酸化炭素の量の変化がメカニズムの一部としてはたらいて、十九世紀末に地球の気温が徐々に上がり、一八五〇年ごろに小氷河期を終わらせることになったのかもしれない。大量移民と鉄道と外洋汽船に後押しされて爆発的に発展した開墾農業は、地球の環境を大きく変えた人類最初の活動だった。そのつぎにくるのが石炭である。すでに石炭は大都市の大気汚染のおもな原因になっていた。

*

「一八九五年十一月の第三週に、ロンドンは黄色い濃霧におおわれた。月曜日から木曜日まで、ベイカー街の窓からは、向かいの家々の影が見えたかどうかすら疑わしい」。そんな状態だったので、アーサー・コナン・ドイルは、外出したくてうずうずしているシャーロック・ホームズを家のなかでせわしなく行ったり来たりさせ、「油

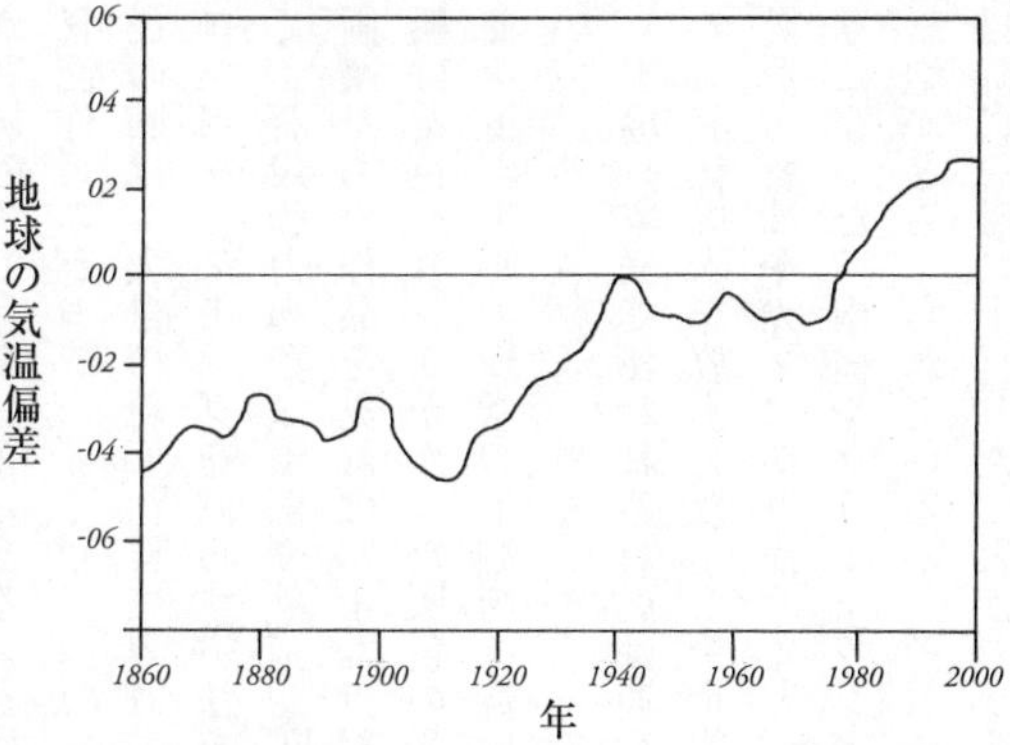

1860年以降の地球の気温偏差。1970年以降に加速している顕著な温暖化に注目

っぽいどんよりした茶色の渦がまだ目の前を漂い、窓ガラスについてべたべたした水滴になっている」のを眺めさせている。[*5]この名探偵の活躍したロンドンのむせかえるような「黄色い濃霧《ピー・スーパー》」は、工場の煙突や何百万もの石炭暖炉から、静かな冷たい空気のなかに吐きだされる煙によって発生していた。私もよく覚えているが、一九六〇年代初めのある日、顔の前にある自分の手すら見えず、誰もが肺を守ろうとしてマスクをつけていた。その後、煙のでない燃料が到来し、ロンドン名物の黄色い濃霧はさいわいにも歴史の彼方に葬り去られることになった。

十六世紀には、地方の人口が増え、建設用の木材や薪がたえず必要とされたため、すでにイングランドの森は急激に縮小していた。そこでロンドン市民はまた石炭の利用に切りかえ、連なる屋根や通りの上に漂う石炭の煙で息を詰まらせるようになった。寒さがつづいていた一六八四年一月に、日記作者のジョン・イーヴリンは「石炭の煤色の蒸気」についてこぼし、ロンドン市民の肺は「大量の粉塵」にまみれていると書いている。当時の国王チャールズ二世はロンドンのスモッグを減らす方法を考えているが、スモッグはのちに産業革命によって、石炭動力の蒸気機関や鉄道や工場が登場することでさらに悪化した。[*6] ロンドンの画家たちの作品を見れば、十九世紀の大気汚染の様子がわかる。帆船や引き船や貨物船は黄色やピンクがかった灰色の光のなかで、テムズ川の潮流に逆らって進んでいく。セントポール大聖堂の上空の夕焼けは、かつてなかったようなぼんやりした赤色に輝いている。[*7]

工場や家庭で使われる石炭は通行人をむせかえらせたばかりでなく、大気中に大量の二酸化炭素を放出した。二十世紀初頭になって自動車が大量に生産され、燃料が石炭から石油やガスに切りかわると、さらに多くの二酸化炭素が空気中に排出されるようになった。南極やグリーンランドの氷床コアには、産業革命よりはるか以前からの気泡がとらえられているが、それを見ると、大気中の二酸化炭素の濃度が一八五〇年以降に急激に上昇したことがわかる。メタンなどのそのほかの温室効果ガスも同時に増加した。世界中で人口が増え、稲作や畜産がいっそう盛んになったためである。過去一五〇年間に、地球の気温が徐々にだが、着実に上がっていったのはもちろん偶然ではなかったのだ。

＊

二十世紀の前半は、小氷河期の標準からすれば、とくに変わったところはなかった。最初のころは、温暖化も一六〇〇年代末期から一七三〇年代までのパターンと似ていた。この十八世紀の暖かい時代は、その間に一〇年ほど二十世紀のような暖かさになったことがあったが、一七三九年から翌四〇年にかけての厳冬で終わった。その後一七〇年ほど目まぐるしい気候変動がつづき、火山活動によって寒い時期があったほかは、長期にわたる目立った傾向はなかった。ヨーロッパでは一八二〇年代から一八三〇年代の二〇年間に暖かい時代があったが、現在のような長期的な温暖化とはまるで違っている。いまの温暖化傾向は一八九〇年から一九〇〇年のあいだに始まり、いったん中断したのち、今日まで継続しているのである。

一九〇〇年から一九三九年までの時代は、偏西風が吹き、暖冬になることが多かった。これは北大西洋振動（ＮＡＯ）が高モードのときに見られる特徴である。アゾレス諸島の高気圧と、アイスランドの低気圧のあいだの気圧傾度が大きいために、偏西風が吹きつづけた。世界の気温が頂点に達したのは一九四〇年代の初めで、何十年間も強い大気の循環がつづいたのちのことである。アイスランドやスピッツベルゲン島のような北極地方の周辺では、ヨーロッパ以上に極端な温暖化が起こっていた。流氷におおわれる北の海域は、一〇パーセントから二〇パーセント縮小した。北方の山々では、雪線が上がった。一年のうち船でスピッツベルゲン島へ行くことができるのは、一九二〇年以前の三カ月にたいして、現在では七カ月以上である。世界のほとんどの地域で、降水の範囲と量が変化した。北および西ヨーロッパで雨が多く降ったことは、一九一六年に西部戦線で泥に囲まれた部隊が悲惨な目にあったのを見ればよくわかる。西部戦線で戦った私の父は、日記のなかでこうこぼしている。「雨ばかり降り、空は灰色で、どこもかしこも泥だらけだ。われわれは膝まで浸かり、恐ろしいぬかるみが足を腐らせる。両軍とも誰も戦っておらず、ただ雨のなかでじっと耐えているだけだ」[*8]

この大量の雨は、亜極地方の低気圧が発達し、北極地方の奥まで風の範囲を広げたために、一九二〇年代から一九三〇年代に入ってもつづいた。温暖化したことで、西ヨーロッパでは作物の生育期間が十九世紀半ばとくらべて二週間も長くなった。春の霜の終わりが早まり、秋に霜が降りるのが遅くなったためである。一九二五年以降、アルプスの氷河は谷底から消え、山の上のほうに残るのみになった。同じように強い太平洋上の偏西風は、ロッキー山脈の風下にあり降水量の少ない雨陰《うい ん》をはるか東まで拡大し、一九三〇年代にはオクラホマ黄塵地帯にひどい干ばつをもたらした。大気の循環が変わったことで、インドではより定期的にモンスーンが吹くようになった。一九二五年から一九六〇年までの三六年間で、モンスーンが一時的に途絶えたのはわずか二回しかない。十九世紀末期に、モンスーンがまったく吹かなかったために悲惨な飢饉になり、インドの村人が何百万人も死んだのとは大違いである。[*9]

一九四〇年代には、すでに科学者のあいだで、温暖化傾向がつづいて従来の変わりやすい気候にとってかわりつつあることが話題になっていた。当初は、地球の温暖化が最も端的に現われているところに関心が寄せられた。すなわち、北極の海氷の後退である。流氷が二十世紀末までに消えたらどうなるのだろうか。もっと北の地域でも農業が可能になるのか。中世温暖期に開墾された谷や山の中腹よりも、さらに北極に近いところに定住できるようになるのか。コンピューターによる数理的モデルも、人工衛星も、地球規模の気象観測システムもなかった時代には、気候学者には頼りにできる研究道具がほとんどなかった。また、降水量や気温が変化に富みすぎて長期的な傾向を見誤りがちなことや、長期にわたる正確な気象データがないことでも研究はさまたげられた。

ちょうど気候学者が、半世紀かそれ以上にわたる温暖化が徐々に進行していると考えはじめていたころ、一九五〇年代に大気循環の型に変化が起こり、地球の平均気温が一九〇〇年から一九二〇年のころのレベルに下がった。この寒冷化は、一七三九年から一七七〇年以来の長期にわたる気温の低下傾向となった。NAOはこのころ低モードになっており、偏西風は弱まって、南よりに変わっていた。西ヨーロッパは寒くなり、冬期は概して乾燥するようになった。一九六二年から翌六三年の冬は、イングランドでは一七四〇年以来の寒さになった。私はケンブリッジの近くのカム川で、何キロも先までスケートをしたのを憶えている。数日前には、その川で船を漕いでいたが、あまりの寒さに水しぶきがオールの上で凍りついた。バルト海は一九六五年から翌六六年の冬には完全に氷でおおわれた。一九六八年には北極の海氷がアイスランドをとり囲んだが、これは一八八八年の異常な冬以来のことだった。大気循環の変化の影響はほかの場所でも見られた。一九六八年から一九七三年には、サハラ砂漠の南端にあるサヘル地帯で日照りがつづいたため、何千もの人が死に、家畜にも大きな被害がでた。一九七一年から翌七二年にかけては、東ヨーロッパとトルコが二〇〇年ぶりの寒い冬に見舞われた。ティグリス川はこのとき二十世紀でただ一度氷が張った。アメリカの中西部や東部は一九七七年に記録的な厳冬となり、多くの人はつぎの氷河期が迫っているのだと考えた。『タイム』誌は繰り返し訪れた氷河期についての記事を掲載した。寒いことがふたたび取り沙汰されだしたのである。

その後、突然NAOが高モードに変わった。ふたたび温暖化が始まり、加速しているようだった。一九七三年から翌七四年の冬には、バルト海にはほとんど氷が張らなかった。イングランドでは一八三四年以来の暑い夏になった。一九七五年から翌七六年には、記録的な熱波がイングランドやオランダ、デンマークを襲った。異常気象が増え、ハリケーンが頻繁に発生し、日照りがあちこちで起こった。世界の気候は、一世紀前と（それどころか一〇年前とでも）くらべるとひどく異なるようだった。

当時、長期にわたる気候変動を積極的に研究している科学者はわずかしかいなかった。彼らの地道な研究が世間に注目されるようになったのは、一九八八年六月にアメリカ中西部と東部が二カ月におよぶ猛烈な熱波に襲われたときである。記録的な暑さの乾燥した日が何週間もつづき、広大なミシシッピ川が浅い小川に変わってしまった。はしけはぬかるんだ土手に乗りあげ、何週間もそこで立往生した。グレート・プレーリーの北部では、大麦とオート麦と小麦が少なくとも半分はやられた。日照りのせいで、西部では二五〇万ヘクタール以上が原野火災で燃え、イエローストーン国立公園の大半が被害を受けた。この干ばつは、比較的ありふれた気象現象から起こった。ブロッキング高気圧によって、中西部と東部の上空に熱がとどまりつづけたのだ。しかし、誰もが汗だくになった日に開かれたただ一度の上院の聴聞会で、地球の温暖化は科学上の漠然とした懸念から、一般の政治問題としてとりあげられるようになったのである。[*10]

一九八八年六月二十三日、ワシントンDCが三八度といううだるような暑さになった日に、気候学者のジェームズ・ハンセンは、上院のエネルギー天然資源委員会の聴聞会で証言した。その日の暑さは、気象について驚くべき証言をするにはお誂え向きだった。ハンセンは、世界二〇〇〇カ所の気象観測所からの衝撃的なデータを用意した。それらは一世紀にわたる温暖化の傾向を示しているだけでなく、一九七〇年代初期から温暖化がふたたび急激に始まったことを物語っていた。過去一三〇年間で最も暑かった年が一九八〇年代だけで四度あった。一九八八年の最初の五カ月は過去最高の気温を記録した。ハンセンがあっさり言ってのけたところでは、地球が永続的に温暖化しているのは、人類が化石燃料を無差別に使用しているせいであり、そのうえ地球はこの先もっと頻繁に、熱波や干ばつなどのさまざまな異常気象に見舞われるのだという。ハンセンのこの予測によって、地球の温暖化問題はほぼ一夜にして公的な討論の場に引っぱりだされたのである。

*

われわれは恵まれた惑星に暮らしており、熱を吸収する大気の力に守られている。いわゆる「温室効果」である。太陽からのエネルギーが地表を温めると、それによって世界各地の気候が生じる。一方、地球もエネルギーを宇宙に放射し返している。[*11]しかし、水蒸気や二酸化炭素のような大気中のガスは、温室のガラス窓のように熱の一部をとらえ、それをふたたび地球に向かって放射する。この自然の温室効果がなければ、地球の気温は現在のような快適な一四度ではなく、マイナス一八度になるだろう。しかし、その効果はいまでは自然によるものだけではなくなっている。現在、大気中の二酸化炭素の濃度は、産業革命の初期とくらべて三〇パーセント近く増えている。メタンの濃度は二倍以上になり、亜酸化窒素は約一五パーセント上昇した。このような温室効果ガスの増加によって、熱を吸収する大気の能力が高められているのである。

オゾン層の破壊は、人類の産業活動がもたらしたもうひとつの結果だ。地球の大気はいくつかの層に分かれている。地上から約一〇キロまでが対流圏で、成層圏は上空一〇キロから約五〇キロ先までつづいている。飛行機はふつう成層圏の下のあたりを飛ぶ。大気のオゾンの多くは、成層圏内の一五キロから五〇キロのあいだに集中しており、そこで日射の一部を吸収して地表にそれが達するのを防いでいる。なかでも重要なのは、オゾン層が紫外線を吸収することだ。紫外線は作物や海洋生物の一部に被害をあたえ、人間にも皮膚がんなどのさまざまな合併症を発病させる。オゾンの分子は成層圏のなかでつねに形成されたり破壊されたりしているが、オゾン全体のレベルはほぼ安定しており、その値は数十年以上にわたって測定されている。ところが、過去半世紀のあいだに、冷却材などさまざまな用途にクロロフルオロカーボン（いわゆるフロンガス）（ＣＦＣ）が大量に使われたために、保護的な役割をはたしていたこのオゾン層が損なわれ、オゾン量が減ってしまった。南極上空のオゾン「ホール」は毎年問題となり、世界の多くの場所でもオゾンのレベルが一〇パーセントも減少している。

地球の平均気温は一八六〇年以降、〇・四度から〇・八度上昇しており、世界の一部の地域では一九〇〇年以来さらに〇・二度から〇・三度上昇している。現在のようなレベルでガスが放出されつづければ、二酸化炭素の濃度は二一〇〇年には今日よりも三〇パーセントから一五〇パーセントも高くなるだろう。ある推計によると、それによって気温は世界各地で一・六度から五・〇度上がる。氷河期後の基準からすれば、前代未聞の数値である。このような気温の上昇とともに、環境に大きな変化が現われる。北極や北半球では海氷や積雪が減り、海面水位は前世紀の一〇センチから二五センチという上昇率（過去六〇〇〇年で最大規模）を超えて現在以上に高くなり、それによって各地の海岸線や、バハマや太平洋上の島国の多くが水没の危険にさらされることになる。また、激しい嵐など異常気象現象がより頻繁に起こるだろう。さらにアフリカの熱帯では、ところにより深刻な干ばつに襲われる。こうした環境の変化の多くは、政治的にも社会的にも大惨事を引き起こす可能性がある。

＊

一九八八年にハンセンが証言してから、気温は少なくとも西暦一四〇〇年以来最高のレベルまで上昇し、寒冷化する徴候はまったく見られない。この一五〇年にわたる温暖化は、一〇〇〇年間で最も長い。記録はつぎつぎにくつがえされた。一九九八年の一月から九月は、北アメリカで二番目に暖かかった時期となり、それを超えるのは一九三四年だけになった。一九九八年の九月は、地球のどこでも過去一世紀間で気温の最も高かった九月となり、一八八〇年から一九九七年の長期間の平均気温よりも〇・六度高くなった。その年の春から夏にかけて、アメリカ南部の多くの地域は猛烈な暑さに見舞われた。テキサス州デルリオでは、気温が三八度を超える日が六九日間という記録的な長さでつづいた。

一九八〇年以降の冬は、その六七パーセントが長期間の平均よりも暖かかった。一九九九年から二〇〇〇年の冬は、アメリカでは記録がつけられた一〇五年間で最も暖かい冬となり、それ以前の最高記録だった一九九八年から翌九九年の冬を〇・三度上まわった。ヨーロッパでもやはり、いつになく穏やかな冬がつづいている。北半球全体では、この冬の陸地と海洋の温度はいずれも記録史上で六番目に高く、一九九七年から翌九八年の冬と一九九八年から翌九九年の冬の記録的な年をわずかに下まわるだけだった。*12 夏の気温はいままでは中世温暖期の平均気温と変わらなくなっている。一九五〇年代以来、世界的に見て、最低気温は最高気温のほぼ二倍の上昇率で上がっており、そのため北半球の大半では霜の降りない時期が長くなっている。

一九九〇年代の記録的な気温は、氷河期の終わりから寒冷化と温暖化をはてしなく繰り返してきた気候サイクルの一部にすぎないのだろうか。それとも、少なくとも一部は、人間がはからずも地球の気候に干渉してしまった結果なのだろうか。一見したところ、過去一〇年間の気温の上昇は、ジェームズ・ハンセンの予測を裏づけているようだ。しかし、コンピューター・モデルには限界がある。長期の気候を予測するには、世界各地からできるかぎり完全なデータを集め、それにもとづいて途方もなく複雑なモデルをつくる必要がある。こうしたモデルは年々改善されるが、それらを動かしているテクノロジーやソフトウェア、あるいはそこに使われたデータ以上のものにはならない。それらはあくまでも、地理学的には不完全な情報にもとづいた統計上の推計なのである。

それでも、そこにはいくつかの気になる傾向が現われている。たとえば、現在NAOは高モードにあり、通常よりも数十年も長くその状態がつづいている。そのため、北半球の陸塊の近くでは、冬の気温がかなり上がっている。気候システムの数値モデルを見れば、一九六〇年代から一九九〇年代初めまでNAOが安定しているのは、通常の変化の範囲外であることがわかる。[*13] これはつまり、近年の気温の変化が人為的な温室効果ガスによることを意味しているのだろうか。統計を見ると九〇パーセントは確かだが、われわれはあと三〇年間はそれにたいする確実な答えに近づくことはできないだろう。

現在の気候の変化がどの程度まで自然によるものかわからない理由のひとつは、太陽と関係している。太陽はこれまでもつねに地球の気候変動に大きな役割をはたしてきたが、その影響力がどのくらいなのかはいまだに謎である。そのような研究はまだほとんど始まっていないのだ。太陽観測衛星ＳＯＨＯ（ソーホー）は、太陽内部での衝撃波を地球から一六〇万キロ離れた軌道上から太陽地震計で促えて電波として地球に送ってくる。これによって大気の「ノイズ」に邪魔されることなく、高度な観測結果を得ることができ、これまでに太陽の表面から約二二万五〇〇〇キロの深さにふたつのガスの層が並列していることが判明している。二つの層は一二カ月から一六カ月周期で同時にスピードを上げたり下げたりしている。激しく活動している太陽の表面対流層が、静かにエネルギーを放射する内側の核と接しているのがこの部分だ。この速度勾配層《タコクライン》が、太陽のフレアや太陽風や一一年周期の黒点の活動を生む強力な磁場の源かもしれない[*14]。この周期が地球の気候にどのような影響をおよぼすかは、いまだにわかっていない。

太陽のそのほかの現象も関与しているかもしれない。天文学者と気候学者から成るグループは太陽の「コロナ」、実際には太陽の対流層にあるコロナホールを研究している。コロナホールからは荷電粒子が宇宙に流れでて、太陽系全体を包みこんでいる。研究グループは、この太陽風の活動が地球の気候変動に直接的にかかわっていると考えている。地球の大気にぶつかった荷電粒子が、雲の性質や雲が地球をおおう割合に影響をおよぼすというのだ。たくさんのコロナホールが太陽の表面をおおっているとき、太陽風は地球の雲量を増加させ、平均気温が下がるというわけである。この効果の重要性はまだ解明されていない。*15

太陽放射は一定だったためしはなく、これが気候変動の原因や現在の温暖化の一因になっている可能性もある。過去二〇年間に宇宙での太陽放射が計測され、その変動について初めて正確なデータが得られるようになると、一一年の周期があることが判明した。これはよく知られた太陽の黒点の一一年周期と呼応する。太陽放射が強くなるのは、黒点活動が盛んなときである。樹木年輪や雪氷コアを使って計測すると、こうしたサイクルや過去の時代の長期にわたる変動が見えてくる。十二世紀から十三世紀の中世温暖期の真っ盛りには、太陽の活動が活発だったことはわかっている。現在の太陽の放射照度レベルは、太陽活動が異常に不活発だったシュペーラー極小期（一四二五～一五七五年）、マウンダー極小期（一六四五～一七一五年）、およびドルトン極小期（一七九〇～一八二〇年）とくらべると高くなっている。太陽活動は二十世紀の前半に着実に活発になっていったが、一九五〇年以降はほとんど変化しておらず、通常の一一年周期がくずれている。コンピューターによる気候のシミュレーションでは、一六〇〇年から現在までで知られている太陽放射の変化によって地表の気温が上昇したのは〇・四五度にすぎない。一九〇〇年から一九九〇年のあいだでは、〇・二五度以下だが、実際の地表の温度は〇・六度上がっているのだ。[*16] したがって、太陽放射の変化が二十世紀の気温の上昇におよぼした影響は、全体の半分以下にすぎないようだ。

現在の太陽活動でも、過去八〇〇〇年の記録で比較すると高いレベルにある。ということは、今後、太陽放射が地球の気候におよぼす影響は、温室効果ガスによるものよりもはるかに小さいことになる。太陽の黒点が最少のときでも、太陽の放射エネルギーが減少したことによる影響は、おそらく〇・五度ほど気温を下げた程度にすぎなかったのだろう。太陽放射は地球の温暖化を促すだけの影響力はもっているが、それを大きく左右するものではないのである。

たとえ太陽が地球の気候変動に大きな影響をおよぼしているとしても、小氷河期にはほとんど存在しなかった人為的な温室効果ガスが、現在の温暖化を持続させているおもな要因であることはほぼ間違いない。どうやら、われわれはまったく異なる気候変動の時代を迎える準備をしたほうがよさそうだ。[*17]

その変化はどのようなかたちで現われるのだろうか。ひとつの考え方はとくにエネルギー会社に人気があるが、地球の温暖化などまったく気にしないというものだ。気候が徐々に変化すれば、より温暖な気候に恵まれるだろう。海面水位はいくらか上昇するし、異常気象も何度か起こるかもしれないが、あと数世紀もすれば氷床は縮小し、冬は温暖になり、天候もより予測しやすくなって、もっと変化の少ない暖かい時代──恐竜が栄えていたころの地球によく似た時代に入るだろう。人類は太古の時代に、もっと極端な変化にも適応してきたように、この新しい環境に難なく適応するだろう、という考え方だ。

だが、歴史を振り返れば、それは幻想にすぎないことがわかる。気候の変動はほぼつねに唐突に起こるものであり、数十年ごとに、それどころか数年ごとにまったく気まぐれにいきなり変化するのだ。小氷河期の気候は、その変化の激しさが際立っていた。数十年ほどはわりあいに安定した時代がつづいても、突如としてひどく寒い気候に変わったりする。十七世紀末期、一七四〇年から翌四一年の冬、一九六〇年代がその典型である。急激に変化するこのパターンは、一万五〇〇〇年前の大氷河期にまでさかのぼって見られ、おそらくは地質年代のそもそもの始まりからそうだったのだろう。このような歴史を考えると、急激な気候変動が、安定した温暖化傾向に奇跡的に変化をとげると考えるのは無謀ではないだろうか。その正反対の状況のほうが起こりそうだ。おそらく恐竜は、過去一万年間と同じように気候が短期間のうちに変化する予測不能な時代に生息していたのだろう。当時も大規模な火山活動が、今日と同様にあちこちで発生していたことだけを見てもそう考えられる。小氷河期を調べれば、気候変動は避けられず、予測もできず、ときには狂暴にもなりうることがわかる。つまり、将来もまったく同じような荒々しい変化が、局地的にも地球規模でも起こりうるのである。現在のように、ＮＡＯがめずらしく長期にわたって高モードであることが実際に人為的な強制力《フォーシング》だとすれば、地球の温暖化が気候の自然のサイクルにあらゆる規模で影響をおよぼすことも想定しなければならない。そのようなサイクルの変化が、工業化の進んだ人口過密な世界で起こると考えると恐ろしい。

こうした懸念を裏づける前例は、過去にたくさんある。いまから一万一〇〇〇年前の先史時代に、人類はまったくふいを衝かれたかたちで初めて気候の変動を体験した。大氷河期の末期、地球は三〇〇〇年ほどのあいだ温暖化した。海面水位が上がり、氷床が縮小するにつれて、氷河から解けだした淡水が北極海に大量に流れこみ、塩分を深海に運んでいた沈降をとめた。すると、北方で地球の自然の温暖化を促進していた暖流のベルトコンベヤーが急に停止した。温暖化そのものがとまったのは、おそらくそれから数十年先のことだが、それによってヨーロッパは一〇〇〇年間、氷河期のような寒さに見舞われることになった。氷河は前進し、一年の大半は流氷がはるか南まで広がり、森林は南へと後退した。降水地域は移動し、南西アジアは厳しい干ばつに襲われ、食べものを探しまわっていた石器時代の人間の集団の多くは農耕生活に切りかえていった。温暖化していた地球の気温が突然下がって一〇〇〇年間つづいた「ヤンガー・ドライアス期」——極地に咲く花、チョウノスケソウから名づけられた——は、始まったときと同じように突然に終わった。沈降が急に再開し、温暖化がまた始まったのである。

ヤンガー・ドライアス期のヨーロッパには、狩猟採集民がごくわずかに生存していた。このころの人間なら、急速に変化する環境条件に合わせて移動することができた。しかし、今日、北方の海で沈降の勢いが衰えたりとまったりして、ヨーロッパが氷河期のような寒さに襲われたらどうなるのだろうか。人為的な地球の温暖化によって、そのスイッチが押されるのは簡単なことだ。海洋の循環パターンのモデルを見ると、氷が解けて北極海に流れこむ淡水の量がわずかでも増えれば、北大西洋の沈降は停止する可能性があることがわかる。淡水の波動は塩分濃度の濃いメキシコ湾流の上を漂い、ちょうど一万一〇〇〇年前にそうなったように、一時的な「蓋《ふた》」となって、メキシコ湾流の水が冷却して沈むのを事実上、阻止してしまう。そうなると、すぐに海氷が形成され、メキシコ湾流がふたたび流れはじめるのを防ぎ、おそらく数年後にはヨーロッパに厳冬の時代が訪れるだろう。そのような寒い時期がどのくらいつづくかは、誰にも予測できない。何度か異常に暑い夏があれば、海氷が解けてメキシコ湾流が顔をだし、ふたたび沈降が始まって穏やかな気候が戻ってくるかもしれない。あるいは、氷床からはるか遠く離れた大西洋の熱帯地域で、水蒸気が蒸発して塩分が蓄積し、凍結した海域の周辺で、しかも従来の場所とはかけ離れたところで沈降が始まるかもしれない。そうなると、やはりヨーロッパの気候は急速に温暖化するだろう。

ヤンガー・ドライアス期のような出来事が産業規模の農業におよぼす影響は、考えてみるとじつに恐ろしいことだが、可能性の域を超えていない。そうなる確率は低いが、ヨーロッパでは、気候の長期的将来を考えるうえでそれを考慮に入れている。

＊

将来の気候を短期的に予測するのはそれほど難しいことではない。温暖化が今日のような勢いでつづくとしたら、ヨーロッパでは作物の生育できる期間が長くなり、中央ヨーロッパでもふたたびブドウ畑がつくられ、北極圏に近いところで農地が開墾されるようになるだろう。北ヨーロッパや北アメリカの大半は、暖かい気候のおかげで潤うかもしれないが、南ヨーロッパや熱帯アフリカの多くや中南米では、水不足や猛烈な暑さに頻繁に苦しめられるようになり、農業の生産性も落ちる。エジプトのように、国境を越えて流れる川に水資源を頼っている国では、水利権をめぐる争いが激しくなるだろう。それでも人びとはこれまでと同様に、そうした環境に適応していくだろう。だが、少なくとも四億人の人びとが人口過密の限界耕作地でぎりぎりの生活を送っている乾燥した熱帯地域では、そのような適応は難しいにちがいない。

では、地球の温暖化が加速したら、長期的にはどうなるのだろうか。化石燃料の埋蔵量は充分にあるから、大気中の二酸化炭素の濃度は二十二世紀まで上がりつづけるだろう。なんの歯止めもなくこのまま上昇しつづけたら、地球の気候はきっとものすごい規模で変動し、きわめて予測不能になるだろう。とはいえ、科学的には多くのことが不確実なままである。最近になって、ジェームズ・ハンセンらの研究グループは、過去数十年間の急速な温暖化は実際にはおもにクロロフルオロカーボンなどの二酸化炭素以外のガスによって引き起こされていると主張している。化石燃料の燃焼による二酸化炭素と煙霧質《エアロゾル》には、よい意味でも悪い意味でも気候を変動させる力があり、それらはたがいに相殺する効果がある。ハンセンのチームは、二酸化炭素以外のガスの増加率は過去一〇年間に減少しており、今後もさらに減らすことができると指摘している。これと同時に、黒色炭素《ブラックカーボン》や二酸化炭素の排出量を減らせば、地球の温暖化の速度を緩めることにつながるかもしれない。[*18] この仮説を立証するには、さらに研究が必要だ。

楽天的な人は、人間はうまく適応していくだろうと考える。たしかに地域レベルでは、われわれ人間には環境の変化に驚くほどの適応能力がある。気候が予測不能だった十六世紀や十八世紀に、フランドルやオランダやイギリスで起こった農業革命を見ればわかる。

だが、人口統計上の現実を考えると、楽観主義も色あせてくる。現在、地球には六〇億人の人間が暮らし、そのうち何億もの人びとがいまだにその年の収穫をあてにし、雨期を待ちながらぎりぎりの生活を送っている。かつてのヨーロッパの農民の多くとまったく同じなのだ。ヨーロッパや北アメリカなら、農業は産業規模になり、食糧を長距離輸送するための交通網も整っているので、飢饉の脅威を間近に感じることはない。しかし、ほかの大陸で自耕自給農業を営む農民は、いまもつねに飢えの恐怖と隣りあわせで生きているのである。本書を執筆しているあいだにも、アフリカ北東部では二〇〇万人以上の羊飼いや牛飼いが深刻な日照りで餓死寸前になっている。このような数字は、豊かな先進国に住むわれわれにはなかなかピンとこないものだ。地球の気温が現在のレベルよりさらに上がれば、いっそう理解に苦しむことが起こるだろう。そのときには海面水位が上昇して、海岸沿いの人口過密な平野が水浸しになり、何百万人もの人びとが内陸部に再定住しなければならなくなる。さらに深刻な干ばつがサハラ砂漠南部のサヘルなど、水の乏しい地域を襲えばどうなるだろうか。本書のなかで、私は戦争について触れるのは避けてきた。戦争やそのほかの複雑な政治的事件が、気候変動によって引き起こされたと言うのはあまりにも単純な見方だからだ。しかし、飢饉や貧しい人びとの大量移住が、社会不安や抵抗を伴わずに起こるというのは考えがたい。われわれに想像できるのは、人類が大気に干渉してきたせいで、気候の変動がより速く、より極端に、まったく予測不能なかたちで起こる時代になったら、どれだけの人びとが死ぬのかということだけである。そうなれば、フランス革命もアイルランドのジャガイモ飢饉も、些細な出来事のように思えてくるだろう。

かりに現在の温暖化がまったく自然に起こっているのだとしても、今後は化石燃料によっていっそう温室効果が高まるだろう。たとえ理論上のシナリオでも、それを無視するわけにはいかない。われわれもわれわれの子孫も、海図にない気候の海を航海しているからだ。その点で言えば、われわれは天候に翻弄された中世の農民や十八世紀の小作農となんら変わりはないのである。現在では、天気を予測したり気候変動の模擬実験を行なったりすることができるが、地球全体としては、いまだに一三一五年の飢饉やスペインの無敵艦隊が遭遇した大嵐に苦しめられた人びとと同じくらい、気候に左右されているのである。それはひとえに、地上にこれだけ多くの人間がいて、環境的にも経済的にも政治的にもたがいに密接に結びついているからである。さいわい、われわれはいま、あるいは近いうちに、危険がどの程度のものになるかを示す科学的データを手にすることができる。また、なにをなすべきかもわかっているし、大きな変化を起こすだけの道具もたくさんある。しかし、ますます人口が過密になる地球社会で、温室効果ガスを減らし、異常気象があたえる影響を最小限にくいとめる対策を実行するには、新たな利他主義が必要になる。それは自国のためでなく、地球全体の利益のために努力しようとする意欲だ。短期的で、しばしばつまらない目的を達成させるのではなく、われわれの孫やひ孫の幸福のために行動することである。だが、これまでのところ、政治論争や利己的な国家利益や国際企業による激しいロビー活動のせいで、この先どの道を進むべきかについて幅広い合意に達していない。

一世紀前のヴィクトリア朝時代に、生物学者のトマス・ハクスリーが「事実の前に謙虚であれ」と諭している。事実は真正面からわれわれを見つめているが、われわれはまだ充分に謙虚さを示していない。イギリスの外交官サー・クリスピン・ティッケルが先ごろ述べたように、「われわれはなにをなすべきかおよそ知っているが、それを実行するだけの意志に欠けているのである」[*19]。小氷河期に起こったさまざまな出来事は、人類の無力さをたびたび思い起こさせる。新しい気候の時代に入ったいま、われわれは過去の気候による教訓からもっと学ぶべきではないだろうか。

訳者あとがき

十六世紀のフランドルの画家ブリューゲルの「雪中の狩人」という作品には、犬を連れてでかける三人の狩人と、近くの池でスケートをする村人たちが描かれている。村には深い雪が降り積もっている。十八世紀から十九世紀に活躍したイギリスの風景画家コンスタブルの絵は空に浮かぶ雲が美しいが、コンスタブルの全作品は平均すると空の約七五パーセントが雲でおおわれている。また、コンスタブルと並んでイギリス風景画の黄金期を代表するターナーの作品は、光や霧などでぼうっとかすんだ表現が印象的だ。

私たちが何気なく鑑賞しているこうした絵画にも、じつは本書『歴史を変えた気候大変動』がとりあげている「小氷河期」の秘密が隠されている。ブリューゲルの絵は小氷河期の最初の大寒波が襲った一五六五年の冬に制作された。コンスタブルの雲も当時の実際の景色のとおりだったと推定されている。

本書の原題でもある「The Little Ice Age」すなわち「小氷河期」は、一三〇〇年ごろから一八五〇年ごろまでの五世紀あまりに、気温が短期的にめまぐるしく変動した時代を指す。この用語は一般には「小氷期」と訳されているようだが、この間ずっと低温の「氷期」がつづいたわけではなく、むしろ氷河期のように氷期と間氷期が繰返された。著者は気候の変動の要因として考えられるいくつかの説――北大西洋振動（NAO）、海洋大循環（ブロッカーのコンベヤー・ベルト）、太陽活動（黒点、コロナホール、太陽放射）――を紹介しながら、予測のできない気まぐれな天候に人間がいかに翻弄され、またそれがいかに歴史上の事件にも影響をおよぼしたかを、さまざまなエピソードをまじえて論じている。

たとえば、古代スカンディナヴィア人、すなわちヴァイキングが北の海に果敢に乗りだし、アイスランドを経由してグリーンランドに植民地を築き、さらには北アメリカにまで到達したのは小氷河期が始まる前、海が氷で閉ざされる前の中世温暖期だった。

その後、寒冷化が始まると北方の海は水温が低下し、それに伴ってタラやニシンの生息域は南下する。漁師たちはその魚群を追いかけるために、荒れがちな海でも長い航海に耐えられる船を工夫せざるをえなくなった。こうしてオランダの「バス」と呼ばれる船や、イングランドのドッガー船が誕生した。

また、十七世紀のアルプス地方は冷夏がつづいて山岳氷河が前進し、大きな岩が落ちてきたり洪水が起こったりと、災害に悩まされた。デ・ボワ氷河の近くの村人はこの窮状を天罰と考え、神父を招いて宗教行列をし、ミサを執り行なっている。その後もアルプスの氷河は前進と後退を繰り返し、そのたびに地元の農民を苦しめた。

産業革命が起こって社会が工業化に向かう以前のヨーロッパは、農業が中心の大陸で、人口の八割から九割を農民が占めていた。他の産業とは異なって、農業は天候に直結している。現在のように長期的な天気の予測ができなかった時代の農民が、めまぐるしく変わる天候に翻弄されたのも無理はない。凶作が二年もつづけば餓死の危険にさらされ、実際に何万人もの人びとが飢え死にした。しかし、農民たちは気まぐれな天候にしだいに適応するようになり、休耕地に別の作物を植えて土壌を活性化させたり、家畜の飼料をつくったりした。こうして北海沿岸低地帯で始まった農業革命はのちにイギリスに伝わっていく。イギリスはまた、高率のよい集約農業を工夫し、エンクロージャーと呼ばれる有名な囲い込みが促進された。

ところが、対岸のフランスでは貴族が農業に関心を払わなかったことや、根強い封建的な慣習、労働にたいする先入観などから、農業は立ち後れてしまった。絶対君主制の頂点に立ったルイ十四世が死去したあと、旧体制《アンシャン・レジーム》はしだいにぐらつき、国民の政治への不満が高まったところに食糧不足が重なった。各地でパン騒動が起こって社会不安が広まり、ついに農民が武装するまでになる。フランス革命はこうした時代を背景に勃発したのである。

しかし、著者はいわゆる環境決定論を慎重に遠ざけている。荒天による食糧不足がフランス革命を引き起こしたとか、一八四〇年代のアイルランドのジャガイモ飢饉の最大の原因になったとはけっして言うことはできない。だが、これまで歴史と気候の関係を深く結びつけて論じた学者は数少なかった。本書での著者の意図は、気候のよし悪しは歴史や社会に変化を引き起こす圧力の要因のひとつであり、その重要性を見落としてはならないと警告することにある。小氷河期のあと、現在は地球温暖化が環境問題として大きく取り上げられるようになった。温暖化現象が一時的な中断はあったもののこれだけ長くつづいているのは、たんに気候の気まぐれのせいだけとは言いがたく、人為的な要因を抜きにして考えることはできない。すなわち、温室効果ガスの大量排出である。人間は難なく温暖化に適応すると楽観視する人びともいるが、現在のような調子で温暖化が進めば、地球の各地で異常気象が起こり、先進諸国とちがっていまだに自耕自給農業をつづけているような地域では、恐ろしい食糧難が予測される。そのうえ地球の人口は激増しているのである。さらに、歴史を振り返れば、気候の急変は唐突に起こっている。穏やかな気候が数十年つづいたかと思うと、突如として寒冷化する。現在の温暖化がこのまま安定してずっとつづくとは誰にも断言できないのだ。

気候の変動に人間が介入した新しい時代を迎えて、著者は本書の結びに生物学者のトマス・ハクスリーとイギリスの外交官サー・クリスピン・ティッケルの言葉を引用して人間の奢《おご》りを戒めている。「事実の前に謙虚であれ」。「われわれはなにをなすべきかおよそ知っているが、それを実行するだけの意志に欠けている」。私たちはそれを肝に銘じて地球全体の将来を考えていかなくてはならないのである。

本書は、The Little Ice Age: How Climate Made History 1300-1850（Basic Books, 2000）の全訳である。著者のブライアン・フェイガンはカリフォルニア大学サンタ・バーバラ校の考古学教授をつとめ、二〇作近い著作を発表している。なかでも『アメリカの起源――人類の遥かな旅路』（河合信和訳、どうぶつ社、一九九〇）、『ナイルの略奪――墓盗人とエジプト考古学』（兼井連訳、法政大学出版局、一九八八）、『埋もれた過去をもとめて――考古学の大先覚者たち』（香原志勢ほか共訳、サイエンス社、一九八三)、『現代人の起源論争——人類二度目の旅路』(河合信和訳、どうぶつ社、一九九七)などは邦訳が出版されている。

最後になりましたが、本書を訳すにあたって、河出書房新社編集部の携木敏男さんには細かいところまでサポートしていただきました。この場を借りてお礼申し上げます。

二〇〇一年十一月

訳者

文庫版追記

二〇〇一年に単行本として刊行された本書が、このたび思いがけず文庫化される運びとなった。二〇〇一年と言えば、9・11の年なので、つい最近のことのようにも思われるが、実際にはその間に社会も世論も様変わりしたようだ。発売されたときの書評にもあったように、当時はまだ「天気や寒暖の話はあたりさわりのない話題と思われがち」だった。ところが、いまでは人為的な地球温暖化説をめぐって、書店の科学のコーナーに「ウソを暴く！」とか、「騙されるな！」といった文字が大書された本が、エコ、エコと叫ぶ本とともにずらりと並び、気候の問題はホットな話題となっている。出版されてから一年で消えていく雑誌のような本が多数あるなかで、七年という歳月を経て、最先端の科学を扱った本書がまだ読みつづけられているのは、ひとえにフェイガンの慧眼にある。いま議論されていることの多くは、すでに本書で論じられているのだ。

いま生きている人はみな、十九世紀後半から始まり、その後一世紀以上にわたってつづいている温暖化の時代に生まれ育ち、気候が珍しく安定しつづけた時代しか知らない。温暖化がこれ以上進んだら、どういう事態になるのか。そのことに危惧をいだいたフェイガンは、将来を予測する材料として、過去の気候変動と人間社会への影響を探りつづけた。それは彼が若いころ、アフリカで七年間フィールドワークをしていたことと無縁ではないだろう。それまで地味な分野の論文にしか書かれていなかった難解な気候科学の研究を、歴史や考古学のより理解しやすい現象と関連づけて、一般書で紹介してきたフェイガンが、気候変動問題への世間の関心を高めるうえで一役買ったことは間違いない。

私は幸いにも、本書の仕事のあと、フェイガンの他の著書をはじめ、気候問題に関連した本を何冊か訳し、多くのことを学んだ。いまではインターネットでたいていのことは検索できるし、引用されている論文も簡単にダウンロードできるようになった。文庫化に当たっては、死語になりつつある「氷河時代」を「氷河期」に換えるなど、気になった訳語や表記を見直した。これを機に、ぜひ多くの方に、文庫版『歴史を変えた気候大変動』をお読みいただきたい。

二〇〇八年十一月

訳者（東郷えりか）

は Brian Walter Fagan, Letters of an Ordinary Gentleman, 1914-16（筆者所有の1921年の手書原稿）から。1915年11月14日に入隊。

9　前掲、Lamb（1982), 13章。

10　William K. Stevens, The Change in the Weather（New York : Delacorte Press, 2000）の8章に、この記念すべき聴聞会の話が掲載されている。地球の温暖化の研究史がじつによくまとめられている。

11　地球の温暖化効果の概要をよくまとめてあるのは、Houghton, Global Warming である。

12　1990年代以降の年間気温の記録に関しては、インターネットで情報を手に入れることができる。ノース・カロライナ州アッシュヴィルにある国立気象データセンターのホームページは世界各地のデータセンターにリンクしている。www.ncdc.noaa.gov/oa/ncdc.html

13　Timothy J. Osborn, et al., "The Winter North Atlantic Oscillation," Climatic Research Unit, University of East Anglia, 1999.

14　R. Howe, et al., "Dynamic Variations at the Base of the Solar Convention Zone," Science（287）: 2456-2460.

15　Eric Posmentier, et al., www.elsevier.com/journals/newat で入手。

16　www.csf.coloradu.edu/bioregional/99/msg 0035. html.

17　詳しくは Houghton, Global Warming, 7章以降を参照。

18　James Hansen, Makiko Sato, Reto Ruedy, Andrew Lacis, and Valdar Oinas, "Global Warming in the Twenty-First Century : An Alternative scenario," Proceedings of the National Academy of Sciences 10（2000）: 1073-1083.

19　BBC放送より。前掲、Houghton, 151ページに引用。

17 同書、26.
18 Kinealy, A Death-Dealing Famine, 52.
19 前掲、Woodham-Smith, 91.
20 同書、155.
21 同書、162.
22 この章の最後の一節は、Lamb, Climate, Hisotry and the Modern World にもとづく。引用は247ページより。

第4部　現代の温暖期

Lamb, Climate, History and the Modern World, 375.

12章　ますます暖かくなる温室

ジョン・ホートンの引用は、彼の著書 Global Warming : The Complete Briefing, 2nd ed.（Cambridge : Cambridge University Press, 1997）, 1 より。

1 この一節は Lamb, Climate, History and the Modern World, 239-241 を参考にした。

2 Hans Neuberger, "Climate in Art," Weather 25（2）（1970）: 45-56.

3 この一節は拙著 Clash of Cultures（Walnut Creek, Calif. : Altamira Press, 1998）, 16章より。

4 Rotberg and Rabb, Climate and History, 215-232 のなかの Alexander T. Wilson, "Isotope Evidence for Past Climatic and Environmental Change" にもとづく。Richard H. Grove, Ecology, Climate, and Empire : Colonialism and Global Environmental History 1400-1940（Cambridge, Eng. : White House Press, 1997）も参照のこと。

5 Sir Arthur Conan Doyle, "The Adventure of the Bruce-Partington Plans."（アーサー・コナン・ドイル『ブルース・パティントン型設計書』東京書籍）。引用は The Illustrated Sherlock Holmes Treasury（New York : Avenal Books, 1984）, 793から。

6 Guy de la Bedoyere, ed., The Diary of John Evelyn（Woodbridge, England : Boydell Press, 1995）, 267 より。チャールズ2世の伝記は、Antonia Fraser, Royal Charles : Charles II and the Restoration（New York, Alfred A. Knoph, 1797）がすばらしい。

7 Neuberger, "Climate in Art," 52.

8 この一節は、前掲の Lamb（1982）の13章、14章を参考にした。引用

6　Bourke, The Visitation of God ?, 20.

7　同書、24.

8　William D. Davidson, "The History of Potato and Its Progress in Ireland," Journal of the Department of Agriculture, Dublin 34 (1937) : 299.

9　Bourke, The Visitation of God ?, 24.

10　同書、17.

11　アイルランドのジャガイモ飢饉に関する文献は大量にあり、さまざまな議論がある。専門外の人がこれらを読んでも混乱するだろう。Cormac O. Grada, Ireland Before and After the Famine. Explorations in Economic History, 1800 to 1925 (Manchester, England : Manchester University Press, 1988) は、幅広い背景で総合的な分析をしている。Christine Kinealy, A Death-Dealing Famine はすぐれていて、なおかつ冷静な概要である。Austin Bourke, The Visitation of God? は最も信頼がおける。Cecil Woodham-Smith, The Great Hunger, Ireland 1845-1849 (New York : Harper and Row, 1962) は読みやすく、徹底した研究にもとづいているが、多くの学者に酷評されてきた。しかし、最近ではより好意的に見られるようになり、一般の読者にはいまなおすぐれた書物になっている。Arthur Gribben 編, The Great Famine and the Irish Diaspora in America (Amherst, Mass. : University of Massachusetts Press, 1999) は飢饉のさまざまな側面を研究する。大量移民については、以下のものがとくに有益である。William F. Admas, Ireland and Irish Emigration to the New World from 1815 to the Famine (New Haven : Yale University Press, 1932) と Timothy Gwinnane, The Vanishing Irish (Princeton : Princeton University Press, 1997).

12　Kinealy, A Death-Dealing Famine, 46.

13　Bourke, The Visitation of God ?, 18 より。引用は Irish Agricultural Magazine, 1798 : 186 から。ジャガイモの歴史についてはこの作品と、Salaman, The History and Social Influence of the Potato を参照のこと。後者はいまなおきわめて信頼のおける資料である。「これほど陳腐な対象物を生涯にわたって研究しつづけたことを弁解するには、情緒不安定ゆえとでも言うしかない」(p.xxxi) と言う著者の言葉がおもしろい。Larry Zuckerman, The Potato : How the Humble Spud Rescued the Western World (London : Faber and Faber, 1998) は人気があり、批判的でない読み物である。

14　Bourke, The Visitation of God ?, 24 から引用。

15　同書、67.

16　同書、69.

ページより。より専門的な資料としては、Harington, The Year Without a Summer ? を参照のこと。

2 H. Stommel and E. Stommel, Volcano Weather, 56.

3 『タイムズ』紙、1816年7月20日付。

4 Post, The Last Great Subsistence Crisis, 41.

5 同書。

6 同書、44.

7 同書、99.

8 同書、97.

9 同書、89.

10 H. Stommel and E. Stommel, Volcano Weather, 30 より。Patrick Hughes, American Weather Stories (Washington D.C. : U.S. Department of Commerce, 1976) も参照のこと。

11 H. Stommel and E. Stommel, Volcano Weather, 30.

12 同書、42.

13 同書、72.

14 Post, The Last Great Subsistence Crisis, 125.

15 同書、128.

16 同書、131.

11章　アン・ゴルタ・モー——大飢饉

この抜粋は Austin Bourke, "The Visitation of God ?" The Potato and the Great Irish Famine, Jacqueline Hill and Cormac O. Grada 編 (Dublin : Lilliput Press, 1993), 18 より。

1 アダム・スミスの『国富論』(London, 1776) は、Peter Mathias, The First Industrial Nation : The Economic History of Britain 1700-1914 (London : Methuen, 1990), 174 に引用されていた (アダム・スミス『国富論』岩波書店)。

2 この一節は Salaman, The History and Social Influence of the Potato を参考にした。

3 Bourke, The Visitation of God ? どちらの引用とも同書 15 ページより。

4 Christine Kinealy, A Death-Dealing Famine : The Great Hunger in Ireland (London : Pluto Press, 1997), 43.

5 Bourke, The Visitation of God ?, 18. 引用は Irish Agricultural Magazine, 1798 : 186 からのもの。

by C. Maxwell (Cambridge : Cambridge University Press, 1950), 279.（アーサー・ヤング『フランス旅行』法政大学出版局）

14　同書、28.

15　George Lefebvre, The Great Fear of 1789, Joan White 訳（New York : Pantheon Books, 1973), 8.（ジョルジュ・ルフェーブル『1789年――フランス革命序論』岩波書店）

16　同書、10.

17　C. R. Harington 編, The Year Without a Summer ? World Climate in 1816（Ottawa : Canadian Museum of Nature, 1992), 60 中の Charles A. Wood, "The Effects of the 1783 Laki Eruption" より。

18　この一節は、J. Newmann, "Great Historical Events That Were Significantly Altered By the Weather : 2. The Year Leading to the Revolution of 1789 in France," Bulletin of the American Meteorological Society 58（2）(1977）: 163-168 を参照した。

19　Lefebvre, The Great Fear of 1789, 18.

20　Oliver Browning 編, Diplomatic Dispatches from Paris, 1784-1790, vol. 2（London : Camden Society, 1910), 75-76.

21　同書、82.

22　フランス革命の発端については、この事件が起こったころから議論が絶えない。William Doyle, Origins of the French Revolution, 3rd ed.（Oxford : Oxford University Press, 1999）は英語圏の読者のためのまたとない入門書であり、幅広い観点から理論的に書かれている。ここではそれを参考にした。Gary Kates 編, The French Revolution : Recent Debates and New Controversies（London and New York : Routledge, 1998）も参照のこと。いずれの本にもすばらしい参考文献リストがあり、フランス語の資料も網羅されている。

23　Doyle, Origins of the French Revolution, 154.

24　Braudel, The Structure of Everyday Life, 133.

10章　夏が来ない年

スラカルタの住人の引用は、Harington 編, The Year Without a Summer ?, 13 のなかの Michael R. Rampino, "Eyewitness Account of the Distant Effects of the Tambora Eruption of April 1815" より。

1　タンボラ山の災害は Henry Stommel and Elizabeth Stommel, Volcano Weather : The Story of 1816, The Year Without a Summer（Newport, R.I. : Seven Seas Press, 1983）のなかで一般向けによく書かれている。この引用は7～8

of the French Revolution : Poverty or Prosperity ? (Boston : D. C. Health, 1958), 3 より。

1　Hippolyte A. Taine, L'Ancien Regime, John Durand 訳 , vol. 1 (New York : Henry Holt, 1950), 338.

2　ブドウの収穫に関するデータは Ladurie, Times of Feast, Times of Famine 11 章、および Rotberg and Rabb, Climate and Hisotry, 259-268 中の Emmanuel Le Roy Ladurie and Micheline Baulant, "Grape Harvests from the Fifteenth through the Nineteenth Centuries" より。ブドウの収穫について詳しく研究するには、Rotberg and Rabb, Climate and History, 271-278 の Barbara Bell, "Analysis of Viticultural Data by Cumulative Deviations" を参照。

3　機関誌『Climatic Change』43 (1) (1999) の特別号にスイスと中央ヨーロッパの気象の歴史についての最新の研究が載っている。Christian Pfister, Klimageschichte der Schwiez 1525-1860, 2 vols. (Berline : Verlag Paul Haupt, 1992) と、同著者の Wetternachhersage. 500 Jahre Klimavariationen und Naturkatastrophen (1496-1995) (Berlin : Verlag Paul Haupt, 1999) も参照のこと。この特別号でとくに興味深いのは以下の記事である。Christian Pfister and Rudolf Brazdil, "Climatic Variability in Sixteenth-Century Europe and Its Social Dimension : A Synthesis," Climatic Change 43 (1) (1999) : 5-53、Pfister et al. "Documentary Evidence on Climate." アルプスの氷河の動きについては、H. Holzhauser and H. J. Zumbuhl, "Glacier Fluctuations in the Western Swiss and French Alps in the 16th Century," Climatic Change 43 (1) (1999) : 223-237 を参照のこと。

4　Ladurie, Times of Feast, Times of Famine, 79.

5　Henry Heller, Labor, Science and Technology in France, 1500-1620 (Cambridge : Cambridge University Press, 1996), 67 より。オリヴィエ・ドゥ・セールについてもこの本を参照した。

6　Ladurie, The Ancien Regime がこの一節の根拠。

7　Davies, Europe : A History, 615.

8　Ladurie, The Ancien Regime, 215.

9　Lamb, Climate Present, Past, and Future, 452.

10　Post, Food Shortage, Climatic Variability, and Epidemic Disease, 211.

11　これについての概論は、私の著書 Floods, Famines, and Emperors : El Niño and the Collapse of Civilizations (New York : Basic Books, 1999) にある。

12　Ladurie, The Ancien Regime, 306 以降。

13　Arthur Young, Travels in France during the Years 1787, 1788, and 1789, edited

参照のこと。

19　同書、60.

20　Post, Food Shortage, Climatic Variability, and Epidemic Disease, 62.

21　同書、63.

22　同書、73-74.

23　同書、279.

24　同書、295.

25　同書、210-211.

26　この一節を書いたあとで、偶然に、Charles More, The Industrial Age : Economy and Society in Britain 1750-1995, 2d. ed.（London and New York : Longman, 1997）を読んだが、やはり農業に関連してこの同じ絵について論じられていた。考古学者と歴史学者がこの絵を見て同じように考えたことは興味深い！

27　John Walkers, British Economic and Social History 1700-1977, 2nd ed. revised by C. W. Munn（London : Macdonald and Evans, 1979）, 79 より。イギリス国内での反感については、Frank O. Darvall, Popular Disturbances and Public Disorder in Regency England（London : Oxford University Press, 1934）を参照のこと。より詳しく知りたい読者には以下を勧める。E. P. Thompson, The Making of the English Working Class（London : Longmans, 1965）.

28　アーサー・ヤングはきわめて重要な人物であり、彼についてだけでも豊富な歴史的文献があり、なかには観察者としての彼の徹底ぶりに感嘆しているものもある。2巻からなる A Course in Experimental Agriculture（London, 1771）は傑作である。

29　議会による囲い込みについては、膨大な量の文献がある。初めて読む人にはつぎの本を勧める。Michael Turner, Enclosures in Britain 1750-1830（London : Macmillan, 1984）.

30　Trow-Smith, Society and the Land, 103.

31　同書、101.

32　同書、41.

33　同書、138.

34　この複雑な問題については、Wilson, England's Apprenticeship 1603-1763, 1章。

9章　食糧難と革命

ジュール・ミシュロの引用は、Ralph W. Greenlaw 編 , The Economic Origins

1　ロンドン大火については、一般向けの資料が豊富にある。John E. N. Hearsley, London and the Great Fire（London : John Murray, 1965）は広く読まれている文献で、本書でも参照した。ピープスの引用は15ページ。
2　同書、141.
3　Robert Latham and Linnet Latham 編 , A Pepys Anthology（Berkley : University of California Press, 1988）, 158.
4　同書、159.
5　Hearsley, London and the Great Fire, 149.
6　Lamb and Frydendahl, Historic Storms, 50.
7　同書、38.
8　Guy de la Bedoyere 編 , The Diary of John Evelyn（Woodgridge, England : Boydell Press, 1995）, 267.
9　Lamb, Climate Present, Past, and Future, 488 ; Emmanuel Le Roy Ladurie, The Ancien Regime, Mark Greengrass 訳（Oxford : Blackwell, 1996）, 210 より。
10　D. P. Willis, Sand and Silence : Lost Village of the North（Aberdeen, Scotland : Center for Scottish Studies, University of Aberdeen, 1986）に、カルビンの災害について簡潔な説明がある。引用は40ページから。カルビンの災害が実際にどのようなものだったかについては意見が分かれており、一度の嵐でそれだけ大量の砂が積もったことを疑問視する専門家もいる。J. A. Steers, "The Culbin Sands and Burghead Bay," Geographical Journal 90（1937）: 498-523、およびそれに関連する討論を参照のこと。ここでは劇的なシナリオのほうを採用した。
11　Willis, Sand and Silence, 37.
12　Daniel Defoe, A Collection of the Most Remarkable Casualties and Disasters..., 2nd ed.（London : George Sawbridge, 1704）, 66.
13　同書、75.
14　同書、94.
15　Lamb and Frydendahl, Historic Storms, 60.
16　Lamb, Climate Present, Past, and Future, 485.
17　たとえば、同書、485以降を参照のこと。
18　この部分の資料の大半は、John D. Post, Food Shortage, Climatic Variability, and Epidemic Disease in Preindustrial Europe（Ithaca, N.Y. : Cornell University Press, 1985）から得た。引用は58ページから。F. Neman, Hunger in History : Food Shortages, Poverty and Deprivation（Cambridge, Mass. : Blackwell, 1990）も

（1766, p. 47） は John D. Post, The Last Great Subsistence Crisis in the Western World（Baltimore : John Hopkins University Press, 1977）から引用した。

1　Lamb, Climate, History and the Modern World からこの一節のデータを得た。

2　同書、218.

3　ニュージーランドを含む世界各地の氷河作用についての論考は、前掲の Grove（1988）にある。

4　前掲、Grove（1988）, 380-381.

5　Lamb, Climate Present, Past, and Future, 526. このあとの動物相の移動についてのデータもこの本を参照した。

6　この部分は Geoffrey Parker and Lesley M. Smith 編 , The General Crisis of the 17th Century, 2nd ed.（London : Routledge, 1997）, 264-298 中の John A. Eddy, "The Maunder Minimum : Sunspots and Climate in the Reign of Louis XIV" にもとづいている。引用はこの論文より。黒点についてさらに知るには、G. Reid and K. S. Gage, "Influence of Solar Variability on global sea surface temperatures," Nature 329（6135）: 142-143 を参照のこと。

7　Parkey and Smith（1997）, 267 のなかの前掲の Eddy より。

8　1710 年以降、太陽活動は活発になったが、大気中の炭素 14 の濃度が 19 世紀末から急激に高くなっているため、最近の記録は不可解なものになっている。化石燃料の燃焼と人間の活動によって、より多くの二酸化炭素が大気中に放出しているせいである。

9　Ladurie, Times of Feast, Times of Famine, 160.

10　このパラグラフの引用は同書、170 より。

11　同書、173.

12　同書、174.

13　同書、177.

14　このパラグラフの引用は同書、181 より。

15　前掲、Grove（1988）, 188.

16　Ladurie, Times of Feast, Times of Famine, 187.

17　同書、196.

18　前掲、Grove（1988）, 88.

19　前掲、Grove（1988）, 89.

8 章　「夏というよりは冬のよう」

ナサニアル・ケントは前掲の Mark Overton（1996）, 166 から引用。

1600 eruption of Huanyaputina, Peru," Nature 393 (1998) : 455-458.

6　K. B. Briffe et all., "Influence of volcanic eruptions on Northern Hemisphere summer temperature over the past 600 years," Nature 393 (1998) : 450-455.

7　F. G. Delfin et al., "Geological, 14C and historical evidence for a 17th century eruption of Parker Volcano, Mindanao, Philippines," Journal of the Geological Society of the Philippines 52 (1997) : 25-42.

8　この部分は前掲の Overton (1996) と、Robert Trow-Smith, Society and the Land (London : Cresset Press, 1953) に一部もとづいている。また、L.R. Presnell 編, Studies in the Industrial Revolution (London : Athlone Press, 1960), 125-155 のなかの A. H. John, "The Course of Agricultural Change 1660-1760" も大いに参照した。オランダに関しては、de Vries and van der Woude, The First Modern Economy を参照のこと。

9　Charles Wilson, England's Apprenticeship 1603-1763, 2nd ed. (London and New York : Longman, 1984), 27.

10　同書、28 のなかの Walter Blith, The English Improver (1649) から引用。

11　Trow-Smith, Society and the Land, 96.

12　前掲、Overton (1996), 203.

13　囲い込みに関する文献は膨大にあり、一般人には理解しにくい。前掲の Overton (1996) に基本的な参考文献が載っているので、一般の読者はそこから始めることをお勧めする。そのほかに有益と思われる資料は以下のとおりである。Robert C. Allen, Enclosure and the Yeoman (Oxford : Clarendon Press, 1992), J. M. Neeson, Commoners : Common Right, Enclosure and Social Change in England, 1700-1820 (Cambridge : Cambridge University Press, 1993), および J. A. Yelling, Common Field and Enclosure in England 1450-1850 (Hamden, Conn. : Archon Books, 1977). 議会による囲い込みについては 8 章を参照のこと。

14　Redcliffe N. Salaman, The History and Social Influence of the Potato, 2d ed. (Cambridgte : Cambridge University Press, 1985) はこの非常に重要な野菜の歴史について、基本的な情報をあたえてくれる。

15　同書、86.

16　同書、104-105.

17　同書、115.

7章　氷河との闘い

チャールズ・ヤングの『オールドファーマーズ・オールマナック』174

19　W.G. Hoskins, "Harvest fluctuations and English economic history 1620-1759," Agricultural History Review 68 (1968) : 15-31.

20　箴言 11 章 26 節。

21　David W. Stahle et al., "The Lost Colony and Jamestown Droughts," Science 280 (1998) : 564-567 より。デーヴィッド・アンダーソン博士には、彼の未刊の論文 "Climate and Culture Change in Prehistoric and Early Historical Eastern North America" (1999) を読ませていただいたことを感謝する。イギリス人とスペイン人についてのコメントはこの論文からとった。

第 3 部「満ちたりた世界」の終焉

フランソワ・マサスの引用は、彼の "Report of Committee on Glaciers" (1939) : 520 より。

6 章　飢えの恐怖

リムザンにいるフランス政府の役人は、ラデュリの Times of Feast, Times of Famine, 177 に引用されている。

1　ラデュリは、著書 Times of Feast, Times of Famine ではこの点をあげているが、Climate, History and the Modern World では、ラムの論旨に沿った主張がなされている。

2　イングランドの農業革命について全般的に知るには Mark Overton, Agricultural Revolution in England : The Transformation of the Agrarian Economy 1500-1850 (Cambridge : Cambridge University Press, 1996) がいちばんである。フランスとアイルランドについての参考文献は、9 章と 11 章の項を参照のこと。

3　Lamb, Climate Present, Past, and Future, 463 中の Richard Verstegan, A Restitution of Decayed Intelligence (Antwerp : 1605) より引用。

4　プルーデンス・ライス教授には、彼女の未刊の論文 "Volcanoes, earthquakes, and the Spanish colonial wine industry of southern Peru" (1999) を読む機会をあたえてくださったことを感謝する。この一節はそれにもとづいている。古代の火山一般については、G. Heiken and F. McCoy 編 , Volcanic Disasters in Human Antiquity (Washington, D.C. : Geological Society of America Special Paper, 2000) と、T. Simkin and K. Fiske, Krakatau : the Volcanic Eruption and its Effects (Washington D.C. : Smithsonian Institution, 1993) を参照のこと。

5　Shanaka L. De Silva and Gregory A. Zielinski, "Global Influence of the A.D.

Europe (New York : Free Press, 1983) より。William H. McNeill, Plagues and People (New York : Anchor Books-Doubleday, 1977) も参照のこと。Graham Twigg, The Black Death : A Biological Rappraisal (London : Batsford Academic and Educational, 1984) は、イギリスを襲ったペスト禍は、じつは腺ペストではなく、致死率の高い炭疽菌による最初の被害だったかもしれないと主張している。Robert I. Rotberg and Theodore K. Rabb 編 , History and Hunger (Cambridge : Cambridge University Press, 1985) のなかの論文では、食糧の生産と人口と疫病との複雑な関係が論じられている。305 ページ、308 ページの図解はとくに貴重である。

4 Gottfried, The Black Death, 58-59.

5 同書、67.

6 同書、70 より。このような行列は、それ以前の時代にもすでによく行なわれていた。

7 Lamb, Climate Present, Past, and Future, 479.

8 Ladurie, The French Peasantry 1450-1600, 48.

9 Ladurie, Times of Feast, Times of Famine にブドウの収穫について詳しい説明がある。

10 同書、66-67.

11 ジル・ドゥ・グベルヴィルについてはラデュリが The French Peasantry 1450-1600, 119-230 で原典を使ってたんねんに描いている。この部分での短い引用は、ラデュリの著書からである。

12 Ladurie, The French Peasantry 1450-1600, 229 より引用。

13 このあとの氷河の歴史についての論考は、ラデュリの Times of Feast, Times of Famine を参考にしたもので、基本的には史料にもとづいている。前述のグローヴの書 (1988) も参考にした。

14 ラデュリは面積の単位ジュルナールが、どれくらいの広さにあたるかを突きとめることはできなかった。

15 Christian Pfister et al., "Documentary Evidence on Climate in Sixteenth-Century Central Europe," Climatic Change 43 (1) (1999) : 55-110.

16 Behringer, Wolfgang, "Climatic Change and Witch-Hunting : The Impact of the Little Ice Age on Mentalities," Climatic Change 43 (1) (1999) : 335-351 より。

17 Lamb and Frydendahl, Historic Storms of the North Sea, British Isles and Northwestern Europe, 38-41 からの引用および分析。

18 前掲、Lamb (1977), 478.

10　Eileen Power and M. M. Postan 編 , Studies in English Trade in the Fifteenth Century (London : Routledge and Kegan Paul, 1933), 180 中の E. M. Carus Wilson, "The Iceland Trade" より。

11　ニシン漁については、ヤン・ドゥ・フリースとアド・ファン・デル・ワウデによるすばらしい著書、The First Modern Economy : Success, Failure, and Perseverance of the Dutch Economy, 1500-1815 (Cambridge : Cambridge University Press, 1997) のなかで述べられている。

12　ドッガー船については、Wilson, "The Iceland Trade" を参照。Sean McGrail, Ancient Boats in N. W. Europe : The archaeology of water transport to A.D. 1500 (New York : Longmans, 1987) も、初期のころの航海についての概要として役立つ。中世の船舶については、Richard W. Unger, The Ship in the Medieval Economy (Montreal : McGill-Queens University Press, 1980) および、同著者による Ships and Shipping in the North Sea and Atlantic, 1400-1800 (Brookfield, Vt. : Ashgate Variorum, 1997) を参照のこと。オランダのドッガー船について基礎的な知識を教えてくださったウンガー教授には感謝する。

13　Wilson, "The Iceland Trade", 180.

14　同書。

15　Albert C. Jensen, The Cod (New York : Thomas Crowell, 1972), 87.

16　同書、89.

5章　巨大な農民層

フェルナン・ブローデルからの引用は、彼の著書『日常性の構造』The Structures of Everyday Life (New York : Harper and Row, 1981), 49 より（フェルナン・ブローデル『日常性の構造』みすず書房）。

1　この章では、エマニュエル・ル・ロワ・ラデュリの古典的著書、Times of Feast, Times of Famine : A History of Climate since the Year 1000（エマニュエル・ル・ロワ・ラデュリ『気候の歴史』藤原書店), Barbara Bray 訳 (Garden City, N.Y. : Doubleday, 1971) を大いに参考にした。スミュール・アン・オクソワの窓はそのなかで述べられたもので、訪れてみるだけの価値がある。

2　フランスの農民の生活に関する記述は、Emmanuel Le Roy Ladurie, The French Peasantry 1450-1600, Alan Sheridan 訳 (Berkley : University of California Press, 1987) より。

3　ペストの流行に関する分析は豊富にある。ここで引用した好例は Robert S. Gottfried, The Black Death : Natural and Human Disaster in Medieval

Osborn, “Seeing the Wood from the Trees,” Science284 (1999) : 926-927 に書かれている。

6　Wallace S. Broecker, “Chaotic Climate,” Scientific American, January 1990 : 56-59 は、ブロッカーのコンベヤー・ベルトについて述べている。

7　深層水の形成説については、Wallace S. Broecker, Stewart Sutherland, and Tsung-Hung Peng, “A Possible 20th-Century Slowdown of Southern Ocean Deep Water Formation,” Science 286 (1999) : 1132-1135 を参照のこと。

4章　嵐とタラとドッガー船

『王の鏡 (Kongus Skuggsja)』の抜粋は、Kirsten Seaver, The Frozen Echo (Stanford : Stanford University Press, 1996), 112 より。

1　同書および、Fitzhugh and Ward 編 , Vikings : The North Atlantic Saga を参照。挿絵の豊富な Fitzhugh and Ward の本は、博物館での大展示会に合わせて出版されたもので、一般の読者向けにヴァイキングやスカンディナヴィア人の考古学、歴史上のさまざまな側面を網羅したすぐれた書物である。スカンディナヴィア人の両方の植民地における最近の考古学的発見についてすばらしい記事がある。

2　Seaver, The Frozen Echo, 237.

3　この一節は Lamb and Frydendahl, Historic Storms of the North Sea, British Isles and Northwestern Europe より引用。

4　Seaver, The Frozen Echo, 104.

5　スカンディナヴィア人の西部植民地およびニパートソックが放棄された件については、多数の専門分野にわたる以下の独創的な論文がある。L. K. Barlow et al., “Interdisciplinary Investigations of the end of the Norse Western Settlement in Greenland,” The Holocene 7 (4) (1997) : 489-500.

6　Fitzhugh and Ward 編 Vikings : The North Atlantic Saga, 295-303 中の Joel Berglund, “The Farm Beneath the Sand” より。

7　タラに関する文献は膨大にある。Mark Kurlansky, Cod : A Biography of the Fish that Changed the World (New York : Walker, 1998)（マーク・カーランスキー『鱈——世界を変えた魚の歴史』飛鳥新社）など。Harold A. Innis, The Cod Fisheries : The History of an International Economy (Toronto : University of Toronto Press, 1954) はいまもなお権威がある。

8　前掲、Grove (1988) 12 章より。

9　Mark Kurlansky, The Basque History of the World (New York : Walker, 1999) では、バスク人の勢力拡大について述べられている。

Famine," 359 より。

第2部　寒冷化の始まり

『第二の羊飼い』からの抜粋は、John Spiers, Medieval English Poetry : The Neo-Chaucerian Tradition (London : Faber and Faber, 1957), 337 より。このサイクルの解釈そのものについては、以下を参照のこと。John Gardner, The Construction of the Wakefield Cycle (Carbondale, Ill. : Southern Illinois University Press, 1974).

ヤン・ドゥ・フリースの引用は、彼の "Measuring the Impact of Climate on History : The Search for Appropriate Methodologies" からのもので、Robert I. Rotberg and Theodore K. Rabb, Climate and History (Princeton : Princeton University Press, 1981), 22 より。

3章　気候の変動

フランソワ・マサスの引用は、彼の "Report of Committee on Glaciers," Transactions of the American Geophysical Union 21 (1940) : 396-406 より。

1　François Matthes, "Report of Committee on Glaciers," Transactions of the American Geophysical Union 20 (1939) : 518-523. 気候変動についての一般的な読み物としては、George Philander, Is the Temperature Rising ? (Princeton : Princeton University Press, 1998) を勧める。ヒューバート・ラムの不朽の名作 Climate Present, Past, and Future, 2 vols (London : Methuen, 1977) も参照のこと。

2　このパラグラフの引用は Hubert Lamb and Knud Frydendahl, Historic Storms of the North Sea, British Isles and Northwestern Europe (Cambridge : Cambridge University Press, 1991), 93 からのものである。I. B. Gram-Jenson, Sea Floods (Copenhagen : Danish Meteorological Institute, 1985) は、同じ出来事をデンマーク側から見た、より簡潔で専門的な研究である。A. M. J. De Kraker, "A Method to Assess the Impact of High Tides, Storms and Sea Surges as Vital Elements in Climatic History," Climatic Change 43 (1) (1999) : 287-302 も参照のこと。

3　Jordan, The Great Famine, 24.

4　Rotberg and Rabb, Climate and History, 85-116 のなかの Christian Pfister, "The Little Ice Age : Thermal and Wetness Indices," より。

5　年輪による気温再現についての概略は、Kieth R. Briffa and Timothy J.

(1998) : 9-17 ; Jurg Luterbacher et al., "Reconstruction of monthly NAO and EU indices back to A.D. 1675," Geophysical Research Letter, September 1, 1999 : 2745-2748 ; M. J. Rodwell and others, "Oceanic forcing of the wintertime North Atlantic Oscillation and European climate," Nature 398 : 320-323.

2　北極地方の寒冷化とそれにつづく予測不能な天候については、Hubert Lamb, Climate, History and the Modern World に詳しい。1316年の大飢饉について最もよく書かれているのは William Chester Jordan, The Great Famine (Princeton : Princeton University Press, 1996) で、総合的な分析と膨大な引用文献の一覧がある。この章では、このすぐれた研究書を大いに参考にした。また、Barbara W. Tuchman, A Distant Mirror : The Calamitous 14th Century (New York : Alfred A. Knoph, 1978) はこの世紀を徹底的に研究した書であり、これも参考にした。このパラグラフの引用は以下のとおり。"E Floribus chronicum, etc., auctore Bernardo Guidonia," Martin Bouquet, et al. 編 , Recuil des Historians des Gaules et de lar France, 24 vols. (Paris, 1738-1904). 21 : 725. "Excerpta e memoriali historiarum Johannis a sancto Victore," Bouquet et al., Recuil des Historians, 21, 661. "Extraits de la chronique attribuee a Jean Desnouelles," Bouquet et al. 編 , Recuil des Historians, 21, 197. さまざまな調査をし、これらの引用を翻訳してくれたプリンストン大学のウィリアム・ジョーダン教授に深く感謝する。

3　イザヤ書5章25節。

4　Henry S. Lucas, "The Great European Famine of 1315, 1316 and 1317," Speculum 5 (4) (1930) : 357.

5　ザルツブルクの年代記作者の引用は、Jordan, The Great Famine, 18 より。

6　同書、24.

7　J. Z. Titow, "Evidence of weather in the account rolls of the Bishopric of Wincheter," Economic History Review 12 (1960) : 368.

8　ノイシュタットのブドウ畑を研究したのは、19世紀のドイツの古物研究家フリードリッヒ・ドッホナルである。これについては Jordan, The Great Famine, 34-35 に引用され、論じられている。

9　前掲、Lucas (1930), 359.

10　このパラグラフの引用はいずれも Jordan, The Great Famine, 147 より。Abbott Gilles Le Muisit : Henri Lemaitre 編 , Chronique et Annales des Gilles le Muisit, abbe de Saint-Martin de Tournai (1272-1352) (Paris : Ancon, 1912).

11　ギヨーム・ドゥ・ナンギの引用は Henry S. Lucas, "The Great European

: Routledge, 1988), 21-22 より。グローヴの論文は、小氷河期を一冊の本にまとめた数少ない研究のひとつで、独創的だが、残念ながらところどころ情報が古くなっている。Hermann Flohn and Roberto Fantechi, The Climate of Europe : Past, Present, and Future (Dordrecht, Germany : D. Reidel, 1984) も専門的な分析をしている。

3　Magnusson and Palsson, The Vinland Sagas, 78.

4　Kirsten A. Seaver, The Frozen Echo : Greenland and the Exploration of North America, ca. A.D. 1000-1500 (Stanford : Stanford University Press, 1996), 46. この著作は昔の温暖な時代につくられた北方の定住地についての権威ある研究書である。ヴァイキング一般に関しては、挿絵の豊富な William W. Fitzhugh and Elisabeth A. Ward 編 Vikings : The North Atlantic Saga (Washington, D.C. : Smithsonian Institution Press, 2000) を参照のこと。

5　18 世紀まで農民はさまざまな名称で呼ばれ、それらは職業そのものより、共同体のなかでの地位を表わした。16 世紀の人びとの大半は、なんらかのかたちで農業に携わっており、同時に別の仕事ももっていた。たとえば、地方の聖職者はたいていみな畑仕事もしており、生活の糧の大半を土地から得ていた。職人や鉱夫などは、これらの仕事と農場での季節労働の両方に従事していた。本書では、農民《ファーマー》という言葉を一般的に使用した。文脈上、その意味がたいてい明確だからである。

6「ゴシック」という名称は、この様式をグロテスクな野蛮さの表われと考えたルネサンスの学者たちによってつけられた。のちに、軽蔑が賞賛に変わり、やがて崇敬に近いものになった。

7　Norman Davis, Europe : A History (New York : Oxford University Press, 1996), 356. また、John Mundy, Europe in the High Middle Ages, 1150-1309, 2nd ed. (New York and London : Longman, 1991) も有益な情報源である。

2章　大飢饉

ヨハン・ホイジンガの『中世の秋』からの抜粋の翻訳は Rodney J. Payton and Ulrich Mammitzsch (Chicago : University of Chicago Press, 1996), 1-2 より（ヨハン・ホイジンガ『中世の秋』角川書店）。

1　Annals of London の引用は M. L. Parry, Climatic Change, Agriculture, and Settlement, 34 より。北大西洋振動 (NAO) に関する文献はたいへん多くて特定できないが、引用文献の一覧のある有益な参考書をいくつか紹介する。Edward R. Cook et al., "A Reconstruction of the North Atlantic Oscillation using tree-ring chronologies from North America and Europe," The Holocene 8 (1)

原注

小氷河期に関する文献は多岐にわたり、量は膨大であり、しかもひどく矛盾しあっている。その多くはきわめてあいまいで、専門的な日誌のたぐいである。本書の参考文献をすべて載せようとすれば、補注だらけになってしまうだろう。そこで私は、引用したもののなかから、読者に一読を勧めたいものだけを案内することにし、本文には一般的なレベルで注を付すにとどめた。以下にあげた著作の多くには総合的な引用文献の一覧があるので、そこから専門的な資料への手がかりがつかめるだろう。

はじめに

ジョージ・S・フィランダーの引用は、Is the Temperature Rising? (Princeton : Princeton University Press, 1998), 3 より。

第1部　温暖期とその影響

チョーサーの引用は、ジョン・コーギル編集の『カンタベリー物語』(Baltimore : Pelican Books, 1962), 17 より（ジェフリー・チョーサー『カンタベリー物語』岩波文庫）。

1315年のドイツの年代記作者は、William Chester Jordan, The Great Famine (Princeton : Princeton University Press, 1996), 20 より。

1章　中世温暖期

『破壊者の詩（Hafgerdinga Lay）』からの抜粋は、Magnus Magnusson and Hermann Palsson 編 The Vinland Sagas (Harmondsworth, England : Penguin Books, 1965), 52 より。

1　H.H. Lamb, Climate, History and the Modern World (London : Methuen, 1982), 165 より。ラムのこの著作はすぐれた概要である。M. L. Parry, Climatic Change, Agriculture, and Settlement (Folkstone, England : Dawson, 1978) は、おもにスコットランドで農耕活動がどのように拡大、縮小をつづけたかを描いている。

2　このパラグラフの引用はいずれも、Jean Grove, The Little Ice Age (London

本書は二〇〇一年、河出書房新社より単行本として刊行された。

歴史《れきし》を変《か》えた気候大変動《きこうだいへんどう》
中世《ちゅうせい》ヨーロッパを襲《おそ》った小氷河期《しょうひょうがき》

二〇〇九年 二 月二〇日 初版発行
二〇二三年 四 月一〇日 新装版初版印刷
二〇二三年 四 月二〇日 新装版初版発行

著 者 B・フェイガン
訳 者 東郷《とうごう》えりか／桃井緑美子《ももいるみこ》
発行者 小野寺優
発行所 株式会社河出書房新社
〒一五一－〇〇五一
東京都渋谷区千駄ヶ谷二－三二－二
電話〇三－三四〇四－八六一一（編集）
〇三－三四〇四－一二〇一（営業）
https://www.kawade.co.jp/

ロゴ・表紙デザイン 粟津潔
本文フォーマット 佐々木暁
本文組版 KAWADE DTP WORKS
印刷・製本 凸版印刷株式会社

Printed in Japan ISBN978-4-309-46775-7

海を渡った人類の遥かな歴史

ブライアン・フェイガン　東郷えりか〔訳〕　46464-0

かつて誰も書いたことのない画期的な野心作！　世界中の名もなき古代の海洋民たちは、いかに航海したのか？　祖先たちはなぜ舟をつくり、なぜ海に乗りだしたのかを解き明かす人類の物語。

この世界を知るための　人類と科学の400万年史

レナード・ムロディナウ　水谷淳〔訳〕　46720-7

人類はなぜ科学を生み出せたのか？　ヒトの誕生から言語の獲得、古代ギリシャの哲学者、ニュートンやアインシュタイン、量子の奇妙な世界の発見まで、世界を見る目を一変させる決定版科学史！

21 Lessons

ユヴァル・ノア・ハラリ　柴田裕之〔訳〕　46745-0

私たちはどこにいるのか。そして、どう生きるべきか――。『サピエンス全史』『ホモ・デウス』で全世界に衝撃をあたえた新たなる知の巨人による、人類の「現在」を考えるための21の問い。待望の文庫化。

ホモ・デウス　上

ユヴァル・ノア・ハラリ　柴田裕之〔訳〕　46758-0

ついに待望の文庫版登場！　世界的ベストセラー『サピエンス全史』に続いて著者が放つ「衝撃の未来」。カズオ・イシグロ、ビル・ゲイツ、ダニエル・カーネマンが絶賛する面白さと深い考察。

ホモ・デウス　下

ユヴァル・ノア・ハラリ　柴田裕之〔訳〕　46759-7

ついに待望の文庫版登場！　世界的ベストセラー『サピエンス全史』に続いて著者が放つ「衝撃の未来」。カズオ・イシグロ、ビル・ゲイツ、ダニエル・カーネマンが絶賛する面白さと深い考察。

人類が絶滅する6のシナリオ

フレッド・グテル　夏目大〔訳〕　46454-1

明日、人類はこうして絶滅する！　スーパーウイルス、気候変動、大量絶滅、食糧危機、バイオテロ、コンピュータの暴走……人類はどうすれば絶滅の危機から逃れられるのか？

この世界が消えたあとの　科学文明のつくりかた

ルイス・ダートネル　東郷えりか〔訳〕　46480-0

ゼロからどうすれば文明を再建できるのか？　穀物の栽培や紡績、製鉄、発電、電気通信など、生活を取り巻く科学技術について知り、「科学とは何か？」を考える、世界十五カ国で刊行のベストセラー！

感染地図

スティーヴン・ジョンソン　矢野真千子〔訳〕　46458-9

150年前のロンドンを「見えない敵」が襲った！　大疫病禍の感染源究明に挑む壮大で壮絶な実験は、やがて独創的な「地図」に結実する。スリルあふれる医学＝歴史ノンフィクション。

これが見納め

ダグラス・アダムス／マーク・カーワディン／リチャード・ドーキンス　安原和見〔訳〕　46768-9

カカポ、キタシロサイ、アイアイ、マウンテンゴリラ……。『銀河ヒッチハイク・ガイド』の著者たちが、世界の絶滅危惧種に会いに旅に出た！自然がますます愛おしくなる、紀行文の大傑作！

生物はなぜ誕生したのか

ピーター・ウォード／ジョゼフ・カーシュヴィンク　梶山あゆみ〔訳〕　46717-7

生物は幾度もの大量絶滅を経験し、スノーボールアースや酸素濃度といった地球環境の劇的な変化に適応することで進化しつづけてきた。宇宙生物学と地球生物学が解き明かす、まったく新しい生命の歴史！

動物になって生きてみた

チャールズ・フォスター　西田美緒子〔訳〕　46737-5

アナグマとなって森で眠り、アカシカとなって猟犬に追われ、カワウソとなって川にもぐり、キツネとなって都会のゴミを漁り、アマツバメとなって旅をする。動物の目から世界を生きた、感動的ドキュメント。

犬はあなたをこう見ている

ジョン・ブラッドショー　西田美緒子〔訳〕　46426-8

どうすれば人と犬の関係はより良いものとなるのだろうか？　犬の世界には序列があるとする常識を覆し、動物行動学の第一人者が科学的な視点から犬の感情や思考、知能、行動を解き明かす全米ベストセラー！

植物はそこまで知っている

ダニエル・チャモヴィッツ　矢野真千子〔訳〕　46438-1

見てもいるし、覚えてもいる！　科学の最前線が解き明かす驚異の能力！　視覚、聴覚、嗅覚、位置感覚、そして記憶――多くの感覚を駆使して高度に生きる植物たちの「知られざる世界」。

イチョウ　奇跡の2億年史

ピーター・クレイン　矢野真千子〔訳〕　46741-2

長崎の出島が「悠久の命」をつないだ！　２億年近く生き延びたあとに絶滅寸前になったイチョウが、息を吹き返し、人に愛されてきたあまりに数奇な運命と壮大な歴史を科学と文化から描く。

イヴの七人の娘たち

ブライアン・サイクス　大野晶子〔訳〕　46707-8

母系でのみ受け継がれるミトコンドリアＤＮＡを解読すると、国籍や人種を超えた人類の深い結びつきが示される。遺伝子研究でホモ・サピエンスの歴史の謎を解明し、私たちの世界観を覆す！

アダムの運命の息子たち

ブライアン・サイクス　大野晶子〔訳〕　46709-2

父系でのみ受け継がれるＹ染色体遺伝子の生存戦略が、世界の歴史を動かしてきた。地球生命の進化史を再検証し、人類の戦争や暴力の背景を解明。さらには、衝撃の未来予測まで語る！

あなたの体は9割が細菌

アランナ・コリン　矢野真千子〔訳〕　46725-2

ヒトの腸内には100兆個もの微生物がいる！　体内微生物の生態系が破壊されると、さまざまな問題が発生する。肥満・アレルギー・うつ病など、微生物とあなたの健康の関係を解き明かす！

ヒーラ細胞の数奇な運命

レベッカ・スクルート　中里京子〔訳〕　46730-6

ある黒人女性から同意なく採取され、「不死化」したヒト細胞。医学に大きく貢献したにもかかわらず、彼女の存在は無視されてきた――。生命倫理や人種問題をめぐる衝撃のベストセラー・ノンフィクション。

人間の測りまちがい 上・下 差別の科学史

S・J・グールド 鈴木善次／森脇靖子〔訳〕 46305-6 46306-3

人種、階級、性別などによる社会的差別を自然の反映とみなす「生物学的決定論」の論拠を、歴史的展望をふまえつつ全面的に批判したグールド渾身の力作。

人間はどこまで耐えられるのか

フランセス・アッシュクロフト 矢羽野薫〔訳〕 46303-2

死ぬか生きるかの極限状況を科学する！ どのくらい高く登れるか、どのくらい深く潜れるか、暑さと寒さ、速さなど、肉体的な「人間の限界」を著者自身も体を張って果敢に調べ抜いた驚異の生理学。

偉人たちのあんまりな死に方

ジョージア・ブラッグ 梶山あゆみ〔訳〕 46460-2

あまりにも悲惨、あまりにもみじめ……。医学が未発達な時代に、あの世界の偉人たちはどんな最期を遂げたのか？ 思わず同情したくなる、知られざる事実や驚きいっぱいの異色偉人伝！

とんでもない死に方の科学

コーディー・キャシディー／ポール・ドハティー 梶山あゆみ〔訳〕 46731-3

飛行機の窓が割れたら？ ブラックホールに身を投げたら？ クジラに飲みこまれたら？ 45の「とんでもない死に方のシナリオ」を科学で考える、不謹慎で真面目なサイエンス・エンターテイメント！

快感回路

デイヴィッド・J・リンデン 岩坂彰〔訳〕 46398-8

セックス、薬物、アルコール、高カロリー食、ギャンブル、慈善活動……数々の実験とエピソードを交えつつ、快感と依存のしくみを解明。最新科学でここまでわかった、なぜ私たちはあれにハマるのか？

触れることの科学

デイヴィッド・J・リンデン 岩坂彰〔訳〕 46489-3

人間や動物における触れ合い、温かい／冷たい、痛みやかゆみ、性的な快感まで、目からウロコの実験シーンと驚きのエピソードの数々。科学界随一のエンターテイナーが誘う触覚＝皮膚感覚のワンダーランド。

40人の神経科学者に脳のいちばん面白いところを聞いてみた

デイヴィッド・J・リンデン〔編著〕　岩坂彰〔訳〕　46771-9

科学界のエンターテイナー、リンデン教授率いる神経科学者のドリームチームが研究の一番面白いところを語る。10代の脳、双子の謎、知覚の不思議、性的指向、AIと心…脳を揺さぶる37話

脳はいいかげんにできている

デイヴィッド・J・リンデン　夏目大〔訳〕　46443-5

脳はその場しのぎの、場当たり的な進化によってもたらされた！　性格や知能は氏か育ちか、男女の脳の違いとは何か、などの身近な疑問を説明し、脳にまつわる常識を覆す！　東京大学教授池谷裕二さん推薦！

脳にはバグがひそんでる

ディーン・ブオノマーノ　柴田裕之〔訳〕　46732-0

計算が苦手、人の名前が思い出せない、不合理な判断をする、宣伝にだまされる……驚異的な高機能の裏であきれるほど多くの欠陥を抱える脳。日常や実験のエピソードを交え、そのしくみと限界を平易に解説。

脳科学者の母が、認知症になる

恩蔵絢子　41858-2

記憶を失っていく母親の日常生活を２年半にわたり記録し、脳科学から考察。アルツハイマー病になっても最後まで失われることのない脳の能力に迫る。NHK「クローズアップ現代」など各メディアで話題！

結果を出せる人になる!「すぐやる脳」のつくり方

茂木健一郎　41708-0

一瞬で最良の決断をし、トップスピードで行動に移すには“すぐやる脳”が必要だ。「課題変換」「脳内ダイエット」など31のポイントで、“ぐずぐず脳”が劇的に変わる！　ベストセラーがついに文庫化！

直感力を高める　数学脳のつくりかた

バーバラ・オークリー　沼尻由起子〔訳〕　46719-1

脳はすごい能力を秘めている！　「長時間学習は逆効果」「視覚化して覚える」「運動と睡眠を活用する」等々、苦手な数学を克服した工学教授が科学的に明らかにする、最も簡単で効果的かつ楽しい学習法！